최신
개정판

Chef
한 번에 합격하는
조리기능사
필기&실기

양향자 이재화 최숙현 공저

- 핵심요약 정리해설
- 출제예상문제 및 해설
- 최신 필기기출문제
- 조리기능사 실기기출문제

저자직강 동영상
무료제공

新 한국산업인력공단 새 출제기준 반영

Clover
크로바

조리기능사 자격증을 준비하는 수험생 분들에게

국가경제의 급격한 발전으로 풍요롭고 안락한 사회가 보장되는 현시대야말로 국민전체의 건강이 매우 중요하다 하겠다. 또한 한나라의 문화적 수준은 그 나라의 식생활에서 비교할 수가 있다.

현재 우리나라는 경제 강대국 대열에 동참하고 있는 이 시점에 국민건강을 책임지는 조리 기능사들은 절실히 부족되고 있는 실정이다. 따라서 본 저자는 수년간 강단에서 강의한 경험 과 실무경험을 토대로 조리기능사를 집필하였다.

본 저서의 내용은 수험생 여러분이 이해하기 쉽도록 다음과 같은 특징을 가지고 있다.

이 책의 특징

첫째, 제 1장에서는 공중 보건학의 핵심이론을 짧은 시간에 숙지할 수 있도록 간략하게 정리
     하였으며 공중 보건학의 출제빈도 높은 예상문제를 수록하였다.

둘째, 제 2장에서는 식품위생의 핵심이론과 출제빈도 높은 예상문제를 수록하였다.

셋째, 제 3장에서는 식품학의 핵심이론과 핵심이론과 출제빈도 높은 예상문제를 수록하였다.

넷째, 제 4장에서는 조리이론 및 원가계산 등의 핵심이론과 출제빈도 높은 예상문제를 수록
     하였다.

다섯째, 제 5장에서는 식품위생법규의 핵심이론과 출제빈도 높은 예상문제를 수록하였다.

최근 조리기능사 과년도 기출문제를 수록하였다.

아무쪼록 많은 수험생들께서 조리기능사 시험에 합격하여 국가발전에 최선을 다해 주실 것을 부탁드리며, 본 저서의 내용 중 미흡한 부분과 오류에 대해서는 수험생들께 많은 양해 를 부탁드림과 함께 앞으로 계속해서 수정·보완할 것을 약속드립니다.

저자 드림

| INFORMATION |

한국산업인력공단 사무소 주소 및 전화번호

사무소명	주 소	전화번호
서울경인지역본부	서울특별시 마포구 공덕동 307-4	3274-9631~4
서울동부지방사무소	서울 광진구 노유동 63-7	461-3184~6
서울남부지방사무소	서울시 관악구 관천로 113(신림본동 삼모빌딩)	876-8322~4
대전지방사무소	대전 중구 보리3길 72(문화1동 165)	580-9131~6
부산지방사무소	부산시 남구 용당동 546-2번지	620-1910~6
부산북부지방사무소	부산시 연제구 거제1동 46-4	554-3482~4
대구지방사무소	대구광역시 달서구 갈산동 971-5	586-7601~4
광주지방사무소	광주광역시 북구 첨단 2길 54(대촌동 958-18)	970-1701~5
울산지방사무소	울산광역시 남구 달동 572-4	276-9031~3
인천지방사무소	인천시 남동구 번영로 129(고잔동 625-1)	818-2181~3
경기지방사무소	경기도 수원시 장안구 정자동 111번지	253-1915~7
경기북부지방사무소	경기도 의정부 신곡1동 720-5	874-4286, 874-6942
춘천지방사무소	강원도 춘천시 호반순환로 454(온의동 58-18)	255-4563
강릉지방사무소	강원도 강릉시 사천면 방동리 649-2	644-8211~4
충북지방사무소(청주)	충북 청주시 상당구 율량동 743	210-9000
충남지방사무소	충남 천안시 성정동 413-1 양지빌딩 2층	576-6781~3
전북지방사무소(전주)	전주시 유상1길 65(덕진구 팔복동 2가 750-3)	210-9200~3
순천지방사무소	전남 순천시 조례동 1605	720-8500
목표지방사무소	전남 목포시 대양동 514-4	282-8671~2
경남지방사무소(창원)	경남 창원시 교육단지 1길 69(중앙동 105-1)	285-4001~3
안동지방사무소	경북 안동시 옥동 791-1번지(한양빌딩 2층)	855-2121~2
포항지방사무소	포항시 남구 대도동 120-2	278-7702~3
제주지방사무소	제주 제주시 동광로 113(일도 2동 361-22)	723-0701~2

※ 일부 사무소의 청사가 이전될 경우 주소 및 전화번호가 변경될 수 있음.

한국산업인력공단 종합민원 정보서비스

한국산업인력공단에서는 자격검정, 직업능력개발훈련, 고용촉진 등 각종 사업 정보를 모든 국민에게 보다 편리하게 제공하도록 "공단 종합민원 정보서비스"를 폭넓게 확대하여 PC통신, 전화자동응답(ARS) 및 인터넷홈페이지 서비스를 다음과 같이 실시하고 있으니 많은 이용 있으시기 바랍니다.

회 별	이용방법	안내기간
합격자발표 및 실시시험 안내	• 자동응답전화(ARS) 이용시 060-700-2009 −지역번호없이 전국 동일번호 −공중전화 사용불가	• 합격자 발표 −발표일로부터 기능사 : 3일간 기능사 이외종목 : 4일간 (실기시험 합격자는 7일간)
필기득점공개	• ARS(060-700-2009) • 인터넷 : won.hrdkorea.or.kr	• 필기득점공개 발표일로부터 7일간
종합민원 안내 • 자격검정시행일정 • 직업교육훈련과정 • 취업정보 • 기능장려사업 • 기능장려사업 • 공단홍보자료	• 자동응답전화(ARS)이용시 060-700-4009 −지역번호없이 전국 동일번호 −공중전화 사용불가	• 상시안내

•060−700−2009 전화안내 서비스를 이용하는 경우 전화요금외에 소정의 정보이용료가 추가되오니 참고하시기 바랍니다.

공단 홈페이지 안내

•홈페이지 : www.hrdkorea.or.kr
•인터넷 수검원서 접수 및 합격자 발표 : www.hrdkorea.or.kr
•합격자 발표 및 자격정보 : www.q-net.or.kr

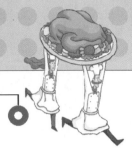

| INFORMATION |

조리기능사 항목별 출제기준

시험과목	문제수	주요항목	세부항목
공중보건	10	정의	공중보건 개념
		환경보건 (자연환경, 인위환경)	① 일광　　② 공기 ③ 물　　④ 채광, 조명, 환기, 냉방 ⑤ 상·하수도　　⑥ 오물처리 ⑦ 해충 및 쥐의 구제　　⑧ 공해
		질병과 전염병	① 원인별 분류 : 병원 미생물로 감염되는 병, 식사의 부적합으로 일어나는 병 ② 전염병의 분류 : 병원체에 따른 전염병의 분류, 예방접종을 하는 전염병의 분류, 잠복기가 있는 전염병, 전염병의 전염경로
		전염병의 예방대책	① 전염원 대채　　② 전염경로 대책 ③ 감수성 대채 ④ 주요한 전염병의 지식과 예방
		기생충과 그 예방	① 선충류에 의한 감염과 예방법 : 회충증, 구충증, 요충증 ② 기생충의 중간숙주 : 중간숙주, 흡충류의 중간숙주, 조충류의 중간숙주, 예방법
		소독법	① 음료수 소독법　　② 조리기구 소독법 ③ 야채·과일 소독법　　④ 수건·식기 소독법 ⑤ 전염병환자가 사용한 것의 소독법 ⑥ 화장실·하수구 소독법 ⑦ 조리장·식품창고 소독법 ⑧ 중성세제, 역성비누에 의한 소독법 ⑨ 기타 소독법
식품위생	10	식품위생개론	① 식품위생의 의의 ② 행정기구 : 중앙행정기구, 지방행정기구 ③ 미생물의 분류 ④ 미생물 발육에 필요한 조건 ⑤ 변질
		식중독	① 식중독이란　　② 식중독의 분류 ③ 세균성 식중독　　④ 화학적 물질에 의한 식중동 ⑤ 자연독에 의한 식중독
		식품첨가물	식품첨가물의 종류와 용도

조리기능사 필기

시험과목	문제수	주요항목	세부항목
식품위생	10	식품위생대책	① 식중독 발생시의 대책　② 식품의 오염대책 ③ 식품 감별법　④ 식품 취급자의 유의점
조리이론	15	식품학개론	① 식품학의 의의　② 식품의 분류 ③ 식품의 구성 성분　④ 식품의 맛·빛깔·냄새 ⑤ 식품의 변질
		식품가공 및 저장	① 농산물 가공 및 저장 ② 축산물 가공 및 저장 ③ 수산물 가공 및 저장
원가계산	20	조리과학	① 조리과학의 의의와 목적 ② 조리과학을 위한 지식 : 곡류, 두류 및 두제품, 채소 및 과일, 유지류, 어·육류, 냉동식품류, 향신료 및 조미료, 한천 및 제라틴
		식단작성	식단작성의 의의와 목적
		조리설비	조리장의 기본조건 및 관리, 조리장의 설비
		조리의 기본법	굽기, 볶음 및 튀김, 찜, 끓이기, 무침 및 담금
		집단조리기술	① 집단급식의 의의와 목적　② 식품구입 ③ 집단급식의 조리기술
		원가계산	음식의 원가계산
		영양에 관한 지식	① 영양소　② 소화흡수 ③ 영양가 계산　④ 대치식품량 계산
식품위생	10	식품위생행정	중앙 및 지방행정기구, 벌칙
		식품, 첨가물, 기구, 용기 및 포장 규격기준	판매·사용 등 금지, 기준과 규격
		표시	표시의 기준, 허위표시 기준
		검사	① 제품검사　② 제품검사의 표시 ③ 인검·수거 등　④ 수입신고 ⑤ 식품위생검사기관의 지정 ⑥ 식품위생 감시원
		영업	시설기준, 건강진단 및 위생교육
		조리사	조리사를 두어야 할 영업, 조리사 면허 및 취소
		식품위생심의위원회	구성, 임기와 직무
		보칙	식중독에 관한 조사보고

CONTENTS

| 핵심요약 정리해설 |

CONTENTS

CONTENTS

CONTENTS

조리기능사 과년도 출제문제

한식·양식
일식·중식
복어조리
공용

조리기능사 필기

핵심요약 정리해설

공중보건

01 공중보건의 개념

1 공중보건에 대한 세계보건기구의 정의

질병을 예방하고 건강을 유지, 증진하며 육체적, 정신적 능력을 충분히 발휘할 수 있게 하기 위한 과학이며, 그 지식을 사회의 조직적 노력에 의해서 사람들에게 적용하는 기술을 말한다.

2 공중 보건의 대상

최초의 대상은 개인이 아닌 인간 집단인 지역사회가 하나의 단위가 된다.

3 공중 보건 수준의 평가를 위한 지표

① 영아 사망률(가장 대표적 지표)　② 평균 수명
③ 비례 사망 지수　　　　　　　　④ 조사망률

4 건강에 대한 세계보건기구의 정의

건강이란 단순한 질병이나 허약한 부재상태가 아니라 육체적, 정신적 및 사회적으로 건전한 상태를 말한다.

5 세계보건기구 (W.H.O)

① 1948년 4월 7일 국제연합의 보건전문기관으로 정식 발족되었다.
② 본부 : 스위스의 제네바
③ 주요기능
　　a. 국제적인 보건 사업의 지휘 및 조정
　　b. 회원국에 대한 기술 지원 및 자료 공급
　　c. 전문가 파견에 의한 기술 자문 활동

6 우리나라의 보건 행정 조직

(1) 일반 보건 행정(보건복지가족부 관계 보건 행정)

예방 보건 행정, 위생 행정, 모자 보건 행정, 의무 행정, 약무 행정

(2) 산업 보건 행정(노동부 관계 보건 행정)

근로자를 대상으로 하는 작업 환경의 질적 향상, 산업 재해 예방등

(3) 학교 보건 행정(교육인적자원부 관계 보건 행정)

유치원생, 초·중고등학생, 교직원을 대상으로 하는 학교 보건 사업, 학교 급식, 건강 교육, 학교 체육등

7 우리나라의 사회 보장 제도

(1) 의료 보험 사업

국민의 질병, 부상, 분만 또는 사망 등에 의하여 보험 급여를 실시함으로써 국민 보건을 향상 시키고 사회 보장의 증진을 도모함을 목적으로 한다.

(2) 의료 보호 사업

생활 무능력자 및 일정 수준 이하의 저소득층을 대상으로 실시한다.

02 환경 보건

1 일광

(1) 자외선

① 일광의 3부분 중 파장이 가장 짧다.
② 강한 살균력이 있다.(2,600~2,800Å)
③ 비타민 D의 형성을 촉진하여 구루병을 예방하고, 피부 결핵, 관절염의 치료 작용이 있다.
④ 인체에 장애를 일으킬 수 있다.(피부에 홍반, 색소 침착, 부종, 수포 형성, 피부 박리 등)
⑤ 신진대사 촉진, 적혈구 생성 촉진, 혈압 강하 작용이 있다.
⑥ 결막염, 설안염 등을 발생시킬 수 있다.

(2) 가시광선

눈에 보이는 태양 광선으로 우리에게 명암을 준다.

(3) 적외선

① 파장이 가장 길며(7,800Å 이상), 열작용을 하므로 열선이라고도 한다.
② 온열을 주어 지상의 기온을 좌우한다.
③ 홍반, 피부 온도의 상승, 혈관 확장 등의 작용이 있으며, 너무 많이 받으면 두통, 현기증,
  열경련, 열사병, 백내장 등의 원인이 되기도 한다.

2 온열 환경

세계보건기구(WHO)
1. 기후의 3대 요소 : ① 기온 ② 기습 ③ 기류
2. 4대 온열 인자 : ① 기온 ② 기습 ③ 기류 ④ 복사열

(1) 기온

실외의 기온이란 지상 1.5m에서의 건구 온도를 말하며, 쾌적 온도는 18±2℃이다.

(2) 기습

일정온도의 공기중에 포함될 수 있는 수분량으로, 너무 건조하면 호흡기계 질병, 너무 습하면
피부 질환이 발생하기 쉬우며, 쾌적 습도는 40~70%이다.

(3) 기류

바람으로 기압과 기온의 차에 의해서 형성되며, 0.1m/sec는 무풍, 0.5m/sec이하는 불감 기
류라고 한다.

(4) 복사열

발열체 주위에서는 실제 온도 보다도 온감을 더 느끼게 되는데, 이것은 복사열이 작용하기 때
문이다.

3 공기(성분과 오염)

(1) 산소(O_2)

① 공기중에 약 21%가 존재한다.
② 산소량이 10%가 되면 호흡 곤란이 오고, 7% 이하이면 질식사하게 된다.

(2) 질소(N_2)

① 공기 중에 약 78%가 존재한다.
② 인체에 직접적인 영향은 주지 않지만, 이상 기압일 때 발생하는 잠함병과 관계가 있다.

(3) 이산화탄소(CO_2)

① 공기 중에 0.03%가 존재한다.

② 실내 공기의 오염을 판정하는 지표이다.

③ 일반적으로 허용 한도는 0.1%로 한다.

(4) 일산화탄소(CO)

① 무색, 무취, 무자극성 기체이다.

② 물체가 불완전 연소할 때 많이 발생한다.

③ 혈중 헤모글로빈과의 친화성이 산소에 비해서 200~300배가 강해서 중독을 일으킨다.

④ 8시간 기준으로 허용 한도는 0.01%(100ppm)이다.

(5) 아황산 가스(SO_2)

① 중유의 연소 과정에서 발생한다.

② 물체가 불완전 연소할 때 많이 발생한다.

③ 혈중 헤모글로빈과의 친화성이 산소에 비해서 200~300배가 강해서 중독을 일으킨다.

④ 8시간 기준으로 허용 한도는 0.01%(100ppm)이다.

(6) 군집독(실내오염)

다수인이 밀집한 곳의 실내 공기는 화학적 조성이나 물리적 조성의 변화로 인해 불쾌감, 두통, 권태, 현기증, 구토 등의 생리적 이상을 일으키기도 하는데, 이러한 현상을 말한다.

4 물

인체는 체중의 60~70%가 물로 구성되어 있는데, 그 중 10%를 상실하면 생리적 이상이 오고, 20% 이상 상실하면 생명이 위험하다. 성인의 경우 하루에 2.0~2.5ℓ의 물이 필요하다.

1. 물의 보건적 문제

(1) 수인성 질병의 전염원

수인성 질병의 병원체는 수중에서 그 수가 감소하는데, 그 이유는 영양원의 부족, 잡균과의 생존 경쟁, 일광의 살균 작용, 온도의 부적당 등에 기인한다.

(2) 기생충 질병의 전염원

종류 : 간디스토마, 페디스토마, 회충, 편충 등

(3) 물속의 불소(F) 함량

0.8~1.0ppm이면 가장 적당하고, 그 이상인 물의 장기 음용은 반상치가 발생하기 쉽고, 그 이하인 물의 장기 음용은 우치, 충치가 발생한다.

(4) 청색아

질산염이 많이 함유된 물을 장기 음용하면 소아에게 발생한다.

2. 상수도의 수원

① **천수(비, 눈)** : 매진, 분진, 세균량이 많다.
② **지표수** : 하천수, 호수를 말하는데, 오염물이 많을 수 있다.
③ **지하수** : 유기물, 미생물이 적고 탁도는 낮으나 경도가 높다.
④ **복류수** : 하천 저부에서 취수하는 방법으로, 지표수 보다는 깨끗하다.

3. 음용수의 수질 판정 기준

① 암모니아성 질소는 0.5mg/l, 염소이온 150mg/l, 질산성 질소 10mg/l, 과망간산칼륨 10mg/l
　를 넘으면 안된다.
　a. 일반 세균수는 1cc 중 100을 넘지 말아야 한다.
　b. 대장균군은 50cc 중에서 검출되지 말아야 한다
　c. 오수성 생물이 검출되면 안된다.
② 시안, 수은, 유기인이 검출되지 않아야 한다.
③ 수소 이온 농도는 pH 5.8~8.5 이내이어야 한다.
④ 색도 5도, 탁도 2도, 증발 잔유물 500mg/l를 넘지 않아야 한다.
⑤ 소독으로 인한 취기 이외의 냄새와 맛이 없어야 한다.

4. 물의 정수법

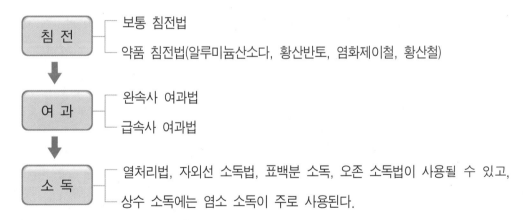

5 채광, 조명, 환기, 냉방

1. 주택의 자연 조명

① **창의 방향** : 남향이 좋다.
② **창의 면적**

a. 방바닥 면적의 1/5~1/7(20~14%)　　　b. 벽 면적의 70%

　③ 개각과 입사각

　　　a. 개각 : 4~5°이상　　　　　　　　b. 입사각 : 28°이상

　③ 거실 안쪽 길이 : 거실의 안쪽 길이는 창틀 윗부분까지 높이의 1.5배 이하

2. 인공 조명

전기 에너지(Energy)를 이용하는 것이 위생적이다.

(1) 직접 조명

조명 효율이 크고 경제적이나 현휘를 일으키며 강한 음영으로 불쾌감을 준다.

(2) 간접 조명

조명 효율이 낮고, 설비의 유지비가 다소 많이 든다.

(3) 반간접 조명

직접 조명과 간접 조명의 절충식이다.

3. 환기

(1) 자연환기

실내공기는 실내외의 온도차, 기체의 확산력, 외기의 풍력에 의해서 자연적으로 환기가 이루어진다.

(2) 중성대

실내로 들어오는 공기 하부로, 나가는 공기는 상부로 이동하는데, 그 중간에 압력 0의 지대가 형성된다. 이것을 중성대라고 하며, 천장 가까이에 형성되는 것이 환기량이 커서 좋다.

(3) 인공 환기(동력 환기)

신속한 교환(취기, 오염공기)과 생리적 쾌적감(온도, 습도) 및 신선한 공기로 교환 된 것이 실내에 고르게 유지되어야 한다.

4. 냉방과 난방

10℃이하에서는 난방, 26℃ 이상에서는 냉방이 필요하다.

(1) 난방

실내의 쾌적 온도는 18±2℃, 습도는 40~70%가 적당하다.

(2) 냉방

실내외의 온도차이는 5~7℃ 이내가 좋다.

6 하수도

1. 하수 처리의 종류

종 류	처 리 내 용
합 류 식	가정 하수, 산업 폐수, 자연수, 천수 등 모든 하수를 운반하는 구조이다.
분 류 식	천수를 별도로 운반하는 구조이다.
혼 합 식	천수와 사용수의 일부를 함께 운반하는 구조이다.

2. 합류식의 장점

① 시설비가 적게 든다.

② 비가 오면 하수관이 자연 청소된다.

③ 하수관이 크기 때문에 수리·검사청소 등을 쉽게 할 수 있다.

3. 하수처리과정

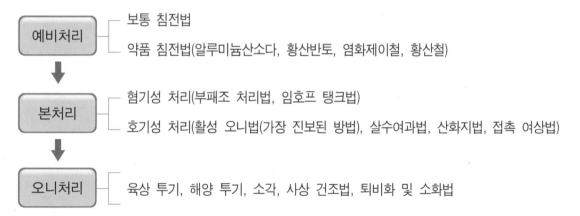

예비처리 ── 보통 침전법
        ── 약품 침전법(알루미늄산소다, 황산반토, 염화제이철, 황산철)

본처리 ── 혐기성 처리(부패조 처리법, 임호프 탱크법)
      ── 호기성 처리(활성 오니법(가장 진보된 방법), 살수여과법, 산화지법, 접촉 여상법)

오니처리 ── 육상 투기, 해양 투기, 소각, 사상 건조법, 퇴비화 및 소화법

4. 하수 오염 측정

(1) 생화학적 산소 요구량(BOD)

BOD가 높다는 것은 분해 가능한 유기물질이 많이 함유되어 있다는 것을 의미하며, 이것은 하수의 오염도가 높다는 것을 말한다.

(2) 용존 산소량(DO)

하수 중의 용존 산소량의 오염도를 측정하는 방법이다. 용존 산소의 부족은 오염도가 높음을 말한다.

(3) 위생 하수의 서한도

DO는 4ppm 이상, BOD는 20ppm 이하

7 오물처리

1. 분뇨의 종말 처리

(1) 분뇨 소화 처리법

① 가온식 소화처리법 : 25~35℃에서 1개월 이상이 필요
② 무가온식 소화처리법 : 2개월 이상이 필요

(2) 화학적 처리법

① 습식 산화법 : 병원균이 완전 사멸되므로 가장 위생적 처리 방법이다. 고압(70~80 기압), 고온(200~250℃)으로 소각하는 방법이다.

2. 분변과 관계될 수 있는 소화기계 질병

종류 : 장티푸스, 세균성 이질, 콜레라 등의 세균성 질병과 회충, 구충, 편충, 요충, 촌충, 아메바성 이질, 흡충류 등의 기생충 질환 등

3. 진개처리

① 매립법 : 불연성 진개나 잡개가 적당하다. 매립 경사는 30°의 경사가 좋고, 반드시 복토를 실시한다.
② 소각법 : 미생물을 사멸시킬 수 있는 위생적 방법
③ 퇴비화법 : 발효시켜서 비료로 사용하는 방법

8 곤충의 구제

1. 구충 구서의 일반적 원칙

① 발생원 및 서식처를 제거한다.(가장 근본적인 대책)
② 발생초기에 실시한다.
③ 대상동물의 생태 습성에 따라서 실시한다.
④ 구충구서는 광범위하게 동시에 실시한다.

2. 위생 해충의 구제

(1) 파리

① 속효성 살충제 분무법
② 끈끈이 테이프법 등

(2) 모기

① 속효성 살충제 공간 살포법(permethrin, dieldrine, pyrethrin)
② 기피제

③ 모기향 등

(3) 바퀴

① 독이법(붕산, 아비산 석회, 불화소다에 찐 감자 및 설탕을 혼합 사용)
② 유인제에 의한 접착제 사용법
③ 살충제 분무법

(4) 쥐

살서제 이용(warfrin, ANTU, 비소화합물 등)

(5) 진드기

건조상태에서는 증식할 수 없고 20℃, 13% 이상의 수분이 있어야 발생한다.
① 긴털가루 진드기 : 가장 흔한 것으로 곡류, 곡분 빵, 과자, 건조 과일, 분유, 건어물 등 각
   종 식품에서 발견
② 수중 다리가루 진드기 : 각종 저장 식품, 종자, 건조 과일 등에 발견
③ 설탕 진드기 : 설탕, 된장 등
④ 보리가루 진드기 : 곡류, 건어물 등

9 공해

현대 공해는 다양화, 누적화, 다발화, 광역화의 경향이 있으며, 대기 오염, 수질 오염, 토양 오
염, 소음, 진동, 악취, 방사선 오염, 일조권 방해, 전파 방해 등이 있다.

1. 대기 오염

(1) 원인 물질

아황산가스, 질소화합물, 일산화탄소, 옥시던트, 탄화수소, 부유분진 등

(2) 대기오염의 피해

종류 : 만성 기관지염, 기관지 천식, 천식성 기관지염, 폐기종, 인후두염 등의 호흡기계 질병,
　　　 농작물의 생장 장애 및 식물의 조직 파괴, 금속 제품 부식, 페인트칠의 변질, 건축물의
　　　 손상, 자연 환경의 악화 등
① 기온역전 : 대기층의 온도는 100m 상승할 때마다 1℃ 낮아지는데, 이와 반대로 상부 기온
   이 하부 기온보다 더 높을 때를 기온역전이라 한다.
② 산성비 : pH 5.6 이하의 산도를 가진 비로, 콘크리트, 철을 부식시키고, 삼림의 황폐화,
   호수의 물고기를 죽이며, 생태계의 파괴를 초래한다. 이산화질소, 아황산가스 등이 빗물
   속에 섞여 산성화가 일어난다.
③ 오존층 파괴 : 원인 물질은 프레온가스, 할로겐 등이다.

2. 수질 오염

(1) 원인 물질

시안, 카드뮴, 수은, 유기인, 납, 크롬, 유기폐수 등

(2) 수질 오염의 피해

① 미나마타병

　　a. 원인 물질 → 유기수은

　　b. 수은(Hg)을 함유한 공장 폐수가 어패류에 오염되어서 사람이 섭취함으로써 발생한다.

　　c. 증상 : 손의 지각 이상, 언어 장애, 구내염, 시력 약화 등

② 이따이이따이병

　　a. 원인 물질 → 카드뮴

　　b. 카드뮴(Cd)이 지하수, 지표수에 오염되어 농업 용수로 사용됨으로써 벼에 흡수되어 중
　　　독된다.

　　c. 증상 : 골연화증, 전신권태, 신장 기능 장애, 요통 등

③ PCB 중독(쌀겨유 중독)

　　a. 미강유 제조시 가열 매체로 사용하는 PCB가 누출되어 기름에 혼입되어 중독된다.

　　b. 증상 : 식욕 부진, 구토, 체중 감소 등

④ 기타

　　a. 농작물의 고사

　　b. 수산물의 사멸

　　c. 상수, 공업 용수의 오염

　　d. 자연 환경계의 파손

3. 소음

소음에 의한 피해로는 수면 장애, 불쾌감, 생리적 장애, 맥박, 호흡수, 신진대사 항진, 작업 능률 저하 등을 초래한다.

 03 질병과 전염병

① 전염병 발생의 3대 요인

① **전염원** : 병원체를 포함하는 모든 것

　종류 : 환자, 보균자, 감염 동물, 토양, 오염 식품, 물, 식기구, 생활 용구 등

② **전염 경로** : 병원체 전파 수단이 되는 모든 환경 요인

③ 감수성 숙주

2 전염병의 생성과정

전염원	전염 경로	숙주 집단
① 병원체 → ② 병원소	④ 전　파	⑥ 감수성 숙주의 감염
③ 병원체의 　탈　출	⑤ 병원체의 　침　입	⑦ 병원체의 　탈　출

1. 병원체

(1) 세균(Bacteria)

종류 : 콜레라, 장티푸스, 디프테리아, 결핵, 나병, 백일해, 파라티푸스 등

(2) 바이러스(Virus)

종류 : 소아마비, 홍역, 유행성 이하선염, 유행성 일본뇌염, 광견병, AIDS, 유행성 간염 등

(3) 리케차(Rickettsia)

종류 : 발진티푸스, 발진열, 양충병 등

(4) 원생동물(원충)

종류 : 이질아메바, 말라리아, 질트리코모나스, 사상충 등

2. 병원소(사람, 동물, 토양)

(1) 인간 병원소

① 환자나 보균자
② 특히 보균자는 전염병 관리상 중요한 대상이다.

(2) 동물 병원소

① 소 : 결핵, 탄저, 파상열, 살모넬라증
② 돼지 : 살모넬라증, 파상열, 탄저, 일본 뇌염
③ 양 : 탄저, 파상열
④ 개 : 광견병, 톡소플라스마
⑤ 말 : 탄저, 유행성 뇌염, 살모넬라증
⑥ 쥐 : 페스트, 발진열, 살모넬라증, 렙토스피라증, 양충병

(3) 토양

토양은 진균류와 파상풍 등의 병원소가 된다.

3. 병원소에서 병원체의 탈출

① 호흡기계 탈출
② 장관 탈출
③ 비뇨기관 탈출
④ 개방병소(상처 부위) 탈출
⑤ 기계적(곤충의 흡혈, 주사기) 탈출

4. 전파

① 직접 전파
② 간접 전파

    a. 활성 전파체
      •모기 : 일본 뇌염, 사상충, 황열, 말라리아 등
      •쥐 : 페스트, 발진열, 유행성 출혈열, 양충병 등
      •이 : 발진티푸스, 재귀열 등
      •파리 : 수면병

    b. 비활성 전파체 : 물, 식품, 공기, 우유, 개달물
    개달물 : 매개체 자체가 숙주의 내부로 들어가지 않고 병원체를 운반하는 수단으로만 작용하는 것을 말한다. 손수건, 완구, 의복, 침구류, 책 등이 이에 속한다.

5. 새로운 숙주에 침입

(1) 소화기계 전염병(경구적 침입)

    종류 : 폴리오, 콜레라, 이질, 장티푸스, 파라티푸스, 염성 간염, 파상열 등

(2) 호흡기계 전염병

    종류 : 결핵, 나병, 두창, 디프테리아, 성홍열, 수막구균성 수막염, 인플루엔자, 백일해, 홍역, 유행성 이하선염, 폐렴 등

(3) 점막 피부

    종류 : 트라코마, 파상풍, weil's병, 야토병, 페스트, 발진티푸스, 일본 뇌염

(4) 성기 점막 피부

    종류 : 매독, 임질, 연성하감

6. 숙주의 감수성과 면역

(1) 감수성

참고

감수성 지수(접촉 감염 지수)

a. 두창 : 95%   b. 홍역 : 95%

c. 백일해 : 60~80%   d. 성홍열 : 40%

e. 디프테리아 : 10%   f. 폴리오 : 0.1%

(2) 면역

① 선천적 면역 : 인종, 종속, 개인 특이성

② 후천적 면역

    a. 능동 면역

      • 자연 능동 면역 : 질병 감염 후 얻은 면역

      • 인공 능동 면역 : 예방 접종으로 얻어지는 면역

    b. 수동면역

      • 자연 수동 면역 : 모체로부터 태반이나 유즙을 통해서 얻은 면역

      • 인공 수동 면역 : 동물 면역 혈청 및 성인 혈청 등 인공 제제를 접종하여 얻게 되는 면역

참고

① 영구 면역이 잘되는 질병 : 두창, 홍역, 수두, 유행성 이하선염, 백일해, 성홍열, 발진티푸스, 장티푸스, 페스트, 콜레라, 일본뇌염, 폴리오

② 면역이 형성되지 않은 질병 : 매독, 임질, 말라리아

③ 약한 면역이 형성되는 질병 : 인플루엔자, 세균성 이질, 디프테리아

❸ 전염병 유행의 관리 대책

1. 전염병의 국내 침입 방지 및 전파 예방

(1) 전염병의 국내침입 방지(검역)

검역이란 전염병 유행 지역에서 입국하는 전염병 감염이 의심되는 사람을 강제 격리시키는 것으로, 그 전염병의 최장 잠복 기간을 격리(감시)기간으로 한다.

① 콜레라 : 120시간

② 페스트 및 황열 : 144시간

(2) 전염병의 전파 예방

① 병원소의 제거 및 격리
  a. 격리를 해야 하는 전염병 : 결핵, 나병, 콜레라, 페스트, 디프테리아, 장티푸스, 세균성
     이질 등
  b. 격리가 필요없는 전염병 : 유행성 일본뇌염, 파상풍, 발진티푸스, 파상열, 양충병, 기
     생충병 등
② 환경 위생 관리 : 소화기계 전염병은 환자의 배설물이나 오염된 물건들을 소독해야 하며
   구충, 구서, 음료수 소독, 식품의 위생 관리 등의 조치가 필요하다.

(3) 법정 전염병의 종류

① 제1군전염병
   "제1군전염병"은 전염속도가 빠르고 국민건강에 미치는 위해정도가 너무 커서 발생 또는
   유행 즉시 방역대책을 수립하여야 하는 전염병을 말한다.
   콜레라, 페스트, 장티푸스, 파라티푸스, 세균성이질, 장출혈성대장균감염증

② 제2군전염병
   "제2군전염병"이라 함은 예방접종을 통하여 예방 또는 관리가 가능하여 국가예방접종사업
   의 대상이 되는 질환의 전염병을 말한다.
   디프테리아, 백일해, 파상풍, 홍역, 유행성이하선염, 풍진, 폴리오, B형간염, 일본뇌염

③ 제3군전염병
   "제3군전염병"이라 함은 간헐적으로 유행할 가능성이 있어 지속적으로 그 발생을 감시하
   고 방역대책의 수립이 필요한 전염병을 말한다.
   말라리아, 결핵, 한센병, 성병, 성홍열, 수막구균성수막염, 레지오넬라증, 비브리오패혈
   증, 발진티푸스, 발진열, 쯔쯔가무시증, 렙토스피라증, 브루셀라증, 탄저, 공수병, 신증후
   군출혈열(유행성출혈열), 인플루엔자, 후천성면역결핍증(AIDS)

④ 제4군전염병
   "제4군전염병"이라 함은 국내에서 새로 발생한 신종전염병증후군, 재출혈전염병 또는 국
   내 유입이 우려되는 해외유행전염병으로서 방역대책의 긴급한 수립이 필요하다고 인정되
   어 보건복지부장관이 지정하는 전염병을 말한다.
   황열, 뎅기열, 마버그열, 에볼라열, 래시열, 리슈마니아증, 바베사시아증, 아프리카수면
   병, 크립토스포리디움증, 주협흡충증, 요우스, 핀파 급성출혈열, 급성호흡기증상, 급성활
   달증상을 나타내는 신종전염병 증후군

⑤ 지정전염병
   "지정전염병"이라 함은 제1군 내지 제4군 전염병외에 유행여부의 조사를 위하여 감시활동
   이 필요하다고 인정되어 보건복지부장관이 지정하는 전염병을 말한다.

⑥ 생물테러전염병

"생물테러전염병"이라 함은 고의로 또는 테러 등을 목적으로 이용된 병원체에 의하여 발생된 전염병을 말한다.

2. 숙주의 면역 증강

① BCG(결핵)는 생후 4주 이내에 접종을 실시한다.

② DTP(디프테리아, 백일해, 파상풍)와 소아마비는 2개월, 4개월, 6개월의 3회의 기본 접종으로 하고, 18개월에 추가 접종을 실시한다.

③ 홍역, 볼거리, 풍진은 생후 15개월에 실시한다.

④ 일본 뇌염은 3~15세에 실시한다.

⑤ 질병의 유행시 환자와의 접촉시 또는 화상을 받았을 때(파상풍)에는 수시로 추가 접종을 실시한다.

3. 예방되지 못한 환자의 조치

의료 시설의 확충, 무의 지역 제거, 계속적인 보건 교육, 조기 진단, 조기 치료가 필요하다.

4. 전염병 관리 방법

① 전염원의 근본적 대책

② 전염 경로의 차단

③ 감수성 보유자의 관리

 04 기생충

1 야채로 부터 감염되는 기생충

(1) 회충

① 소장에 기생

② 감염 후 산란시까지 약 60~75일 걸린다.

③ 하루 약 10~20만개의 알을 낳는다.

(2) 구충(십이지장충)

① 경피 감염이 특징

② 주요 증상은 빈혈증, 소화 장애가 있을 수 있다.

(3) 편충 : 감염 양상은 회충의 경우와 같다.

(4) 요충

① 소장하부에 기생

② 항문 주위의 가려움증이 있다.

③ 집단 감염이 잘되므로 집단적 구충을 실시한다.

(5) 동양모양 선충

① 감염형 유충은 온도·화학 약품에 비교적 저항력이 강하다.

② 김치를 통해 감염되는 경우도 있다.

❷ 어패류로부터 감염되는 기생충

(1) 간디스토마(간흡충)

① 민물고기를 생식하는 강유역 주민에게 많이 감염

② 왜우렁(제1중간 숙주) → 잉어, 붕어등 민물고기(제2중간 숙주)

(2) 페디스토마(폐흡충)

① 산간 지역 주민에게 감염

② 충란은 객담과 함께 배출

③ 다슬기(제1중간 숙주) → 가재, 게(제2중간 숙주)

(3) 요꼬가와 흡충

• 다슬기(제1중간 숙주) → 은어, 잉어, 붕어 등(제2중간 숙주)

(4) 아니사키스

• 고등어, 대구, 오징어, 고래 등에서 감염

(5) 광절 열두조충

• 물벼룩(제1중간 숙주) → 담수어, 연어, 숭어 등(제2중간 숙주)

(6) 스팔가눔증

• 물벼룩(제1중간 숙주) → 담수어, 뱀, 개구리, 조류, 포유류 등(제2중간 숙주)

(7) 유극악구충

• 물벼룩(제1중간 숙주) → 가물치, 뱀장어, 파충류, 조류, 포유 동물(제2중간 숙주)

❸ 수육으로 부터 감염되는 기생충

① 무구조충(민촌충) : 쇠고기를 생식하거나, 불충분하게 가열·조리한 것을 식용함으로써 감염

② 유구조충(갈고리촌충) : 돼지고기를 생식하거나, 불완전하게 가열·조리한 것을 식용함으로써 감염

③ 선모충 : 쥐, 돼지, 개, 여우 등과 사람의 인축 공동 전염병

④ 톡소플라스마 : 돼지, 개, 고양이, 생달걀로 부터 감염

4 기생충 질환의 예방 대책

① 분변을 완전 처리하여 기생충란을 사멸 또는 배제시킨다.

② 정기적 검변으로 조기에 구충한다.

③ 오염된 조리 기구를 통한 다른 식품의 오염에 유의한다.

④ 수육, 어육은 충분히 가열·조리한 것을 섭식한다.

⑤ 손을 깨끗이 씻고 야채류는 흐르는 물에 충분히 씻고, 화학 비료로 재배한 것을 생식한다.

 05 소독법

1 소독의 정의

① 소독 : 병원 미생물의 생활을 파괴하여 감염력을 억제하는 것이다.

② 멸균 : 미생물 기타 모든 균을 죽이는 것이다.

③ 방부 : 미생물의 증식을 억제해서 식품의 부패 및 발효를 억제하는 것이다.

2 소독방법

1. 물리적 방법

(1) 열처리법

① 건열 멸균법

    a. 화염 및 소각 : 재생 가치가 없는 물건을 태워 버리는 소각법도 화염 멸균법으로는 가장 강력한 멸균법이다.

    b. 건열 멸균법 : 유리 기구, 사기 그릇 및 금속 제품 등의 소독에 이용하는데, 150℃~160℃에서 행해진다.

② 습열 멸균법

    a. 자비 소독법 : 끓는물(100℃)에서 15~30분간 처리

    b. 고압 증기 멸균법 : 아포를 포함하여 모든 균을 사멸한다.

    c. 간헐 멸균법 : 대기압으로 1일 1회 100℃ 30분의 가열을 3일간 되풀이 하는 법이다.

    d. 저온 살균법 : 우유의 경우 63℃에서 30분간 행한다.

    e. 초고온 순간 살균법 : 130~135℃에서 2초간 행해진다.

(2) 무가열 멸균법

① 자외선 멸균법

    a. 2,600~2,800Å의 파장이 살균력이 크다.

    b. 공기, 물, 식품, 기구, 용기에 사용

② 초음파 멸균법

③ 방사선 살균법 : ^{60}Co, ^{137}Cs 이용

④ 세균 여과법

콩

2. 화학적 방법

(1) 소독제를 이용하여 살균하는 방법

① 소독약의 구비 조건

    a. 살균력이 강할것

    b. 부식성, 표백성이 없고 용해성이 높으며 안정성이 있을 것

    c. 불쾌한 냄새가 나지 않을 것

    d. 경제적이고 사용 방법이 간편할 것

② 소독약의 종류 및 용도

    a. **석탄산**(phenol)

      •3~5%의 수용액 사용

      •기구, 용기, 의류 및 오물 등의 소독에 사용

      •석탄산계수 $= \dfrac{\text{소독액의 희석배수}}{\text{석탄산의 희석배수}}$

    b. **크레졸**(Cresol)

      •3%의 수용액 사용

      •석탄산의 약 2배의 소독력이 있다.

      •손이나 오물 소독에 사용한다.

    c. **역성 비누**(양성 비누)

      •0.01~0.1%액 사용

      •무미, 무해하여 식품 소독, 피부 소독에 좋다.

      •자극성 및 독성이 없고 침투력, 살균력(특히 포도상구균, 쉬겔라균, 결핵균에 유효)이 있다.

    d. **승홍**($HgCl_2$)

      •자극성과 금속 부식성이 강하다.

      •피부 소독에는 0.1% 수용액 사용

    e. **알코올**(alcohol)

      •70~75%의 에탄올 사용

•피부 및 기구 소독에 사용

   f. 머큐로크롬(mercurochrom)

    •2% 수용액 사용

    •점막, 피부 상처에 사용

   g. 염소(Cl_2) : 상수도, 수영장, 식기류 소독에 사용

   h. 표백분($CaOCl_2$) : 우물 소독에 사용

   i. 과산화수소(H_2O_2)

    •3% 수용액 사용

    •무아포균에 유효, 구내염, 상처에 사용

   j. 오존(O_3) : 발생기 산소에 의해서 살균되며, 수중에서 살균력을 갖는다.

   k. 생석회(CaO) : 분변, 하수, 오물, 토사물 소독에 사용

3. 소독 대상물에 따른 소독방법

① 대소변, 배설물, 토사물 : 소각법, 석탄산수, 크레졸수, 생석회 분말 등

② 이상저온 조건 : 참호족염, 동상, 동창

③ 초자 기구, 목죽 제품, 도자기류 : 석탄산수, 크레졸수, 승홍수, 포르말린수, 증기 소독, 자비 소독

④ 고무 제품, 피혁제품, 모피, 칠기 : 석탄산수, 크레졸수, 포르말린수 등

⑤ 화장실, 쓰레기통, 하수구

   a. 분변 : 생석회

   b. 변기 또는 화장실 : 석탄산수, 크레졸수, 포르말린수 등

   c. 하수구 : 생석회, 석회유 등

⑥ 조리자의 손 : 역성 비누 등

⑦ 행주 및 도마

   a. 행주 : 삶거나 증기 소독, 치아염소산 처리, 일광 건조 등

   b. 도마 : 열탕 처리, 치아염소산수 처리 등

06 산업보건

1. 작업 종류별 소요 영양소

① 고온 작업 : 식염, 비타민 A, 비타민 B_1, 비타민 C

② 저온 작업 : 지방질, 비타민 A, 비타민 B_1, 비타민 C, 비타민 D

③ 강노동 작업 : 비타민류, Ca 강화 식품

④ 소음 작업 : 비타민 B_1

2. 인구피라미드(인구구성)

① **피라미드형** : 고출생, 고사망으로 발전형이다.

② **종형** : 저출생, 저사망으로 안정형이다.

③ **항아리형** : 저사망률, 저출생률로 감퇴형이다.

④ **기타형** : 농촌인구의 정형이다.

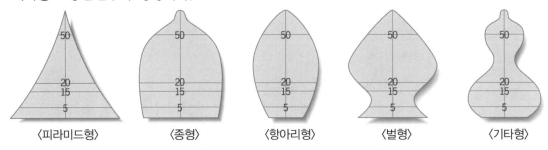

〈피라미드형〉   〈종형〉   〈항아리형〉   〈별형〉   〈기타형〉

3. 직업병

직업병이란 산업재해로 발생되는 질병과 직업자체가 그 원인이 되는 질병으로 구분하며, 직업의 종류나 그 직종이 가지고 있는 특정한 이유로 그 직종에 종사하는 근로자에게만 발생하는 질병이다.

(1) 작업환경 기인하는 직업병

① 이상 고온 조건 : 열중증(열경련, 열사병, 열허탈증, 열쇠약증)

② 이상 저온 조건 : 참호족염, 동상, 동창

③ 불량 조명에 의한 장애 : 안전 피로, 근시, 안구 진탕증

④ 적외선에 의한 장애 : 일사병, 백내장, 피부홍반

⑤ 자외선에 의한 장애 : 피부화상, 피부암, 눈의 결막 및 각막 손상

⑥ 방사선에 의한 장애 : 조혈 기능의 장애, 피부 점막의 궤양과 암의 형성, 생식 기능 장애

⑦ 고압 작업 장애 : 잠함병

⑧ 저압 작업 장애 : 수면 장애, 흥분, 호흡 촉진, 식욕 감퇴 등

⑨ 진애에 의한 장애 : 진폐증(규폐증, 석면폐증, 활석폐증, 면폐증, 금속열 등)

(2) 공업 중독(중금속 중독)

① 납중독 : 권태, 체중감소, 연산통, 구강염 등

② 수은 중독 : 피로, 기억력 감퇴, 지각 이상, 언어 장애 등

③ 크롬 중독 : 비염, 인두염, 기관지염

④ 카드뮴 중독 : 폐기종, 신장애, 단백뇨, 골연화증

⑤ 이황화탄소 중독 : 정신 질환, 하반신 마비, 뇌신경 마비

Question

공중 위생법 예상문제

01 세계보건기구(WHO)의 건강에 대한 정의로 가장 적절한 표현은?

㉮ 질병이 없고 육체적으로 완전한 상태

㉯ 육체적, 사회적으로 완전한 상태

㉰ 육체적, 정신적, 사회적 안녕이 완전한 상태

㉱ 육체적, 정신적으로 완전한 상태

02 세계보건기구의 창설 연도는?

㉮ 1946 　　　　　㉯ 1947

㉰ 1948 　　　　　㉱ 1949

03 공중보건 정의의 3대 요소가 아닌 것은 ?

㉮ 질병예방 　　　　㉯ 생명연장

㉰ 건강증진 　　　　㉱ 질병치료

04 세계보건기구의 회원국에 대한 가장 중요한 기능은 ?

㉮ 재정적 지원 　　　㉯ 기술적 지원

㉰ 보건 의료시설의 지원 　㉱ 의료약품의 지원

05 공중보건의 대상이 되는 것은?

㉮ 개인 　　　　　㉯ 학생 또는 직장인

㉰ 단체 　　　　　㉱ 국민 전체 또는 지역사회의 주민

06 보건수준 평가의 기초자료로 가장 대표적인 것은?

㉮ 영아사망률

㉯ 비례사망지수

㉰ 질병발생률

㉱ 평균수명

02 해설

세계보건기구의 창설은 1948년 이며, 우리나라가 세계보건기구에 가입한 것은 1949년이다.

06 해설

영아란 생후 12개월까지를 말하며 이 시기는 환경조건에 영향을 받을 수 있는 시기이므로 보건수준을 나타내는 지표가 된다.

◀) Answer 　01 ㉰　02 ㉰　03 ㉱　04 ㉯　05 ㉱　06 ㉮

07 해설 국가간 보건수준 평가의 3대 지표는 ⑭, ⑮, ⑯항에 해당하며, 조사망률(보통사망률)이란 인구에 대한 연간사망지수를 비율로 나타낸 것이다.

07 세계보건기구의 국가간의 보건수준 비교를 위하여 제시한 3대 건강 지표가 아닌 것은?

㉮ 노령인구

㉯ 평균수명

㉰ 조사망률

㉱ 비례사망지수

08 해설 국가간 보건수준 평가의 3대 지표는 보건교육, 보건행정, 보건관계법에 의하여 이루어질 수 있으며 특히 보건교육은 가장 기본적인 사업이다.

08 공중보건 사업상 가장 중요한 것은?

㉮ 보건행정

㉯ 보건교육

㉰ 환경위생

㉱ 보건관계법

09 지방보건 행정조직은 다음 중 어느 부처에 소속되어 있는가?

㉮ 행정안전부

㉯ 보건복지가족부

㉰ 노동부

㉱ 환경부

10 해설 공공보건사업은 질병예방에 있으며, 환자치료사업이 가장 거리가 멀다.

10 다음 중 공중보건사업의 성격과 거리가 가장 먼 것은?

㉮ 방역사업

㉯ 환경위생사업

㉰ 검역사업

㉱ 환자치료사업

11 공중보건을 지역사회에 응용하여 실시할 때 가장 관계가 먼 것은?

㉮ 지역사회의 문화요건

㉯ 지역사회 주민의 건강도

㉰ 지역사회 주민의 혈연

㉱ 지역사회의 환경요소

12 해설 보건행정은 보건기술 + 행정을 하나로 묶은 활동이다.

12 보건행정이 일반행정과 다른 점은?

㉮ 예산편성

㉯ 기술행정이라는 점

㉰ 조직

㉱ 인사제도

13 해설 보건국 보건과에서 주로 담당한다.

13 보건복지가족부의 급성전염병 담당 주무 부서는?

㉮ 보건과

㉯ 위생과

㉰ 우정1과

㉱ 식품과

🔊 Answer **07** ㉮ **08** ㉯ **09** ㉮ **10** ㉱ **11** ㉰ **12** ㉯ **13** ㉮

14 다음 보건행정 분류상 일반 보건행정에 속하지 않는 것은?

㉮ 모자보건행정

㉯ 산업보건행정

㉰ 예방보건행정

㉱ 의료보험행정

15 다음 중 사회보장에 속하는 내용은?

㉮ 주택건설사업   ㉯ 도로확장사업

㉰ 의료보호사업   ㉱ 수출촉진사업

16 우리나라 보건소는 어느 행정단위에 설치하도록 규정하고 있는가?

㉮ 시·군구   ㉯ 총무처

㉰ 특별시·광역시·시   ㉱ 보건복지가족부

17 보건소는 다음 중 어느 기관에 속하는가?

㉮ 보건연구기관   ㉯ 보건행정기관

㉰ 보건의료기관   ㉱ 보건자문기관

18 의료보험제도는 어디에서 관할하는가?

㉮ 보건복지가족부   ㉯ 보건소

㉰ 산업국   ㉱ 노동부

19 일반 보건행정의 담당부서는?

㉮ 행정안전부   ㉯ 노동부

㉰ 교육인적자원부   ㉱ 보건복지가족부

20 보건소의 업무가 아닌 것은?

㉮ 보건사상의 계몽

㉯ 전염병 예방과 진료

㉰ 영양개선과 식품위생

㉱ 식품접객업소의 허가

🔊 Answer   **14** ㉯   **15** ㉰   **16** ㉮   **17** ㉯   **18** ㉮   **19** ㉱   **20** ㉱

21 의료보호 사업에 속하는 내용은?

㉮ 영세민에 대한 무료진료　　㉯ 안구은행 설치

㉰ 의과대학의 증설　　㉴ 신장이식기술 개발

22 산업보건행정은 어디에서 관할하고 있는가?

㉮ 보건국　　㉯ 보건소

㉰ 노동부 산업안전과　　㉴ 사회안전과

23 사회보장제도를 제일 먼저 수립한 나라는?

㉮ 독일　　㉯ 영국

㉰ 스위스　　㉴ 미국

24 해설 행정안전부가 시, 도립 병원, 보건소 등을 행정적으로 관장하고, 보건복지가족부는 기술적인 지도감독을 하고 있다.

24 현행 우리나라 보건행정 조직의 근본적인 단점이라고 생각되는 것은?

㉮ 다원화되어 있다.

㉯ 견제가 곤란하다.

㉰ 기능이 미약하다.

㉴ 인력이 부족하다.

25 실내에 가장 적당한 온도는?

㉮ $18 \pm 2℃$　　㉯ $20 \pm 2℃$

㉰ $22 \pm 2℃$　　㉴ $26 \pm 2℃$

26 살균력이 강한 자외선의 파장은?

㉮ $2,000 \sim 2,400 Å$　　㉯ $2,400 \sim 2,800 Å$

㉰ $2,800 \sim 3,200 Å$　　㉴ $3,200 \sim 3,500 Å$

27 자외선의 작용에 속하지 않는 것은?

㉮ 복사열　　㉯ 비타민 D 형성

㉰ 피부암 유발　　㉴ 살균작용

🔊 **Answer**　**21** ㉮　**22** ㉰　**23** ㉮　**24** ㉮　**25** ㉮　**26** ㉯　**27** ㉮

28 적외선이 인체에 미치는 영향은?

㉮ 색채부여 ㉯ 색소침착

㉰ 구루병 예방 ㉱ 일사병 유발

28 해설
적외선을 지나치게 받으면 피부 온도 상승, 백내장. 일사병을 유발한다.

29 온열 인자가 아닌 것은?

㉮ 기온 ㉯ 기압

㉰ 기류 ㉱ 기습

29 해설
온열요소 : 온도, 습도, 기류, 복사열

30 불감기류란?

㉮ 공기의 흐름이 0.1m/sec 이하

㉯ 공기의 흐름이 0.2~0.5m/sec

㉰ 공기의 흐름이 0.5~2m/sec

㉱ 공기의 흐름이 2m/sec 이상

30 해설
불감기류 : 인체가 느끼지 못하는 공기의 흐름을 말한다.

31 인체에 적당한 습도는?

㉮ 30% 전후 ㉯ 40% 전후

㉰ 60% 전후 ㉱ 80% 전후

32 공기 중 질소의 비율은?

㉮ 0.03%

㉯ 0.1%

㉰ 21%

㉱ 78%

32 해설
공기의 조성은 질소 78%, 산소 21%, 아르곤 0.93%, 이산화탄소 0.03%, 기타 0.04%이다.

33 실내 공기오염의 지표로 하는 이산화탄소의 위생학적 허용한계는?

㉮ 10% ㉯ 1%

㉰ 0.1% ㉱ 0.01%

33 해설
공기 중 이산화탄소는 0.03% 존재하는데 이 농도가 0.1%에 도달하면 공기가 오염된 것으로 인정한다.

34 실내에서 일산화탄소(CO)의 8시간 기준 서한도는?

㉮ 0.01% ㉯ 0.1%

㉰ 0.3% ㉱ 1.0%

🔊 Answer | **28** ㉱ **29** ㉯ **30** ㉯ **31** ㉰ **32** ㉱ **33** ㉰ **34** ㉮

35
해설 군집독의 가장 중요한 요인은 실내 공기의 화학적 물리적 조성의 변화이다.

35 군집독의 가장 중요한 원인은?

㉮ 실내공기의 화학적, 물리적 조성의 변화

㉯ O_2의 부족

㉰ CO_2의 증가

㉱ 실내 온도의 변화

36 대기오염이 잘 발생되는 기후조건은?

㉮ 고기압   ㉯ 저기압

㉰ 고온, 고습   ㉱ 기온역전

37 아황산가스(SO_2)에 대한 설명으로 틀린 것은?

㉮ 실내공기 오염의 지표이다.

㉯ 실외공기 오염의 지표이다.

㉰ 금속을 부식시킨다.

㉱ 강한 자극적인 냄새가 난다.

38 음료수의 조건에 해당되지 않는 것은?

㉮ 무색투명할 것

㉯ 지하수일 것

㉰ 병원미생물에 오염되지 않은 것

㉱ 중성 또는 약알칼리성일 것

39
해설 pH는 5.8~8.0이어야 한다.

39 수도법을 기준으로 한 음용수의 판정기준으로 틀린 것은?

㉮ 암모니아성 질소 0.5ppm 이하

㉯ 질산성 질소 10ppm 이하

㉰ pH 2.8 ~ 5.8

㉱ 일반 세균수 1cc 중 100 이하

40 오염된 물로 인한 질병으로 거리가 먼 것은?

㉮ 수인성 전염병   ㉯ 우치 및 반상치

㉰ 군집독 발생   ㉱ 기생충 감염

🔊 **Answer**　　35 ㉮　36 ㉱　37 ㉮　38 ㉯　39 ㉰　40 ㉰

41 일반적으로 지하수가 지표수보다 더 많이 가지고 있는 것은?

㉮ 대장균　　　　　　　㉯ 일반 세균

㉰ 부유물질　　　　　　㉱ 경도

41 해설

지하수가 지표수보다 경도를 더 많이 가지고 있다.

42 우리나라에서 아직도 많이 발생되고 있는 수인성 질병 중 대표적인 것은?

㉮ 이질　　　　　　　　㉯ 장티푸스

㉰ 살모넬라　　　　　　㉱ 뇌염

43 우리나라의 상수도 수질기준 중 대장균은 얼마에서 검출되어서는 안 되는가?

㉮ 5cc　　　　　　　　㉯ 10cc

㉰ 50cc　　　　　　　　㉱ 100cc

44 자연채광을 위한 창의 설치조건으로 적당하지 않은 것은?

㉮ 창의 면적은 바닥면적의 1/5 ~ 1/7이 적당하다.

㉯ 창의 방향은 남향이 좋다.

㉰ 실내 각 점의 개각은 8~9° 이상이 좋다.

㉱ 일사각은 28°이상이 좋다.

45 실내 자연환기의 근본 원인이 되는 것은?

㉮ 기온의 차이　　　　　㉯ 습도의 차이

㉰ 기압의 차이　　　　　㉱ 불감기류의 차이

45 해설

실내외의 온도 차이가 5℃ 이상일 때 잘 이루어진다.

46 실외에서 아황산가스(SO_2)의 환경기준치는?

㉮ 0.1%　　　　　　　　㉯ 0.01%

㉰ 0.05ppm　　　　　　㉱ 0.5ppm

47 연탄에서 일산화탄소가 가장 많이 발생하는 때는?

㉮ 새로 갈아 넣을 때

㉯ 화력은 좋으나 기압이 낮을 때

㉰ 화력이 강할 때

㉱ 타기 시작할 때와 꺼질 때

🔊 Answer　　41 ㉱　42 ㉯　43 ㉰　44 ㉰　45 ㉮　46 ㉰　47 ㉱

48 눈의 보호를 위하여 가장 적합한 조명은?

㉮ 직접 조명　　　　　　　㉯ 간접 조명

㉰ 반직접 조명　　　　　　㉲ 반간접 조명

49 음료수 소독의 목적은?

㉮ 병원균을 사멸하기 위해

㉯ 세균발육을 억제하기 위해

㉰ 세균에서 생기는 소독의 삭제를 위해

㉲ 모든 미생물을 사멸하기 위해

50 수질오염의 생물학적 지표로 하는 것은?

㉮ 탁도　　　　　　　　　㉯ 경도

㉰ 대장균수　　　　　　　㉲ 병원미생물수

51
해설 석탄산은 배설물 소독에 사용한다.

51 음료수 소독시 사용되지 않는 것은?

㉮ 가열　　　　　　　　　㉯ 염소

㉰ 표백분　　　　　　　　㉲ 석탄산

52 수인성 전염병의 특징으로 볼 수 없는 것은?

㉮ 환자 발생이 폭발적이다.

㉯ 잠복기가 짧고 치사율이 높다.

㉰ 성과 나이에 관계없이 발생한다.

㉲ 급수지역과 발생지역이 거의 일치한다.

53
해설 수인성 전염병은 물로 인하여 전염되며 주로 소화기계 전염병이 이에 속한다.

53 수인성 전염병에 속하지 않는 것은?

㉮ 장티푸스　　　　　　　㉯ 파라티푸스

㉰ 콜레라　　　　　　　　㉲ 간디스토마

54 염소 소독의 장점이 아닌 것은?

㉮ 냄새가 난다.　　　　　㉯ 강한 소독력

㉰ 조작이 간단하다.　　　㉲ 잔류 효과가 크다.

🔊 **Answer**　48 ㉯　49 ㉮　50 ㉰　51 ㉲　52 ㉯　53 ㉲　54 ㉮

55 음료수의 염소 소독시 잔류 염소량은?

㉮ 0.1ppm ㉯ 0.2ppm

㉰ 0.3ppm ㉱ 0.4ppm

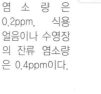

55 해설
음료수의 잔류 염소량은 0.2ppm, 식용 얼음이나 수영장의 잔류 염소량은 0.4ppm이다.

56 충치 또는 우치를 예방할 수 있는 물속의 불소량은?

㉮ 0.5ppm 이하 ㉯ 1.5~2ppm

㉰ 0.8~1ppm ㉱ 8ppm 이상

57 다음 처리법 중 음료수 처리에 이용되지 않는 것은?

㉮ 침전법 ㉯ 희석법

㉰ 여과법 ㉱ 폭기법

58 활성오니법은 무엇을 하는데 사용하는 방법인가?

㉮ 대기오염 제거방법 ㉯ 하수 처리방법

㉰ 상수오염 제거방법 ㉱ 쓰레기 처리방법

59 상수도 소독 순서 중 맞는 것은?

㉮ 침사 – 침전 – 여과 – 염소소독

㉯ 침사 – 여과 – 침전 – 염소소독

㉰ 여과 – 침전 – 침사 – 염소소독

㉱ 침전 – 여과 – 염소소독 – 침사

60 다음 중 조도가 가장 높아야 할 곳은?

㉮ 조리장 ㉯ 화장실

㉰ 현관 ㉱ 객실

60 해설
조리실내의 적당한 조도는 50~100Lux이다.

🔊 Answer 55 ㉯ 56 ㉰ 57 ㉯ 58 ㉯ 59 ㉮ 60 ㉮

식품위생

01 식품 위생 개론

1 식품 위생의 의의

식품 위생이란 식품, 첨가물, 기구 및 용기와 포장을 대상으로 하는 음식물에 관한 위생을 말한다

2 식품 위생의 목적

① 식품(음식물)에 의한 위생상의 위해 방지
② 식품의 안전성 유지
③ 식품 영양의 질적 향상을 도모함으로써 국민 보건의 향상과 증진에 기여

참고

식품의 정의

식품이라 함은 모든 음식물을 말하며, 다만 의약으로 섭취하는 것은 예외로 한다.

3 식품 위생 행정 기구

1. 중앙 기구

① 중앙 정부가 행하는 식품 위생 관계의 행정은 보건복지가족부가 관장하며, 위생국에 식품과, 식품유통과, 위생정책과, 위생관리과, 음용수관리과 등의 각 과가 있어서 각 업무를 분담하고 있다.
② 식품 위생 대상의 일부인 경구 전염병과 식중독에 관한 것은 보건국에 속하는 방역과에서, 기생충병과 결핵에 관한 것은 만성병과에서 각각 분담하고 있다.
③ **검역소** : 전국의 바다, 공항에는 검역소가 있어서 수입 식품등에 대한 업무를 수행한다.
④ **국립보건원** : 중앙의 식품 위생 행정을 과학적으로 뒷받침하는 시험 연구기관이다.
⑤ **식품 위생 심의위원회** : 행정 기구는 아니지만, 보건복지가족부장관의 자문기관 역할을 한다.

2. 지방 기구

① 서울특별시 각 광역시와 도의 위생 담당국인 보건사회국에 보건과 또는 위생과가 있어서 그 지방의 식품 위생 행정을 주관하고, 일선의 식품 위생 행정 업무는 각 시·군 또는 구의 식품 위생 관계 부서에서 담당하며, 이곳에 식품 위생 감시원이 배치되어 실무 활동을 하고 있다.

② **사도 보건 환경 연구원** : 지방의 식품 위생 행정을 과학적으로 뒷받침하는 시험 검사 기관이다.

02 식품과 미생물

1 식품중의 미생물

1. 원생 동물(원충)

① 단세포 동물이다.

② 종류 : 이질아메바, 질트리코모나스, 말라리아, 톡소플라스마(toxoplasma)등

2. 세균(Bacteria)

식품위생상 가장 중요한 미생물이다.

(1) Bacillus 속

① 그람양성의 호기성, 내열성, 아포형성간균

② 토양을 중심으로 하여 자연계에 널리 분포

③ 식품의 오염균 중 대표적인 균

④ 전분 분해 작용과 단백질 분해 작용을 가진다.

> **참고**
>
> 대표적인 균
>
> 고초균(Bacillus Subtilis)

(2) Micrococcus 속

① 호기성, 무아포그람양성구균

② 주로 토양, 물, 공기를 통하여 식품을 오염

③ 수산연제품, 앙금류, 어패류에 부착

(3) Pseudomonas 속

① 그람음성무아포간균, 수생 세균이 많고 형광균도 포함

② 어패류에 부착

(4) Proteus 속

① 그람음성무아포간균

② 동물성 식품의 부패균

(5) 대장균(Escherichia 속)

① 장내 세균과에 속한다.

② 분변 오염의 지표균

(6) 젖산균(Lactic acid bacteria)

① 그람양성간균

② 당류를 발효시켜 젖산을 생산

(7) Clostridium 속

① 그람양성간균, 편성혐기성

② 멸균이 불완전한 통조림 등 산소가 없는 상태에서 식품을 부패

3. 곰팡이(mold)

(1) Aspergillus(Asp.) 속

① 누룩곰팡이(Asp. oryzae) : 약주, 탁주, 된장, 간장 제조에 이용

② Asp. flavus : aflatoxin을 생산하는 유해균

(2) Penicillium 속

① 푸른곰팡이

② 과실이나 치즈 등을 변패시키는 것이 많고, 황변미를 만드는 것도 있다.

(3) Mucor 속

① 털곰팡이

② 식품의 변패에 관여하며, 식품 제조에도 이용

(4) Rhizopus 속

거미줄 곰팡이, 빵곰팡이(흑색빵의 원인균)

4. 효모(Yeast)

(1) Saccharomyces 속

청주의 발효균, 빵효모, 맥주, 포도주, 알코올 제조에 이용

(2) Torula 속

식용 효모로 이용되기도 하고, 맥주 치즈 등에 산막 효모로서 유해하게 작용하는 것이 있다.

5. 바이러스(Virus)

① 살아 있는 세포 속에서만 생존이 가능한 세균

② 여과기를 통과하는 미생물

③ 병원체 : 천연두, 인플루엔자, 광견병, 일본뇌염, 소아마비 등

참고 식품의 위생 지표균

식품의 오염 여부와 그 정도를 알아보기 위하여 일반 세균수의 측정 또는 대장균이나 장구균의 검사를 한다.

2 미생물 발육에 필요한 조건

(1) 영양

질소원, 탄소원, 무기질, 비타민 등이 필요하다.

(2) pH

① 세균 : 중성 또는 약알칼리성(pH 6.5~7.5)에서 잘 증식

② 곰팡이, 효모 : 약산성(pH 4.0~6.0)에서 잘 증식

(3) 온도

0℃ 이하, 80℃ 이상에서는 잘 생육할 수 없다.

① 저온균 : 최적 온도는 15~20℃(주로 수중 세균)

② 중온균 : 최적 온도는 30~37℃(대부분의 세균)

③ 고온균 : 최적 온도는 50~60℃

(4) 산소

① 호기성균 : 산소를 필요로 하는 균

② 혐기성균 : 산소를 필요로 하지 않는 균

참고 편성혐기성균

산소를 절대적으로 기피하는 균

(5) 수분

미생물에 따라 필요한 수분의 양은 차이가 있으나, 보통 40% 이상 있어야 한다.

3 변질

(1) 식품의 변질 원인

① 미생물의 증식 : 곰팡이는 녹말 식품, 효모는 당질 식품, 세균은 주로 단백질 식품에 잘 번식한다.

② 식품 자체의 효소 작용

③ 수분, 온도, 산소, 광선, 금속(Co, Ni, Fe, Mn) 등

(2) 변질의 종류

① 부패 : 단백질 식품이 혐기적 세균에 의해 분해 작용을 받아 악취와 유해 물질을 생성하는 현상

참고

후란(Decay)

단백질 식품이 호기성 세균에 의해서 분해되는 현상으로, 악취가 없다.

② 변패 : 탄수화물, 지방질이 미생물의 작용으로 변질되는 현상

③ 산패 : 유지를 공기 중에 방치했을 때 산성을 띠며, 악취가 나고 변색이 되는 현상

참고

발효

탄수화물이 미생물의 작용으로 유기산, 알코올 등의 유용한 물질이 생기는 현상

(3) 부패의 판정

① 관능 시험(냄새, 색깔, 조직, 맛 등)

② 생균수 측정 : 식품 1g 107~108이면 초기 부패

③ 휘발성 염기 질소(VBN) : 30~40mg이면 초기 부패

④ Trimethylamine(TMA) : 3~4mg이면 초기 부패

⑤ pH : 6.0~6.2이면 초기 부패

03 식중독

① 식중독의 분류

구 분		종 류
세균성 식중독	감염형	살모넬라균, 장염비브리오균, 병원대장균, 웰치균
	독소형	보툴리누스균(독소 : 뉴로톡신)
		포도상구균(독소 : 엔테로톡신)
	부패산물	부패 산물에 의한 것(allergy성 식중독)
화학성 식중독 (유독, 유해화학물질)		메탄올, 유기염소화합물, 유기불소화합물, 유해금속류
		(수은, 비소, 납 등)
자연독 식중독	식물성	독버섯, 감자, 유독 식물 등
	동물성	복어, 조개류 등
	곰팡이	mycotoxin(aflatoxin, citrinin, patulin) 생산 곰팡이류

② 세균성

세균성 식중독은 가장 자주 발생하는 식중독으로, 주로 고온 다습한 6~9월에 집중적으로 발생한다.

(1) 감염형 식중독

① 살모넬라 식중독
  a. 잠복기 : 평균 20시간
  b. 증 상 : 오심, 구토, 설사, 복통, 발열(38~40℃)
  c. 원인식품 : 어육 제품, 유제품, 어패류, 두부류, 샐러드 등
  d. 예 방 : 저온 저장, 이 균은 60℃, 20분 가열에 의해 사멸되므로 먹기 직전에 가열 처리한다.

② 장염 비브리오 식중독(호염성 식중독)
  a. 원인균 : 3~4%의 식염 농도에 잘자라는 해수 세균으로, 그람음성무포자간균으로 통성혐기성균이다.
  b. 잠복기 : 평균 12시간
  c. 증 상 : 설사, 복통, 두통, 오심
  d. 원인식품 : 어패류
  e. 예 방 : 열에 약하고(60℃ 2분이면 사멸) 담수에 약하므로 흘러내리는 물에 잘 씻는다. 냉장, 냉동 처리

③ 병원성 대장균 식중독

a. 잠복기 : 10~30시간

b. 증　상 : 급성 위장염

c. 원인식품 : 햄, 치즈, 소시지, 크로켓, 분유, 두부, 우유 등

d. 예　방 : 분변 오염이 되지 않도록 위생 상태가 양호해야 한다.

④ 웰치균 식중독 : gas괴저의 원인균으로 식중독을 일으키는 것은 A형과 F형이다. 복부팽만감, 설사가 주증상이다.

(2) 독소형 식중독

세균이 음식물 중에 증식하여 산출된 장독소나 신경독소가 발병의 원인이 된다.

① 포도상구균 식중독

a. 원인균 : 황색포도상구균은 식중독 및 화농의 원인균인데, 식중독의 원인 물질은 균이 생성하는 장독소(enterotoxin)이다. 균은 80℃, 10분의 가열로 죽지만 장독소인 엔테로톡신은 120℃, 20분간 가열로도 파괴되지 않는다.

b. 잠복기 : 1~6시간(평균 3시간 세균성 식중독 중 잠복기가 가장 짧다)

c. 증　상 : 급성 위장염, 타액 분비, 구토, 복통, 설사

d. 원인식품 : 쌀밥, 떡, 도시락, 전분질을 많이 함유하는 식품

e. 예　방 : 엔테로톡신은 내열성이 큼으로 섭취전에 가열해도 예방효과가 없다. 화농성 질환자의 조리 금지, 식품의 오염 방지, 저온 저장 등

② 보툴리누스 식중독

a. 원인균 : 보툴리누스균(편성혐기성균)이 혐기적 조건하에서 증식할 때 생산되는 독소에 의하여 일어나는 것으로, 신경 독소인 neurotoxin을 분비한다. 식중독의 원인은 A, B, E형이다.

b. 잠복기 : 12~36시간

c. 증　상 : 신경 증상으로 시력 장애, 실성, 호흡 곤란, 언어 장애

d. 원인식품 : 통조림, 소시지, 순대, 혐기성 상태 식품 등

e. 예　방 : 독소인 뉴로톡신은 80℃에서 15분간 가열하면 파괴되므로 섭취 전 가열 처리하면 예방 가능하다.

③ Allergy상 식중독(히스타민 중독)

a. 원인균 : 부패 세균이 번식하여 생산되는 단백질의 부패 생성물인 히스타민이 주원인이 되어서 발생하는 식중독으로, 식품 100g당 70~100mg 이상의 히스타민이 생성되면 식중독이 발생된다.

b. 증　상 : 식후 30~60분에 상반신 또는 전신의 홍조, 두드러기 비슷한 발진, 두통, 발열 등

c. 원인식품 : 꽁치, 정어리, 전갱이, 고등어 등 붉은살 생선

d. 예　방 : 신선한 것 구입

3 **화학성 식중독**

화학성 식중독의 원인 물질은 식품 중에 존재하는 과정에 따라서 다음과 같이 분류할 수 있다.

① 고의 또는 오용으로 첨가되는 유해 물질(불량 첨가물)

② 재배, 생산, 제조, 가공 및 저장 중에 우연히 잔류 혼합되는 유해 물질(농약)

③ 기구, 용기, 포장재로부터 용출, 이행되는 유해 물질(납, 카드뮴, 비소 등)

④ 환경 오염 물질에 의한 유해 물질(수은, 유해 금속, 방사성 물질)

(1) 유해 감미료

① 사이클라메이트(Cyclamate) : 설탕의 40~50배의 감미, 발암성이 있다.

② 둘신(Dulcin) : 설탕의 250배의 감미, 독성이 강하고 혈액독, 간장, 신장 장애

③ 파라니트로 올소톨루이딘(p-Nitro-o-toluidine) : 설탕의 200배의 감미, 살인당, 원폭당

④ 에틸렌 글리콜(ethylene glycol) : 원래는 엔진 부동액으로 사용하였는데, 감미료로 사용되기도 하였다. 신경 장애

⑤ 페릴라틴(perillartine) : 자소유(perilla oil)의 향기 성분으로 설탕의 2,000배의 감미, 신장장애.

(2) 유해착색제

① 오라민(auramine) : 염기성의 황색 색소

② 로다민B(rhodamin B) : 염기성의 핑크색 색소

③ 파라니트로아닐린(p-nitroaniline) : 황색

④ 실크 스카렛(silk scarlet) : 등적색

(3) 유해 보존료(살균료)

① 붕산

② 포름알데히드

③ 불소화합물

④ 승홍

⑤ β-naphthol

⑥ Urotropin

(4) 유해표백제

① 롱가리트(rongalit)

② 삼염화질소(NCl_3)

③ 과산화수소(H_2O_2)

④ 아황산염

(5) 농약

① 야채, 곡류, 과실 등에 사용되는 농약의 잔류에 의하여 발생한다.

② 농약에는 비소화합물, 유기인제(파라치온, 마라치온, 다이아지논, TEPP), 유기염소제 (DDT, DDD, γ−BHC), 유기수은제(PMA) 등이 있다.

(6) 유해금속물

• 종류 : 비소(As), 납(Pb), 카드뮴(Cd), 주석(Sn), 구리(Cu), 아연(Zn), 비소(As), 안티몬 (Sb), 바륨(Ba) 등

(7) 메틸알코올

① 중독량은 대개 5~10ml이고 치사량은 30~100ml

② 증상 : 두통, 현기증, 구토, 설사, 시신경 장해로 실명, 심하면 호흡 마비, 심장 쇠약으로 사망한다.

④ 자연독 식중독

(1) 식물성 식중독

① 독버섯의 유독 성분 : 무스카린(muscarine), 무스카리딘(muscaridine), 콜린(choline), 팔린(phaline), 뉴린(neurine), 아마니타톡신(amanitatoxin) 등이 있는데, 그 중에서 무스카린, 무스카리딘은 위장형 증세를 나타내고, 팔린, 아마니타톡신은 콜레라형 증세를 나타낸다.

② 감자중의 솔라닌(solanine) : 녹색 부위와 싹난 부위에 존재

③ 기타

종 류	독 성 분
청 매	amygdalin
오색콩	phaseolunatin
수 수	dhurrin
면실유(목화씨)	gossypol
독미나리	cicutoxin
독 맥	temuline
꽃무릇	lycorine
바 꽃	aconitine

(2) 동물성 식중독

① 복어 중독 : 독성분은 테트로도톡신(tetrodotoxin)으로 난소, 간장에 많고, 치사율이 60% 에 의한다. 테트로도톡신은 100℃의 가열로는 독성을 잃지 않으나 강산이나 강알칼리에는 쉽게 분해된다.

② 조개류 중독 : 특정 지역에서 일정한 계절에만 발생

a. 굴, 바지락, 모시조개 : venerupin

b. 섭조개(마비성 식중독) : saxitoxin

③ 독꼬치 중독 : ciguatoxin

(3) 곰팡이 독(mycotoxin) 식중독

① 아플라톡신(aflatoxin) : 아스퍼질러스 플라브스(Aspergillus flavus)가 기생하여 생성된 독성 대사물로써, 간암을 일으키며, 땅콩, 쌀, 밀, 옥수수, 된장, 고추장 등에 존재한다. 특히 고온 다습한 여름철에 감염되기 쉽다.

② 맥각 중독 : 보리, 밀, 호밀에 잘 번식하는 곰팡이인 맥각균(claviceps purpurea)의 균핵을 맥각이라 하며, 독성 물질로는 에르고톡신, 에르고타민 등이 있다.

③ 황변미 중독 : 쌀에는 여러 종류의 페니실리움속의 곰팡이가 기생하여 유독한 독성 물질을 생성하는데, 살은 황색으로 변하므로 황변미라 한다.

④ 기타 : rubratoxin, patulin 등

04 식품 첨가물

1 식품 첨가물의 정의

① 식품의 제조, 가공 또는 보존함에 있어서 식품에 첨가, 혼합, 침윤 및 기타의 방법에 의하여 사용되는 물질(식품위생법의 정의)

② 식품의 외관, 향미, 조직 또는 저장성을 향상시키기 위하여 식품에 미량으로 첨가되는 비영양성 물질(FAO와 WHO의 정의)

2 식품 첨가물의 지정

① 식품 첨가물

a. 천연물

b. **화학적 합성품** : 화학적 수단에 의하여 원소 또는 화합물에 분해반응 이외의 화학반응을 일으켜 얻은 물질

② 식품 첨가물은 보건복지가족부장관이 위생상 지장이 없다고 인정하여 지정한 것만을 사용하거나 판매할 수 있도록 규정되어 있다.

3 식품 첨가물의 종류

1. 식품의 변질, 변패를 방지하는 것

① 보존료

② 살균료

③ 산화방지제

④ 피막제

(1) 보존료

식품 중의 미생물의 발육을 억제하여 부패를 방지하고, 식품의 선도를 유지하기 위하여 사용되는 물질로 방부제라고도 한다.

방부제의 종류	사용 식품
데히드로초산(DHA)	치즈, 버터, 마가린, 된장
소르빈산(sorbic acid) 소르빈산칼륨	식육제품, 땅콩버터 가공품, 어육연제품, 된장, 고추장, 절임 식품, 잼, 케첩
안식향산(benzoic acid) 안식향산나트륨	청량음료, 간장, 알로에즙
파라옥시안식향산	간장, 식초, 과일 소스, 청량 음료
프로피온산나트륨 프로피온산칼슘	빵 및 생과자 치즈

(2) 살균료

식품 중의 부패 세균이나 병원균을 사멸시키기 위해서 사용되는 물질로써 음료수, 식기류, 손, 야채 과실의 소독을 위해서만 사용이 허가되고 있다.

살균료의 종류	사용 기준
표백분($CaOCl_2$)	음료수의 소독, 식기구, 식품 소독
치아염소산나트륨(NaOCl)	음료수의 소독, 식기구, 식품 소독
과산화수소(H_2O_2)	최종 제품 완성 전에 분해·제거할 것

(3) 산화방지제

유지의 산패나 식품의 변색 및 퇴색 등을 방지하기 위하여 사용되는 물질이다.

산화 방지제의 종류		사용 기준
지용성	디부틸 히드록시 톨루엔(BHT) 부틸 히드록시 아니솔(BHA) 몰식자산프로필(propyl gailate)	유지, 버터 어패 건제품
	토코페롤(비타민 E)	유지·버터의 산화 방지제, 영양 강화
수용성	에리소르빈산(erythorbic acid) 에리소르빈산나트륨	산화 방지의 목적 이외에는 사용금지, 식육 제품, 맥주, 쥬스
	아스코르빈산(비타민 C)	식육 제품의 변색 방지, 과일 통조림의 갈변 방지, 영양 강화

(4) 피막제

과일의 선도를 장시간 유지하게 하기 위하여 표면에 피막을 만들어 호흡 작용을 제한하는데, 이와 같이 수분의 증발 방지를 목적으로 사용되는 물질을 말한다.

피막제의 종류	사용 식품
몰호린지방산염	과일, 과채류
초산비닐수지	과일, 과채류, 껌 기초재료로도 사용

2. 관능을 만족시키는 것

① 착색료
② 발색제
③ 표백제
④ 조미료
⑤ 산미료
⑥ 착향료
⑦ 비영양성 감미료

(1) 착색료

착색료의 종류	사용 제한
tar 색소의 종류 : fast green FCF, amaranth, erythrosine, brilliant blue FCF, indigo carmine, tartrazine, sunset yellow FCF, aluta red tar 색소의 알루미늄 레이크	사용 금지 식품 : 면류, 다류, 단무지, 특수 영양 식품, 건강 보조 식품, 인삼 제품, 쥬스류, 묵류, 젓갈류, 천연 식품, 벌꿀, 식초, 케첩, 소스, 카레, 식육 제품(소시지 제외), 식용 유지, 식빵, 버터, 마가린, 해조류
삼이산화철	바나나(꼭지의 절단면), 곤약 이외의 식품에는 사용할 수 없다.
수용성 안나토 β-카로틴	천연 식품(식육, 어패류, 과일류, 야채류)에는 사용 금지
구리클로로필린나트륨	채소류, 과일류의 저장품, 다시마, 껌, 완두콩에 사용한다.

(2) 발색제

식품 중의 색소와 결합하여 그 색을 고정시킴으로써 식품 본래의 색을 유지하게 하는데 사용되는 물질을 말한다.

발색제의 종류	사용 식품
아질산나트륨, 질산나트륨, 질산칼륨	식육 제품, 경육 제품, 어육 소시지, 어육 햄
황산 제일철	사용 기준은 없으나, 주로 과채류에 이용

(3) 표백제

① 무수아황산

② 아황산나트륨

③ 황산나트륨

④ 과산화수소(최종 제품 완성 전에 분해 제거할 것)

(4) 조미료

① 식품 첨가물 분류상 음식물의 감칠맛을 증진시킬 목적으로 첨가하는 물질이다.

② **종류** : 이노신산나트륨, 구아닐산나트륨, 글루타민산나트륨, 알라닌, 글리신, 주석산나트륨, 구연산나트륨, 사과산나트륨, 호박산 등

(5) 산미료

① 식품에 신맛을 부여해서 미각에 청량감과 상쾌한 자극을 주기 위해 사용되는 물질이다.

② **종류** : 빙초산, 구연산, 아디핀산, 주석산, 젖산, 사과산, 후말산, 이산화탄소, 인산 등

(6) 착향료

① 상온에서 휘발하여 특유한 방향을 느끼게 함으로써 식욕을 증진할 목적으로 사용되는 물질이다.

② **종류** : 계피알데히드, 멘톨, 바닐린, 벤질알코올, 시트랄, 낙산부틸 등

(7) 감미료

감미료의 종류	사 용 기 준
사카린나트륨	절임 식품류(김치류 제외), 청량음료, 어육연제품, 특수 영양 식품(이유식 제외)
글리실리진산 2나트륨	간장 및 된장 이외의 식품에는 사용 금지
D-소르비톨 아스파탐	가열 조리를 요하지 않는 식사 대용 곡류 가공품(이유식 제외). 껌, 청량음료, 다류, 아이스크림, 빙과, 잼, 주류, 분말 쥬스, 발효유, 식탁용 감미료 및 특수 영양 식품(이유식, 병약자, 노약자, 임산부용 식품 제외)이외의 식품에는 사용 금지
스테비오사이드	식빵, 이유식, 백설탕, 물엿, 벌꿀, 알사탕, 우유 및 유제품에는 사용 금지

3. 식품의 품질 개량, 품질 유지에 사용되는 것

① 밀가루 개량제

② 품질개량제

③ 호료

④ 유화제

⑤ 용제

⑥ 이형제

⑦ 품질 유지제

(1) 밀가루 개량제

① 밀가루의 표백과 숙성기간을 단축시키고, 제빵효과의 저해 물질을 파괴시켜 분질을 개량하기 위해 사용되는 물질.

② 종류 : 과산화벤조일, 과황산암모늄, 브롬산칼륨, 염소, 이산화염소, 아조디카본아미드 등

(2) 품질개량제(결착제)

① 햄, 소시지 등의 식육 연제품에 사용하여 그 결착성을 높여서 씹을 때의 식감을 향상, 맛의 조화와 풍미의 향상을 위해 사용되는 물질

② 종류 : 인산염, 피로인산염, 폴리인산염, 메타인산염

(3) 호료(점착제)

① 식품의 점착성을 증가시키고 교질상의 미각을 증진시키는 데 사용되는 물질

② 종류 : 메틸셀루로오스, 알긴산나트륨, 카제인, 폴리아크릴산나트륨

(4) 유화제(계면활성제)

① 물과 기름같이 잘 혼합되지 않는 두 종류의 액체를 혼합할 때 분리되지 않고 유화 상태를 지속시키기 위해 사용되는 물질

② 종류 : 지방산에스테르, 대두레시틴(대두인지질), 폴리소르베이트

(5) 용제

① 식품 첨가물을 식품에 첨가할 때 균일하게 혼합시킬 목적으로 사용되는 물질

② 종류 : 글리세린

(6) 이형제

① 제빵 과정 중 모양을 그대로 유지하기 위해 사용되는 물질

② 종류 : 유동 파라핀

(7) 품질유지제

① 식품에 습윤성과 신전성을 갖게 하며 그 품질 특성을 유지시키기 위하여 사용되는 물질

② 종류 : 프로필렌 글리콜

4. 식품 제조에 필요한 것

① 껌 기초 제
② 팽창 제
③ 추출 제
④ 소포 제
⑤ 기타식품 제조용제

(1) 껌기초제

① 껌에 적당한 점성과 탄력성을 유지하는데 사용되는 물질

② 종류 : 에스테르껌, 폴리부텐, 폴리이소부틸렌, 초산비닐수지

> **참고**
>
> 초산비닐수지
>
> 껌기초제, 피막제로 사용한다.

(2) 팽창제

① 빵이나 카스테라를 부풀게 하는 데 사용되는 물질

② 종류 : 이스트, 탄산수소나트륨(중조), 명반 탄산암모늄, 제1인산칼슘, 주석산수소칼륨 등

(3) 추출제

① 유지를 추출하기 위해서 사용되는 물질로, 최종 제품 완성전에 제거해야 한다.

② 종류 : n-헥산

(4) 소포제

① 거품 제거에 사용되는 물질

② 종류 : 규소 수지

(5) 기타 식품 제조 용제

① pH 조정제 : 젖산, 인산

② 흡착제(탈취, 탈색) : 활성탄

③ 흡착제 또는 여과 보조제 : 규조토, 백도토, 벤토나이트, 산성백토, 탈크, 이산화규소, 염기성 알루미늄탄산나트륨, 퍼라이트

④ 가수분해제(물엿, 포도당, 아미노산제조) : 염산, 황산, 수산

⑤ 중화제 : 수산화나트륨, 수산화칼륨

⑥ 물의 연화 : 이온 교환 수지

⑦ 피틴산 : 식품의 변색 변질 방지

05 식품 위생 대책

1 식중독 발생시의 대책

① 환자 구호, 원인 조사 실시, 가검물 보존, 재발 방지를 위한 위생 관리 등을 실시한다.

② 행정 계통을 통한 보조

의사 ➡ 보건소장 ➡ 시·도지사 ➡ 보건복지가족부장관

2 식중독 예방 대책

1. 세균성 식중독의 예방

① 세균의 식품 오염 방지 : 청결

② 세균의 증식 방지 : 저온 보존

③ 식품 중의 균이나 독소의 파괴 : 가열 살균

④ 보건 교육

2. 자연독 식중독의 예방

① 식품의 제조, 가공업자 등의 올바른 위생 지식의 향상, 위생 관리의 철저 및 식품 위생법의 준수

② 농약의 위생적 보관, 사용 방법 준수

③ 사용 금지된 식품 첨가물의 사용 금지

3 식품의 오염 대책

폐수 처리 시설, 수확전 일정 기간 동안 농약의 사용 금지, 방사성 물질 격리, 연성 세제 사용 등에 의해 식품이 오염되지 않도록 하고, 오염된 식품은 오염 원인 조사로 확대 방지, 오염된 식품의 폐기 등을 실시한다.

4 식품 감별법

1. 식품 감별의 목적

① 부정, 불량 식품을 적발한다.

② 위생상 위해한 성분을 검출하여 식중독을 미연에 방지한다.

③ 불분명한 식품을 이화학적 방법에 의하여 밝힌다.

2. 식품의 감별 방법

(1) 관능검사

① 색, 맛, 향기, 광택, 촉감 등 외관적 관찰에 의해서 검사하는데 경험이 풍부한 사람이 실시하여야 한다.

② 주로 많이 사용

(2) 이화학적 방법

① 검경적 방법 : 식품의 세포나 조직의 모양, 협잡물 미생물 존재를 판정

② 화학적 방법 : 영양소 분석, 첨가물, 이물질, 유해 성분 검출

③ 물리학적 방법 : 중량, 부피, 크기, 비중, 경도, 점도, 응고 온도, 빙점, 융점 등 측정

④ 생화학적 방법 : 효소 반응, 효소 활성도, 수소 이온 농도 등의 측정

⑤ 세균학적 방법 : 균수 검사, 유해 병원균의 유무

3. 주요 식품의 감별법

(1) 쌀

쌀알이 고르고 광택이 있고 투명하여야 하고 앞니로 씹었을 때 경도가 좋은 것이 좋은 쌀이다.

(2) 밀가루

건조가 잘 되고 덩어리, 산취, 산미를 지니지 않은 것이 좋으며, 손으로 문질러 보아 부드러운 것이 좋다.

(3) 수조 육류

① 각각 육류 특유의 색택을 가지고, 투명감이 있으며, 이상한 냄새가 없어야 한다.

② 쇠고기(투명한 적색), 돼지고기(연분홍색), 양고기(진한 적색)

(4) 육류가공품

제조연월일에 주의하고, 탄력이 있는 것이 좋으며, 물기가 있거나 끈끈한 것, 이상한 냄새가 있는 것은 좋지 않다.

(5) 난류(달걀의 신선도 판정)

① 외관법 : 표면이 꺼칠꺼칠하고 광택이 없으며, 혀를 대보아서 둥근부분은 따듯하고 뾰족한 부분은 찬 것이 신선하다.

② 투시법 : 일광 전등에 비추어 보았을 때 전부 환하게 보이는 것이 신선한 것이다.

③ 비중법 : 약 6%(비중 1.07) 식염수에 담갔을 때 가라앉는 것이 신선한 것이다.(신선란 비중 : 1.08) 달걀은 오래되면 기공에서 수분이 증발하여 기공은 커져서 비중이 가벼워진다.

④ 흔들어서 소리가 나지 않는 것이 좋다.

⑤ 내용물의 상태에 의한 판정

   a. 난황계수 $= \dfrac{\text{난황의 높이}}{\text{난황의 직경}}$ (신선한 달걀 : 0.36~0.44)

   b. 난백계수 $= \dfrac{\text{난백의 높이}}{\text{번진 난백의 평균 직경}}$

(6) 우유

① 색은 유백색에서 약간 누런색을 띠고, 독특한 향기가 나며, 물컵속에 한 방울 떨어뜨렸을 때 구름과 같이 퍼지면서 강하하는 것이 좋다.

② 자비법 : 1~2분 끓인 후 같은 양의 물을 가해서 응고물이 나오는 것은 산도가 높은 오래된 우유이다.

③ 비중의 측정, 요오드 반응에 의해 물이 섞여 있는지의 유무를 검사한다.

④ 알코올 시험법 : 68~70% 알코올을 가하여 응고물의 검사

⑤ 지방의 측정 : 시유의 규격 성분으로 지방이 3% 이상 함유되어야 한다.

(7) 유제품

① 버터 : 조직이 양호하고 입안 감촉이 좋으며, 풍미가 양호하고, 산미, 쓴맛, 변질 지방취가 없는 것이 좋다.

② 치즈 : 건조되지 않으며, 입에 넣었을 때 부드러운 느낌으로 자연히 녹아서 이물질이 남지 않는 것이 좋다.

(8) 어패류

① 사후 경직 중의 생선은 신선하다.

② 외형이 확실하며, 손으로 눌러도 탄력이 있고, 피부비늘이 밀착되어 있으며, 눈이 돌출투명하고 아가미는 선홍색이고, 살이 뼈에서 쉽게 떨어지지 않고 단단한 것이 신선하다.

③ 살아 있는 근육의 pH는 5.5, 사후 1~2일은 pH 6.0~6.2, 부패가 시작되어 암모니아 냄새를 발하게 되면 pH 8.2~8.4로 오래될수록 알칼리성화된다.

(9) 통조림 및 병조림

① 통조림 : 외관이 정상이고, 녹슬었거나 외상에 의하여 변형되었거나, 움푹 들어갔거나, 팽창되었거나 하지 않고 내용 액즙이 스며 나오지 않은 것이 좋다

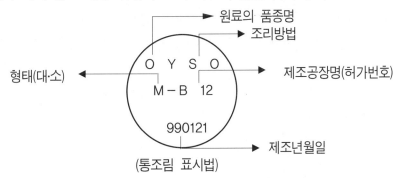

(통조림 표시법)

② 병조림 : 뚜껑을 열 때 소리가 나면 밀봉이 잘 된 것이다.

(10) 버섯(독버섯 감별법)

① 세로로 쪼개지지 않는 것
② 고약한 냄새가 나는 것
③ 색깔이 짙은 것
④ 줄기 부분이 거친 것
⑤ 쓴맛 등이 있는 것
⑥ 은수저로 문질렀을 때 검게 보이는 것 등은 유독하다고 보여져 섭취하지 않도록 한다.

5 식품 취급자의 유의점

① 항상 건강에 주의하고 폭음폭식을 조심하며, 열이 나거나 설사를 하거나 몸의 상태가 정상이 아닌 때에는 즉시 의사의 진단을 받고 그 지시에 따르도록 한다.
② 정기 건강 진단(6개월에 1회)을 받고 월 2회 정도 정기 검변을 하여 신체의 안전을 확보한다. 정기 또는 임시 예방 접종을 받는다.
③ 작업장은 항상 청결하게 유지하고, 전용의 깨끗한 작업복, 모자, 신발 등을 준비하여 작업중에는 꼭 착용하도록 한다. 또 그 복장을 한 채로 작업장 밖에 나가지 않도록 한다. 특히 화장실에는 절대로 가지 않는다.
④ 식품을 나누어 담거나 배식할 때에는 마스크를 착용하고, 직접 손을 대는 대신 수저나 집게 등 다른 적당한 것을 사용한다.
⑤ 항상 머리카락을 청결히 하고, 손톱을 짧게 깍고, 손을 깨끗이 하여야 한다.
⑥ 작업중 손이나 식품을 취급하는 기구 등으로 머리, 코, 입, 귀 등을 긁거나 건드리지 말고, 부득이하게 건드렸을 경우에는 바로 씻고 소독하여야 한다.
⑦ 작업장 내에서 옷을 갈아입거나 담배를 피우지 않도록 하고, 반드시 전용 탈의실이나 휴게실을 이용한다.
⑧ 식기나 조리 기구 등은 항상 깨끗하게 위생적으로 유지하고, 사용하지 않을 때에는 오염되지 않도록 잘 보관한다.
⑨ 반드시 전용 화장실을 사용하도록 하고, 용변 후에는 꼭 손을 씻고 소독하도록 한다.
⑩ 식품 재료는 신선한 것을 사용하고, 오염되지 않도록 청결한 곳에 보관을 잘한다.
⑪ 작업장의 구충구서에 힘써서 쥐나 바퀴 등에 의한 오염을 방지하도록 한다.

식품 위생 예상문제

01 식품위생의 목적이 아닌 것은?
  ㉮ 식품으로 인한 위생상의 위해 방지
  ㉯ 식품영양의 질적 향상 도모
  ㉰ 국민보건의 향상과 증진
  ㉱ 식품보존성의 향상

02 식품위생의 대상이 아닌 것은?
  ㉮ 식품   ㉯ 첨가물
  ㉰ 용기, 포장   ㉱ 조리방법

02 해설
㉱항의 조리방법은 식품위생 대상이 아니다.

03 식품위생에 관한 종합계획의 수립 및 조정을 하는 중앙행정기관은?
  ㉮ 보건복지가족부 의정국   ㉯ 보건복지가족부 보건국
  ㉰ 보건복지가족부 식품국   ㉱ 국립보건연구원

04 식품위생행정의 목적으로 적합하게 설명된 것은?
  ㉮ 식품의 조리·급식을 위하여
  ㉯ 식품의 제조·판매를 위하여
  ㉰ 식품의 장기보존을 위하여
  ㉱ 식품을 통한 국민보건의 증진을 위하여

05 식품위생 행정의 과학적인 뒷받침을 위한 중앙시험 검사기관은?
  ㉮ 국립보건원   ㉯ 서울특별시 보건연구소
  ㉰ 국립의료원   ㉱ 보건복지가족부 보건국

06 우리나라에서 처음으로 식품위생 행정을 체계화하여 식품위생 행정의 시초라고 할 수 있는 시기는 언제인가?
  ㉮ 삼국시대   ㉯ 고려시대
  ㉰ 조선시대   ㉱ 상고시대

06 해설
식품위생 행정을 체계화한 시점은 고려시대 부터이다.

🔊 **Answer**   **01** ㉱ **02** ㉱ **03** ㉰ **04** ㉱ **05** ㉮ **06** ㉯

07
해설 식품위생 감시원은 식품위생에 관한 지방행정에 직접 참여하기도 한다.

07 식품위생에 관한 지방행정에 직접 참여하는 사람은?

㉮ 위생사　　　　　　　　㉯ 식품위생 감시원

㉰ 식품위생 관리인　　　　㉱ 조리사

08 식품으로 인한 위생상의 위해 요인이 아닌 것은?

㉮ 세균　　　　　　　　㉯ 식품첨가물

㉰ 비타민 결핍　　　　　㉱ 복어, 미나리

09 보건소가 설치되어 있는 곳은?

㉮ 보건복지가족부　　　㉯ 특별시·광역시·도

㉰ 행정안전부　　　　　㉱ 구·시·군

10 서울특별시의 식품위생업소(대중음식점 등)내 주방의 위생상태를 점검하는 보건행정수행 일선기관은?

㉮ 동사무소　　　　　　㉯ 보건소 방역과

㉰ 구청위생과　　　　　㉱ 보건복지가족부 식품위생과

11 세균의 일반적인 형태가 아닌 것은?

㉮ 공 모양(구균)　　　　㉯ 막대 모양(간균)

㉰ 레몬형(쌍구균)　　　　㉱ 나선형(나선균)

12
해설 식중독균은 병원미생물이고 유산균, 납두균, 식초균은 식품에 유효한 발효성 미생물이다.

12 다음 중 병원미생물인 것은?

㉮ 식중독균　　　　　　㉯ 유산균

㉰ 납두균　　　　　　　㉱ 식초균

13 건조식품에서 가장 문제가 되는 것은?

㉮ 효모　　　　　　　　㉯ 세균

㉰ 곰팡이　　　　　　　㉱ 바이러스

🔊 **Answer**　**07** ㉯　**08** ㉰　**09** ㉱　**10** ㉰　**11** ㉰　**12** ㉮　**13** ㉰

14 수분함량이 많고 pH가 중성 정도인 단백질 식품을 주로 부패시키는 미생물은?

㉮ 세균 ㉯ 효모

㉰ 곰팡이 ㉱ 바이러스

15 다음 중 비병원 미생물에 속하는 것은?

㉮ 이질균

㉯ 결핵균

㉰ 살모넬라균

㉱ 부패 세균

16 곰팡이의 생육최적 온도는?

㉮ 0 ~ 10℃ ㉯ 20 ~ 35℃

㉰ 30 ~ 45℃ ㉱ 40 ~ 50℃

17 곰팡이가 아닌 것은?

㉮ 뮤코속 ㉯ 토룰라속

㉰ 리조프즈속 ㉱ 아스퍼질러스속

18 효모에 대한 설명으로 잘못된 것은?

㉮ 출아법으로 증식한다.

㉯ 때로는 식품을 변패시킨다.

㉰ 누룩, 메주에 증식한다.

㉱ 세포는 원형, 난원형, 균사형이다.

19 다음 중 미생물의 오염이 가장 많은 것은?

㉮ 토양미생물 ㉯ 담수세균

㉰ 해수세균 ㉱ 공중낙하균

20 식품위생의 목적이 아닌 것은?다음 전염병을 일으키는 병원체 중 크기가 가장 작아 세균여과기를 통과하며 생체내에서만 증식이 가능한 것은?

㉮ 세균(bacteria) ㉯ 원충류

㉰ 리케차 ㉱ 바이러스(virus)

Answer 14 ㉮ 15 ㉱ 16 ㉯ 17 ㉯ 18 ㉰ 19 ㉮ 20 ㉱

21 세균의 번식 방법으로 옳은 것은?

㉮ 이분법

㉯ 3분법

㉰ 출아법

㉱ 유성번식

22 산소가 없거나 있더라도 미량일 때 생육할 수 있는 균을 무엇이라 하는가?

㉮ 통성호기성균

㉯ 편성호기성균

㉰ 통성혐기성균

㉱ 편성혐기성균

23 해설 미생물의 발육, 증식에 필요한 조건은 수분, 온도, 영양소, pH, 산소 등이다.

23 미생물이 자라는데 필요한 조건이 아닌 것은?

㉮ 적당한 온도

㉯ 적당한 수분

㉰ 적당한 영양소

㉱ 적당한 햇빛

24 해설 일반 세균이 번식하기 쉬운 온도는 25~37℃이며, 0℃ 이하와 80℃ 이상에서는 발육하지 못한다.

24 일반 세균이 번식하기 쉬운 온도는?

㉮ 0 ~ 25℃

㉯ 25 ~ 37℃

㉰ 37 ~ 45℃

㉱ 80℃ 이상

25 해설 곰팡이는 13% 이하의 수분에서도 잘 자라지만, 55%의 수분에서 가장 발육이 왕성하다.

25 미생물 중 곰팡이는 대체로 몇 %의 수분을 필요로 하는가?

㉮ 55%

㉯ 65%

㉰ 85%

㉱ 95%

26 세균의 번식을 제지시키려면 수분은 몇 % 이하여야 하는가?

㉮ 10%

㉯ 15%

㉰ 20%

㉱ 25%

27 당분을 함유한 산성 식품을 주로 변패시키는 미생물은?

㉮ 세균

㉯ 방선균

㉰ 곰팡이

㉱ 효모

28 식품의 부패란 주로 무엇이 변질된 것인가?

㉮ 단백질   ㉯ 지방

㉰ 당질   ㉱ 비타민

29 식품 부패시 변하지 않는 것은?

㉮ 색   ㉯ 광택

㉰ 탄력   ㉱ 형태

29 해설
식품이 부패하면 광택과 탄력이 없어지며 냄새가 나고 색이 변한다.

30 발효가 부패와 다른 점은?

㉮ 미생물이 작용한다.

㉯ 성분의 변화가 일어난다.

㉰ 생산물을 식용으로 한다.

㉱ 가스가 발생한다.

30 해설
① 부패 : 단백질이 미생물의 작용으로 유해한 물질이 생성되는 것
② 발효 : 탄수화물이 미생물의 작용으로 유용한 물질이 생성되는 것

31 미생물이 없어도 일어나는 변질은?

㉮ 부패   ㉯ 산패

㉰ 변패   ㉱ 발효

31 해설
산패는 광선, 공기 등에 의한 물리적. 화학적 작용으로 일어난다.

32 미생물학적으로 식품의 초기부패를 판정할 때 식품 1g 중 생균수가 몇 개 이상일 때를 기준으로 하는가?

㉮ 10^6 ㉯ 10^8

㉰ 10^{10} ㉱ 10^{12}

33 수산물의 사후변화와 관계없는 것은?

㉮ 사후강직   ㉯ 자가소화

㉰ 부패   ㉱ 합성

33 해설
수산물의 사후변화는 사후강직. 자가소화, 부패 등의 경과를 거친다.

34 육류의 저장 중에는 일어나지 않지만 과일에서만 일어나는 현상은 어느 것인가?

㉮ 자기효소의 작용   ㉯ 호흡작용

㉰ 미생물의 증식   ㉱ 사후강직

34 해설
육류의 저장 : 사후강직 → 자가소화 → 부패
과일의 저장 : 호흡작용 → 부패

35 일반적으로 우유에 오염된 병원균은 어떻게 되겠는가?

㉮ 급속히 증식한다.　　　㉯ 서서히 감소한다.

㉰ 별로 변화가 없다.　　　㉱ 독소를 분비한다.

36 **해설** 이질균은 그람음성간 균으로 열이나 일광에 약하며 대변 속에서도 2~3일로 사멸하나 저온에는 강하다.

36 식품의 저온보존에 의한 효과가 아닌 것은?

㉮ 부패균의 증식저지　　　㉯ 식중독균의 증식저지

㉰ 이질균(적리균)의 사멸　　㉱ 자가소화효소의 활성저하

37 식중독에 대한 다음 사항 중 틀린 것은?

㉮ 오염된 음식물에 의하여 일어난다.

㉯ 세균의 독소에 의하여 일어난다.

㉰ 급성위장장애를 일으킨다.

㉱ 장티푸스·콜레라 등에 의해 일어난다.

38 식중독 중 가장 많이 발생하는 것은?

㉮ 화학성 식중독　　　㉯ 세균성 식중독

㉰ 자연성 식중독　　　㉱ 알레르기성 식중독

39 **해설** 고온 다습한 여름에 가장 많이 발생한다.

39 세균성 식중독이 가장 많이 발생하는 시기는?

㉮ 4 ~ 6월　　　㉯ 7 ~ 9월

㉰ 9 ~ 11월　　　㉱ 12 ~ 1월

40 **해설** 세균에 의한 독소형 식중독인 포도상구균 식중독은 우리 나라에서 가장 많이 발생하며, 잠복기가 3시간 정도로 식중독 중 가장 짧다.

40 우리나라에서 가장 많은 식중독은?

㉮ 포도상구균 식중독

㉯ 보툴리누스 식중독

㉰ 버섯중독

㉱ 맥각중독

41 **해설** 보툴리누스 식중독은 독소형 식중독이다.

41 다음 중 감염형 식중독이 아닌 것은?

㉮ 살모넬라 식중독　　　㉯ 보툴리누스 식중독

㉰ 병원성 호염균 식중독　㉱ 병원성 대장균 식중독

🔊 **Answer**　35 ㉮　36 ㉰　37 ㉱　38 ㉯　39 ㉯　40 ㉮　41 ㉯

42 세균성 식중독이 병원성 소화기계 전염병과 다른 점을 나타낸 것이다. 다음 사항 중 틀린 것은?

	〈세균성 식중독〉	〈소화기계전염병〉
㉮	식품은 원인물질 축적체이다.	식품은 병원균 운반체이다.
㉯	2차 감염이 가능하다.	2차 감염이 없다.
㉰	면역이 없다.	면역을 가질 수 있다.
㉱	잠복기가 짧은 편이다.	잠복기가 긴 편이다.

42 해설 세균성 식중독은 원인식품의 섭취로 발생하므로 숙주가 종말 감염되고, 경구전염병의 병원체는 2차 감염이 용이하다.

43 식중독에 관한 다음 사항 중 틀리는 것은?
㉮ 세균성 식중독에는 감염형과 독소형이 있다.
㉯ 자연독에 의한 식중독에는 동물성과 식물성이 있다.
㉰ 부패중독이란 세균성 식중독을 말한다.
㉱ 화학물질에 의한 식중독은 식품 첨가물이나 농약 등에 의한 식중독을 말한다.

44 세균성 식중독균이 아닌 것으로 연결된 것은?
㉮ 감염형 식중독 – 살모넬라균, 장염 비브리오균
㉯ 세균 독소에 의한 것 – 포도상구균, 보툴리누스균
㉰ 동물성 식중독 – 복어, 조개
㉱ 부패 산물에 의한 것 – 알레르기성 식중독

45 세균성 식중독의 특징이 아닌 것은?
㉮ 미량의 균으로 발병되지 않는다.
㉯ 2차 감염이 거의 없다.
㉰ 균의 증식을 막으면 그 발생을 예방할 수 있다.
㉱ 잠복기간이 경구전염병에 비하여 길다.

46 우리나라에서 식중독 발생 건수가 가장 많은 원인식품은?
㉮ 육류 및 그 가공품
㉯ 어패류 및 그 가공품
㉰ 채소류 및 그 가공품
㉱ 복합조리식품

46 해설 우리나라에서는 육류 및 가공품으로 인한 식중독 발생건수가 가장 많이 보고되고 있다.

Answer 42 ㉯ 43 ㉰ 44 ㉰ 45 ㉱ 46 ㉮

47
해설 살모넬라균의 잠
복기 : 12~24시
간(평균 18시간)

47 살모넬라균에 대한 설명으로 틀린 것은?

㉮ 주요 감염원은 쥐, 바퀴, 고양이 등이다.

㉯ 주요 원인식품은 육류 및 그 가공품이다.

㉰ 38~40℃의 발열증상을 일으킨다.

㉱ 잠복기는 5시간이다.

48
해설 보툴리누스균 :
80℃에서 30분
안에 파괴된다.

48 다음은 균의 열에 대한 저항력 한계를 표시하였다. 틀린 것은?

㉮ 살모넬라균(62℃에서 30분)

㉯ 포도상구균(80℃에서 30분)

㉰ 보툴리누스균(90℃에서 30분)

㉱ 포도상구균 독소(120℃ 이상)

49 살모넬라 식중독 발병은?

㉮ 성인에게만 발병한다. ㉯ 동물에게만 발병된다.

㉰ 인축 모두 발병한다. ㉱ 어린이에게만 발병한다.

50
해설 뉴로톡신은 보툴
리누스 식중독을
일으키는 독소이
다.

50 장염비브리오 식중독균에 대한 내용으로 맞지 않는 것은?

㉮ 3 ~ 4%의 염농도에서 잘 자란다.

㉯ 잠복기는 평균 12시간이다.

㉰ 급성위장장애를 일으킨다.

㉱ 원인세균은 뉴로톡신이다.

51 조개류나 야채의 소금절임이 원인식품인 식중독은?

㉮ 살모넬라 식중독 ㉯ 장염 비브리오 식중독

㉰ 병원성대장균 식중독 ㉱ 포도상구균 식중독

52 대장균에 대하여 바르게 설명한 것은?

㉮ 분변 세균의 오염지표가 된다.

㉯ 전염병을 일으킨다.

㉰ 독소형 식중독을 일으킨다.

㉱ 발효식품 제조에 유용한 세균이다.

🔊 **Answer** **47** ㉱ **48** ㉰ **49** ㉰ **50** ㉱ **51** ㉯ **52** ㉮

53 다음 중 포도상구균 식중독과 관계가 적은 것은?

　㉮ 치사율이 낮다.

　㉯ 조리인의 화농균이 원인이 된다.

　㉰ 잠복기는 보통 3시간이다.

　㉱ 균이나 독소는 80℃에서 30분 정도면 사멸 파괴된다.

53 해설 포도상구균의 균은 열에 약하지만 독소인 엘테로톡신은 120℃에서 20분간 처리해도 완전히 파괴되지 않는다.

54 장염 비브리오 식중독균의 성상으로 틀리는 것은?

　㉮ 그람 음성간균이다.

　㉯ 크기는 0.5~0.8×2.0~5.0μ이다.

　㉰ 아포와 협막이 없고 호기성이다.

　㉱ 특정 조건에서 사람의 혈구를 용혈시킨다.

54 해설 통성혐기성이며 염분이 없는 환경이나 5~6℃의 낮은 온도에서는 발육하지 못한다.

55 병원성 대장균 식중독 현상의 원인은?

　㉮ 육류 및 가공품　　　　㉯ 어패류

　㉰ 우유, 채소, 마요네즈　㉱ 소세지, 햄, 치즈

56 볶음밥 또는 쌀밥을 먹은 후 구토증세를 보였다면 무슨 균에 의한 식중독인가?

　㉮ 웰치균　　　　　　㉯ 병원성 대장균

　㉰ 보툴리누스균　　　㉱ 바실러스 세레우스균

57 포도상구균 식중독의 원인균은?

　㉮ 호기성 포도구균　　㉯ 황색 포도구균

　㉰ 내열 포도구균　　　㉱ 표피성 포도구균

57 해설 포도상구균에는 황색 포도구균과 표피성 포도구균이 있으나 식중독에 관련한 것은 황색 포도구균이다.

58 원인식품이 크림빵, 도시락 등으로 봄, 가을에 많이 발생하는 식중독은?

　㉮ 살모넬라 식중독

　㉯ 장염비브리오 식중독

　㉰ 보툴리누스 식중독

　㉱ 포도상구균 식중독

🔊 **Answer**　**53** ㉱　**54** ㉰　**55** ㉱　**56** ㉱　**57** ㉯　**58** ㉱

59 일반 조리법으로 예방할 수 없는 식중독은?

㉮ 웰치균에 의한 식중독

㉯ 병원성 대장균에 의한 식중독

㉰ 프로테우스균에 의한 식중독

㉱ 포도상구균에 의한 식중독

60 포도상구균 식중독의 예방대책으로 옳은 것은?

㉮ 토양의 오염을 방지하고 특히 통조림 등의 살균을 철저히 해야 한다.

㉯ 쥐나 곤충 및 조류의 접근을 막아야 한다.

㉰ 어패류는 저온에서 보존하고 가열하여 섭취한다.

㉱ 화농성 질환자의 식품 취급을 금지한다.

61 해설 중성세제를 사용하여 식기를 닦을 때 가장 적당한 농도는 0.1~0.2% 정도이다.

61 중성세제를 사용하여 식기를 닦을 때 가장 적당한 농도는?

㉮ 0.1~0.2%   ㉯ 0.2~0.3%

㉰ 0.3~0.4%   ㉱ 1~2%

62 소독작용에 미치는 각종 조건 중 알맞지 않은 것은?

㉮ 접촉시간이 충분할수록 효과가 크다.

㉯ 온도가 높을수록 효과가 크다.

㉰ 농도가 짙을수록 효과가 크다.

㉱ 유기물이 존재하면 효과가 크다.

63 해설 기구를 150~160℃로 30분간 가열하여 소독하는 것은 건열 멸균법이라한다.

63 기구 소독을 위한 건열멸균법은 어느 것인가?

㉮ 80~100℃로 20분간 가열

㉯ 100~120℃로 20분간 가열

㉰ 120~140℃로 30분간 가열

㉱ 150~160℃로 30분간 가열

◀)) Answer   **59** ㉱   **60** ㉱   **61** ㉮   **62** ㉮   **63** ㉱

식 품 학

 01 식품학 개론

1 영양소와 식품

1. 5대 영양소

① 단백질

② 지질

③ 탄수화물

④ 무기질

⑤ 비타민

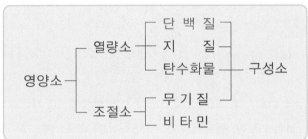

2. 식품과 식품의 구비 조건

(1) 식품

한 종류 이상의 영양소를 가지며, 유해물이 없는 천연물 또는 가공품을 말한다.

(2) 식품위생법상 식품의 정의

식품이라 함은 모든 음식물을 말한다. 다만, 의약으로서 섭취하는 것은 제외한다.

(3) 식품의 구비조건

① 영양성

② 위생성

③ 기호성

④ 경제성

2 식품의 분류

식품은 공급원에 따라 식물성 식품, 동물성 식품, 광물성 식품(소금)으로 분류한다.

1. 식물성 식품

① **곡류** : 쌀, 맥류(보리, 밀, 쌀보리, 귀리, 호밀), 잡곡(조, 기장, 피, 수수, 옥수수, 메밀)등
② **두류** : 콩, 팥, 녹두, 완두, 강낭콩, 땅콩 등
③ **감자류** : 감자, 고구마 등
④ **채소류** : 근채류(무, 당근, 우엉, 순무, 연근, 양파 등), 엽채류(상추, 양배추, 시금치, 배추, 미나리 등), 화채류(컬리플라워 등), 과채류(호박, 오이, 가지 토마토 등)
⑤ **과실류** : 감귤류, 배, 사과, 포도, 딸기, 감, 밤, 호두, 은행 등
⑥ **버섯류** : 표고버섯, 송이버섯, 양송이버섯, 느타리버섯, 싸리버섯 등
⑦ **해조류** : 미역, 다시마, 김, 한천 등
⑧ **유지류** : 채종유, 미강유, 카카오, 야자유 등
⑨ **기호음료** : 차, 커피, 콜라 등
⑩ **향신료** : 생강, 겨자, 고추, 후추, 타임, 정향, 박하 등

2. 동물성 식품

① **육류** : 쇠고기, 돼지고기, 닭고기 등
② **우유류 및 유제품** : 우유, 크림, 버터, 아이스크림, 치즈, 발효유 등
③ **난류** : 달걀, 메추리알, 오리알 등
④ **어패류** : 어류, 연체류(오징어, 문어, 해파리, 해삼, 낙지 등), 갑각류(게, 왕게, 새우, 가재 등), 조개류(고막, 대합, 바지락, 전복, 홍합 등)

3 식품의 구성 성분

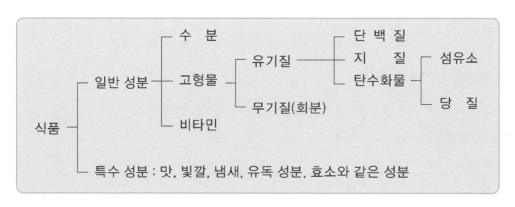

1. 물

(1) 물의 성질

① 인체내에서 영양소의 운반, 노폐물 제거·배설한다.

② 체온을 일정하게 유지한다.

③ 기화열(539cal/g, 100℃), 융해열(80cal/g,0℃), 비열(1cal/g,0℃), 표면장력이 다른 어떤 용매보다 크다.

④ 건조 상태의 것을 원상태로 회복시키는 역할, 열의 전달 등

(2) 물의 존재 상태

유리수(자유수)	결 합 수
(1) 용매로 작용	(1) 용매로서 작용하지 않음
(2) 건조에 의해서 쉽게 제거 가능(유리 상태로 존재)	(2) 압력을 가해도 쉽게 제거되지 않음(단백질, 탄수화물등과 수소결합)
(3) 0℃ 이하에서 쉽게 동결	(3) 0℃ 이하의 낮은 온도(-20~-30℃)에서도 얼지 않음
(4) 미생물의 생육 번식에 이용	(4) 미생물 번식에 이용하지 못함

(3) 수분활성

① 수분 활성$(A_W) = \dfrac{\text{식품이 나타내는 수증기압}(P)}{\text{순수한 물의 최대수증기압}(P_0)}$

② 수분 활성치

    a. 물 : 1

    b. 물고기, 채소, 과일 : 0.98~0.99

    c. 쌀, 콩 : 0.60~0.64

③ 미생물의 생육 최적 수분 활성 : 다음에 나타낸 것보다 높은 수분 활성을 나타내는 신선한 식품류에서 미생물은 자유롭게 번식할 수 있다.

    a. 세 균 : 0.94~0.99

    b. 효 모 : 0.88

    c. 곰팡이 : 0.80

참고

내건성 곰팡이

내건성 곰팡이는 AW 0.64에서도 생육이 가능하다.

2. 탄수화물

① C, H, O의 3원소만으로 구성된다.

② 많이 먹으면 글리코겐(glycogen)으로 변하여 간, 근육에 저장된다.

③ 열량 공급원이다.

④ 탄수화물은 체내에서 소화되면 단당류의 형태로 흡수된다.

(1) 당질의 분류

① 단당류

    a. 5탄당 : 자연에 유리 상태로 존재하지 않고 효모에 의해 발효되지 않는다.

        • 리보스(ribose) – 핵산(RNA)의 구성 성분, 비타민 B_2의 구성 성분

        • 크실로스(Xylose, 목당) – 식물 세포벽의 구성 성분

        • 아라비노오스(arabinose) – 식물 세포막에 펙틴과 같이 존재

    b. 6탄당

        • 포도당(glucose) : 단맛이 있는 과일, 당근, 무에도 많고, 동물의 혈액 중에 보통 0.1% 존재

        • 과 당(fructose) : 과즙, 벌꿀에 많이 존재, 흡습성이 세기 때문에 결정화되기 힘들다.

        • 갈락토오스(galatose) : 유당의 구성 성분으로 존재

        • 만노오스(mannose) : 유리 상태로는 존재하지 않고 반섬유소, 만남의 구성 성분으로 존재

        • 소르보스(sorbose) : 비타민 C의 합성 원료

② 이당류

    a. 맥아당(maltose) : 포도당 2분자의 화합물로서 엿기름, 발아 중의 곡류에 많이 존재한다.

    b. 자 당(sucrose) : 포도당과 과당의 화합물로서 사탕무, 사탕수수에 많이 존재하며, 일명 설탕이라고 한다.

    c. 유 당(lactose) : 포도당과 갈락토오스의 화합물로서 우유에 약 5%, 인유에 약 7%로 유즙에 존재. 젖산균의 발육을 도와 유해 세균의 번식을 억제하고, 성장 작용의 구실을 한다. 이것은 뇌신경 조직의 성장에 관여한다. 일명 젖당이라고 한다.

③ 다당류

    a. 전분(starch) : 곡류(평균 75%), 감자류(평균 25%)에 함유

    b. 글리코겐(glycogen) : 동물의 저장 다당류, 주로 간, 근육에 존재하며, 굴 효모에도 존재한다

    c. 섬유소(cellulose) : 인체 내에서는 소화가 되지 않지만 소화 운동을 촉진한다. 해조, 채소, 콩류에 많이 함유

    d. 펙 틴(pectin) : 세포벽 또는 세포 사이의 중층에 존재. 과실류, 감귤류의 껍질에 많이 함유

    e. 리그닌(lignin) : 목재, 대나무, 짚에 존재

    f. 키 틴(chitin) : 곤충, 갑각류의 껍질에 존재

    g. 이눌린(inulin) : 과당의 결합체. 우엉, 다알리아에 많이 함유

h. 한　천(agar) : 홍조류의 세포 성분으로 갈락탄 형태로 존재

i. 알긴산(alginic acid) : 갈조류의 세포막 성분으로 미역, 다시마에 존재

(2) 당질의 감미도

당질은 다음과 같은 순서로 감미도를 가진다.

> **참고**
>
> **당질의 감미도**
>
> 과당(100~170) → 전화당(90~130) → 설탕(100) → 포도당(50~74) →
> 맥아당(35~60) → 갈락토오스(33) → 유당(16~28)

(3) 기능

① 에너지의 공급

② 단백질의 절약 작용

③ 지방의 완전 연소

3. 단백질

① C, H, O, N의 원소로 구성된다.

② 여러 종류의 단백질의 질소 함유량은 평균 16%를 차지하며, 질소 계수는 6.25이다.

(1) 단백질의 분류

① 구성 성분에 의한 분류

　a. 단순 단백질 : 알부민, 글로불린, 글루테린, 프로라민, 알부미노이드, 히스톤, 프로타민 등

　b. 복합 단백질 : 핵단백질(핵산과 결합한 단백질), 인단백질(카제인, 비테린 등), 색소 단백질(헤모글로빈, 미오글로빈, 치토크롬, 헤모시아닌, 클로로필 등), 당단백질(뮤신, 뮤코이드 등)

　c. 유도 단백질 : 젤라틴, 응고 단백질, 프로테오스, 펩톤, 펩타이드 등

② 영양학적 분류

　a. 완전 단백질 : 동물의 성장에 필요한 모든 필수 아미노산이 골고루 들어 있는 단백질로서, 젤라틴을 제외한 동물성 단백질이 이에 속한다.

　b. 부분적 불완전 단백질 : 주로 곡류에 들어 있는 단백질로서, 단백질의 질을 형상시키기 위해서 아미노산의 보강이 필요하다.

　c. 불완전 단백질 : 제인, 젤라틴 등

(2) 아미노산의 분류

① 필수 아미노산 : 체내에서 생성할 수 없어 음식물로 섭취해야 하는 아미노산을 말한다.

　•종류 : 발린, 루신, 이소루신, 트레오닌, 페닐알라닌, 트립토판, 메티오닌, 리신(이상 8가지)

 참고

필수 아미노산

성장기의 어린이는 알기닌, 히스티딘이 추가된다.

② 불필수 아미노산 : 체내에서도 합성이 되지만, 많이 섭취함으로서 필수 아미노산의 소모를 적게 할 수 있다.

(3) 기능

① 성장 및 체(體)성분의 구성 물질
② 효소, 호르몬, 혈장 단백질의 형성에 필요
③ 체성분의 중성 유지, 항체의 구성 성분

4. 지질

C, H, O의 화합물로, 지방산과 글리세롤의 에스테르로서 물에 녹지 않고, 유기용매(에테르, 벤젠 등)에 녹는 물질이다.

(1) 지질의 분류

① 단순 지질 : 지방산과 글리세롤의 에스테르로서 중성 지방이라고도 한다. 글리세라이드, 왁스 등
② 복합 지질 : 인지질, 당지질, 단백지질 등
③ 유도 지질 : 단순, 복합지질의 가수분해 생성물. 지방산, 스테롤, 지용성 비타민 등

(2) 지방산

① 포화 지방산 : 탄소수가 증가함에 따라 융점이 높아지므로 상온에서 고체로 된다.
  •종류 : 팔미틴산, 스테아린산, 뷰티린산 등
② 불포화 지방산 : 분자 안에 이중 결합을 가지는 지방산을 말한다. 포화 지방산보다 융점이 낮고, 연한 기름, 액체유, 반고체유에 많이 함유한다.
  •종류 : 리놀레산, 리놀렌산, 아라키돈산, 올레산 등

 참고

필수 지방산

리놀레산, 리놀렌산, 아라키돈산으로 비타민 F라고도 부르며, 대두유, 옥수수유 등의 식물성 기름에 많이 함유한다.

(3) 건조 피막을 만드는 정도에 따른 분류

① 건성유(요오드가 130 이상) : 불포화도가 높은 지방산을 많이 가지고, 공기 중에 방치하면

단단해지는 기름. 아마인유, 호도유, 들깨유, 잣유 등

② **반건성유**(요오드가 100~130) : 참깨유, 채종유, 쌀겨유, 대두유, 목화씨유 등

③ **불건성유**(요오드가 100 이하) : 포화 지방산을 많이 가지며, 공기 중에 방치해도 건조하지 않는 기름. 올리브유, 땅콩유, 피마자유, 동백유 등

(4) 각 영양소의 비교

종류	1Kg당 열량	열량 권장량	소화율	과잉증	결핍증
탄수화물	4kcal	65%	98%	소화불량, 비만증	체중 감소, 발육 불량
단 백 질	4kcal	15%	92%		카시오카, 성장장애, 빈혈, 부종
지 방	9kcal	20%	95%	비만증, 심장 기능 약화, 동맥경화증	신체 쇠약, 성장 부진

5. 무기질

회분이라고도 하며, 인체의 약 4%를 차지하며 칼슘, 인, 칼륨, 황, 나트륨, 염소, 마그네슘(이상 다량 원소), 철, 아연, 셀레늄, 망간, 구리, 요오드, 코발트, 불소(이상 미량 원소)등이 있다.

① **칼슘**(Ca) : 체내에 함유량이 가장 많은 성분이다.

    a. 골격, 치아를 구성

    b. 심장, 근육의 수축 이완

    c. 신경 운동의 전달

    d. 혈액 응고에도 관여

② **인**(P) : 뼈, 핵단백질, 인지질을 구성한다.

    a. 근육, 혈액, 특히 뇌에 많이 들어 있다.

    b. 세포의 분열과 재생

    c. 삼투압 조절

    d. 신경 자극의 전달 기능

③ **마그네슘**(Mg) : Ca, P과 함께 뼈의 구성 성분이고, 단백질의 합성 과정에 관여한다.

    a. 신경 흥분 억제

    b. 체액의 알칼리성 유지

    c. 녹색 채소, 견과, 대두 등에 많이 함유

④ **나트륨과 염소**(Na, Cl)

    a. 삼투압 조절

    b. 산, 알칼리의 균형 유지

    c. 수분 균형 유지에 관여

⑤ **칼륨**(K) : 세포 내액에 존재한다.

    a. NaCl과 비슷한 기능이 있다.

b. 곡류, 채소 등에 함유

⑥ 철(Fe) : 적혈구의 헤모글로빈 성분이다.

    a. 흡수율이 모든 영양소 중 제일 낮다.

    b. 비타민 C가 Fe의 흡수를 도와 주고, 탄닌은 저해 한다.

    c. 간, 난황, 곡류의 씨눈 등에 함유

⑦ 구리(Cu)

    a. 철분의 흡수, 이용에 필요

    b. 적혈구의 숙성에 관여

    c. 결핍되면 빈혈이 생긴다.

    d. 코코아, 홍차, 간, 호두, 밀가루 등

⑧ 코발트(Co) : 비타민 B_{12}의 구성 성분이다.

    a. 조혈 작용에 관여

    b. 결핍되면 악성 빈혈이 생길 수 있다.

    c. 채소, 간, 어류 등

⑨ 불소(F) : 치아의 강도를 증가시키며, 음료수에 1ppm 가량 불소가 있으면 충치를 예방할 수 있다.

⑩ 아연(Zn) : 인슐린, 적혈구의 구성 성분이다.

    육류, 해산물, 치즈, 땅콩 등

⑪ 요오드(I) : 갑상선 호르몬 티록신(thyroxine)의 구성 성분이다.

    a. 기초 대사의 촉진

    b. 해산물 특히 해조류에 많이 함유

참고 산성식품과 알칼리성 식품

산성 원소	알칼리성 원소
P, S, Cl, Br	Ca, Mg, Na, K, Cu, Mn, Zn, CO
산성 식품	알칼리성 식품
곡류, 육류, 알류, 치즈, 두류(대두 제외), 버터 등	우유, 대두, 채소, 해초, 고구마, 과일류, 흑설탕 등

6. 비타민

비타민은 지용성 비타민(A, D, E, K)과 수용성 비타민(B_1, B_2, B_6, 나이아신, B_{12}, 비오틴, C, 엽산, 판토텐산 등)으로 나눌 수 있다.

(1) 지용성 비타민

    ① 비타민 A(retinol) → 항안염성 신경염 인자 : 동물의 성장, 피부와 점막에 관계하며, 상피

세포의 형성을 돕는다.

    a. 결핍증 : 야맹증, 각막건조증, 결막염

    b. 함유식품 : 뱀장어, 간유, 간, 난황, 버터, 당근, 시금치, 김, 무, 호박 등

카로틴(carotene)

비타민 A의 전구 물질로서 β-카로틴이 체내에서 가장 효율적으로 전환된다. 체내 흡수율은 1/3 정도로 본다.

② 비타민 D(calciferol) → 항구루병 인자 : Ca의 흡수를 도와 뼈를 정상적으로 발육하게 한다.

    a. 결핍증 : 구루병

    b. 함유식품 : 간유, 말린 식품

에르고스테롤(ergocterol)

비타민 D의 전구 물질로서, 효모, 맥각, 버섯에 들어 있고, 자외선을 쪼이면 비타민 D로 된다.

③ 비타민 E(tocopherol) → 항불임성 인자 : 열에 아주 안정하며, 항산화제로서 작용한다.

    a. 결핍증 : 불임증

    b. 함유식품 : 곡류의 배아, 대두유, 난황 등

④ 비타민 K(phylloquinone) → 혈액 응고 인자

    함유식품 : 푸른잎, 달걀, 간 등

(2) 수용성 비타민

① 비타민 B_1(thiamine) → 항다발성 신경염 인자 : 당질의 소화에 관여하며, 마늘의 알리신은 비타민 B_1의 흡수를 도와준다.

    a. 결핍증 : 각기병, 다발성 신경염

    b. 함유식품 : 곡류, 두유, 견과, 종실류 등

② 비타민 B_2(riboflavin) → 성장 촉진 인자 : 광선에 파괴가 잘되며, 성장 촉진성 비타민이다.

    a. 결핍증 : 구각염, 설염

    b. 함유 식품 : 효모, 쇠간, 달걀흰자, 간, 육류, 엽록 채소, 씨눈 등

③ 비타민 B_6(phyridxine) → 항피부염 인자 : 장내 세균에 의해 합성되고 자연식품에 많이 존재하므로 결핍증은 거의 없다.

④ 나이아신(nicotinic acid) → 항펠라그라성 인자 : 옥수수를 주식으로 하는 곳에서 펠라그라라는 피부병이 주로 발생한다. 나이아신은 필수 아미노산인 트립토판이 만들어 주기 때

문에 육류를 많이 먹으면 부족증이 없다.

⑤ 비타민 B₁₂(cobalamine) → 항빈혈성 인자 : Co를 함유하며, 악성 빈혈에 유효하고 젖산균의 발육을 촉진하는 효과도 있다. 쇠간, 굴, 김, 꽁치, 난황에 함유되어 있다.

⑥ 비타민 C(ascorbic acid) → 항괴혈병 인자 : 영양소 중 가장 불안정하며 열, 산소에 산화가 잘된다. 콜라겐 형성에 관여한다. 철의 흡수를 도와주고 단백질, 지방대사를 돕고, 피로 회복에 도움을 준다.

    a. 결핍증 : 괴혈병, 세균에 대한 저항력이 약해짐

    b. 함유식품 : 양배추, 파셀리, 고추, 무잎, 감귤류 등

⑦ 비타민 P : 모세혈관을 튼튼히 하고 플라보노이드 색소에 속한다.

7. 효소

(1) 탄수화물 분해 효소

① 프티알린(침 속에 존재)
② 아밀라제
③ 슈크라제
④ 말타아제
⑤ 락타아제
⑥ 셀룰라제
⑦ 펙티나제 등

(2) 단백질 분해 효소

① 레닌(유아, 송아지의 위벽에 존재, 치즈 제조에 이용)
② 펩신(위액)
③ 트립신(위액, 장액)
④ cathepsin
⑤ 파파인(파파야에 있는 효소로 육류의 연화)
⑥ 휘신(무화과)
⑦ 브로멜린(파인애플) 등

(3) 지질 분해 효소

리파아제 : 지방 → 지방산+글리세린

참고

담즙산염

효소는 아니고, 지방을 소화되기 쉬운 상태로 유화시켜 준다.

(4) 산화 환원 효소

① tyrosinase : 버섯, 감자, 사과의 갈변에 관여

② ascorbate oxidase : 비타민 C 산화, 효소적 갈변. 양배추, 오이, 당근 등에 존재

③ lioxydase : 식물의 변색, 냄새 형성, 유지의 변향. 두류, 곡류 등에 존재

4 식품의 맛, 빛깔, 냄새

1. 식품의 맛

(1) 기본적인 맛(Henning의 4원미)

① 단맛 : 당류, 방향족 화합물, 인공 감미료 등

② 짠맛 : $NaCl$, KCl, NH_4Cl 등

③ 신맛 : 식초산(식초), 젖산(김치류, 젖산 음료), 호박산(청주, 조개류), 사과산(사과, 배 등), 구연산(살구, 감귤류), 주석산(포도), 아스코르빈산(과일류, 채소류), 글루콘산(곶감 등)

④ 쓴맛 : 카페인, 테인(커피, 차), 초콜렛(데오블로마인), 호프(맥주), 나린진(감귤의 껍질)

(2) 기타의 맛

① 맛난맛 : 이노신산(쇠고기, 돼지고기, 생선 등), 글루타민산(간장, 된장, 다시마), 구아닌산(버섯 등), 글리신(김 등)

② 떫은맛 : 차와 감의 탄닌

③ 아린맛 : 쓴맛과 떫은 맛의 혼합된 맛으로 가지, 죽순, 감자, 토란, 우엉의 맛

④ 매운맛 : 고추(캡사이신), 마늘(알리신), 생강(진저론, 쇼가올), 후추(캬바신, 피페린), 무겨자(아릴이소티오시아네이트), 산초(산술) 등

(3) 맛의 대비, 변조, 상쇄

① 맛의 대비(강화) : 서로 다른 정비 성분을 섞었을 때 주정미 성분의 맛이 세어지는 현상으로 설탕 용액에 소금 또는 황산퀴니네를 넣으면 단맛이 증가되는 현상

② 맛의 억제 : 주정미 성분의 맛이 약화되는 현상. 커피에 설탕을 넣어 주면 쓴맛이 단맛에 의해 억제된다.

③ 맛의 상쇄 : 두 가지 맛성분을 섞으면 각각 단독으로 느낄 수 없고, 조화된 맛으로 느껴지는 현상. 술, 간장, 김치 등의 숙성은 일종의 맛의 상쇄로 볼 수 있다.

④ 맛의 변조 : 짠맛, 신맛, 쓴맛의 식품을 맛본 직후 물을 마시면 먹은 후 감미를 느끼는 현상. 오징어를 먹은 후 밀감을 먹으면 쓴맛을 느낀다.

⑤ 미맹 : PTC는 극히 쓴 물질인데, 전혀 쓴맛을 느끼지 못하는 사람이 있는데, 이러한 사람을 미맹이라 한다.

(4) 식생활과 온도

혀의 미각은 10~40℃에서 잘 느끼고, 특히 30℃ 정도가 민감하며, 온도의 저하에 따라 쓴맛의 감소가 특히 심하다.

온 도	식생활의 예	온 도	식생활의 예
0℃	물의 빙점	60℃	감주 제조
1~5℃	사이다, 소다수	65℃	커피, 홍차
12℃	맥주	70℃	스프(soup), 된장국
14℃	냉수	95℃	전골
30℃	빵발효의 적온	180℃	튀김
50~60℃	청주의 적온	200℃	빵굽기 온도

(5) 혀에서 맛을 느끼는 부분

① 단맛 : 혀끝
② 신맛 : 혀의 양쪽
③ 쓴맛 : 혀의 안쪽
④ 짠맛 : 혀 전체

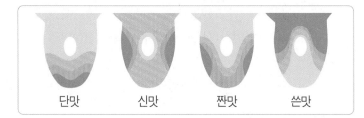

단맛　신맛　짠맛　쓴맛

2. 식품의 빛깔

(1) 식물성 식품의 색소

① 지용성

　a. 클로로필 색소(엽록소) : 식품의 녹색 채소의 색으로 Mg을 함유하며, 열·산에 불안정하고, 알칼리에 안정하다.

　b. 카로티노이드 색소 : 동식물계에 널리 분포되어 있으며, 노랑, 주황, 황색의 색소로서 산·알칼리에는 변화가 없으나, 광선에 민감하다.

　　•카로틴류 : 당근, 호박, 녹엽, 고구마, 토마토, 감, 살구 등
　　•크산토필류 : 옥수수, 고추, 해조 등

② 수용성

　a. 플라보노이드 색소 : 색이 엷은 채소의 색소로서 산에는 안정하며, 알칼리에서 황색을 나타낸다. 옥수수, 밀가루, 양파, 귤껍질 등

　b. 안토시안 색소 : 꽃, 과일 등의 적색, 청색, 자색 사과, 딸기, 석류, 포도, 가지, 검정콩 등

　　산성 → 중성 → 알칼리성으로 변함에 따라 적색 → 자색 → 청색으로 변색된다.

(2) 동물성 식품의 색소

① 미오글로빈 : 근육 색소(Fe함유)
② 헤모글로빈 : 혈색소(Fe 함유)

③ 헤모시아닌 : 전복, 소라, 패류, 새우 등에 Cu를 함유한 혈색소

④ 카로티노이드 : 도미의 표피, 연어·송어의 근육, 새우·게의 가열시의 적색, 난황 등에 함유한 색소

3. 식품의 냄새

(1) 식물성 식품의 냄새

① 알코올 및 알데히드류 : 주류, 감자, 차잎, 복숭아, 오이, 계피 등

② 에스테르류 : 주로 과일향

③ 테르펜류 : 녹차, 차잎, 레몬, 오렌지 등

④ 황화합물 : 마늘, 양파, 부추, 무, 파, 고추냉이 등

(2) 동물성 식품의 냄새

① 아민류 및 암모니아류 : 육류, 어류 등

② 카보닐 화합물 및 지방산류 : 버터, 치즈 등의 유제품

4. 식품의 갈변

(1) 효소적 갈변

효소에 의해 갈변하는 것으로 사과, 감자의 절단면이 갈변하는 것이 그 예이다.

(2) 비효소적 갈변

카보닐 화합물과 아미노 화합물의 반응(Maillard 반응)에 의한 것으로 효소는 관여하지 않는다. 감귤류 과즙의 보전에 따른 갈색화, 유제품의 가열에 따른 변색, 간장의 착색, 식빵 껍질의 착색, 쿠키의 빛깔 등이 이것에 속한다.

02 식품의 가공 및 저장

1 식품의 저장 방법

(1) 건조법

수분을 15% 이하로 하면 세균은 번식하지 못하지만, 곰팡이는 13% 이하에서도 잘 견딘다.

① 일광 건조법 : 농산물, 해산물 건조

② 고온 건조법 : 90℃ 이상의 고온에서 건조

③ 열풍 건조법 : 가열된 공기로 건조시키는 방법

④ 직화 건조법 : 배건법, 차잎, 보리차, 커피 등

⑤ 냉동 건조법 : 냉동시켜 저온에서 건조. 한천, 당면 건조두부

⑥ 분무 건조법 : 분유 등

⑦ 감압 건조법 : 건조 야채, 건조란 등

(2) 냉장 냉동법

온도를 낮게 하여 미생물의 생육을 저지하는 방법이다.

① 움저장 : 약 10℃로 유지. 감자, 고구마, 바나나, 호박 등

② 냉　장 : 0~4℃ 단기간 저장에 이용

③ 냉　동 : −30~−40℃에서 급속 동결함으로서 조직을 파괴하지 않고 해동시 원상태로 돌아간다.

(3) 가열 살균법

미생물을 사멸시키고, 효소도 파괴시켜서 저장하는 방법이다.

① 저온 살균법 : 61~65℃에서 30분 가열 후 급냉

② 초고온 순간 살균법 : 130~140℃에서 2초간 가열 후 급냉

③ 고온 단시간 살균법 : 70~75℃에서 15초간 가열 후 급냉

④ 고온 장시간 살균법 : 95~120℃에서 30~60분 가열

⑤ 초음파 가열 살균법

⑥ 가압 살균법 : 압력을 올려 살균하는 것으로 내열성 포자를 살균할 때 사용한다.

참고

우유의 살균법
저온 살균법, 초고온 순간 살균법, 고온 단시간 살균법

(4) 조사 살균법

열이 필요없이 자외선, 방사선을 이용하여 미생물을 사멸시킨다.

(5) 염장법

10~15%의 소금을 뿌려 저장하는 방법으로 삼투압에 의하여 미생물의 발육이 억제된다.

(6) 당장법

50% 이상의 설탕에 저장하는 방법으로 삼투압에 의하여 미생물의 발육이 억제된다.

(7) 산저장

초산, 젖산 등을 이용하여 식품을 저장하는 방법으로 산과 식염, 산과 당, 산과 화학 방부제를 같이 쓰면 효과가 크다.

(8) 가스저장(CA저장)

식품을 CO_2, N_2 가스에 보존하는 방법으로 과실류, 야채류, 난류 등의 저장에 이용된다.

(9) 훈연

훈연에 쓰이는 목재로는 수지가 적고 단단한 벚나무, 참나무 등이 쓰이고, 연기 중의 페놀, 포름알데히드, 크레오소트 등에 의해 풍미를 향상시켜 저장성을 준다. 주로 육류, 어류에 사용된다.

(10) 화학적 처리에 의한 방법

보존료, 방부제, 산화 방지제, 변색 방지제, 살충제, 피막제 등이 사용된다.

(11) 미생물 이용에 의한 처리

유용한 미생물을 식품에 증식시켜 다른 미생물의 발육을 억제하고 풍미를 증진시킨다. 된장, 치즈, 발효유 등이 있다.

② 농산물의 가공 및 저장

1. 곡류의 가공 및 저장

(1) 쌀

벼는 현미와 왕겨로 이루어지며, 그 비율은 80 : 20이다. 현미를 도정한 것을 백미라 하고, 제거물을 쌀겨라 한다. 쌀겨에서 미강유를 착유하여 사용한다.

① 쌀의 도정률과 소화 흡수율

품명	도정률(%)	도감률(%)	소화 흡수율(%)
현미	100	0	90
5분도미	96	4	94
7분도미	94	6	95.5
10분도미(백미)	92	8	98

② 쌀의 가공품
- a. 강화미(parboiled rice, converted rice, premix rice) : 비타민 B1을 강화한 것
- b. 건조쌀(alpha rice) : 밥이 뜨거울 때 고온으로 건조한 것. 수분은 10% 정도
- c. 팽화미(puffed rice) : 고압으로 가열하여 압출한 것. 인조미(합성미)
  고구마 전분 : 밀가루 : 외쇄미 = 5 : 4 : 1의 비율로 혼합한 것
- d. 종국류 : 감주, 된장, 술 제조에 없어서는 안되는 물질
- e. 기타 : 증편(술떡), 식혜(당화 온도 55~60℃), 조청 등

③ 쌀의 저장 : 건조, 저온 저장(10~15℃ 이하), 또는 벼의 형태로 두었다가 필요한 때 도정해서 이용하는 것이 좋다.

(2) 보리(대맥)

쌀보다 비타민(특히 비타민 B1), 단백질, 지질의 함량이 많으나, 섬유질이 많아서 소화율이 나쁘다.

① 압맥(납작보리) : 증기를 쏘여서 기계로 누른 것
② 할맥 : 보리골의 섬유소를 제거한 것
③ 맥아(보리싹)
    a. 단맥아 : 싹의 길이가 보리 길이의 3/4~4/5 정도로서 맥주 양조용으로 사용
    b. 장맥아 : 싹의 길이가 보리 길이의 1.5~2배 정도로서, 식혜, 엿의 제조에 사용

(3) 밀(소맥)

낟알 그대로는 소화가 어렵고, 정백해도 소화율이 80% 정도로서 백미의 소화율이 98%인 것에 비해 아주 나쁜 편이다. 그러나 밀을 제분하면 소화율이 백미와 거의 비슷해진다.

① 밀가루의 숙성 : 만들어진 제분을 일정 기간 동안 숙성시키면 흰빛깔을 띠게 되며, 제빵에도 영향을 미친다.

② 글루텐(gluten) : 밀에는 다른 곡류에는 없는 특수한 성분인 글루텐이 있는데, 이것은 단백질로서 점탄성이 있기 때문에 빵이나 국수 제조에 적당하다.

참고

글루텐

글리아딘(점착성이 있는 단백질) + 글루테닌(탄성이 있는 단백질) 물로반죽 글루텐 형성

③ 밀가루의 종류(글루텐 함량에 의해 결정)

종 류	글루텐 형성	용 도
강력분	13% 이상	식빵, 마카로니, 스파게티
중력분	10%~13%	국수제조
박력분	10% 이하	케이크, 과자류, 튀김, 건빵

④ 제빵 : 주원료는 밀가루이며, 팽창제, 지방, 액체, 설탕, 소금, 달걀 등이 들어간다.
    a. 팽창제
      • 발 효 법 : 이스트의 발효로 생긴 CO_2가 팽창제 역할.
      • 비발효법 : 베이킹파우더에 의해서 생긴 CO_2가 팽창제 역할.
    b. 지방 : 연화 작용이 있고, 제품의 결을 곱게 만들고, 밀가루 제품의 표면을 갈변시키는 작용이 있다.
    c. 설탕 : 단맛, 효모의 영양원. 설탕의 카라멜화에 의한 빛깔 및 특유한 향기, 노화 방지, 단백 연화 작용을 한다. 설탕이 너무 많으면 글루텐 형성을 방해한다.
    d. 액체 : 물, 우유, 달걀에 포함된 수분 등이 작용할 수 있는데, 글루텐 형성에 결정적 역할을 한다. 베이킹파우더는 성분간의 반응을 일으키게 하고, 팽창제의 역할을 한다.
    e. 달걀 : 글루텐 형성을 돕지만, 너무 많으면 조직이 빳빳해진다.
    f. 소금 : 점탄성을 증가시킨다.

2. 서류의 가공 및 저장

고구마, 감자는 전분 함량이 높아서 전분이나 물엿, 합성주를 위한 알코올 등의 원료가 된다.

(1) 서류의 가공

① 전분 : 고구마, 감자가 전분의 원료로 많이 쓰이지만, 옥수수, 밀, 쌀 등도 이용된다.

　전분 입자의 크기 : 감자＞고구마＞밀＞옥수수＞쌀

② 절간서류 : 간식용은 물론 주정 원료로 사용된다.

(2) 서류의 저장

① 감자 : 2℃정도에서 냉장하면 당분이 증가해서 단맛이 난다. 전분이 당으로 변하는 것을 막으려면 10~13℃정도에서 저장하는 것이 좋다.

② 고구마 : 32~34℃, 90%의 습도에 4~6일간 두었다.(CURING 처리)가 저장하면 보존이 오래된다.

3. 두류의 가공 및 저장

두류는 식물성 단백질의 공급원(보통 20~30% 함유. 단, 대두는 40% 함유). 수분은 13% 내외이고, 비타민 C는 전혀 없으나 콩나물에는 많이 생성된다.

① 된장과 간장

대두 → 불림 → 찐다 → 접종 → 띄운다 ┐
　　　　　　　　　　　　　　　　　　　├→ 혼합 →
쌀 또는 보리 → 불림 → 찐다 → 접종 → 띄운다 ┘

→ 18% 식염수에 담근다 → 거른다 ┌ 된장 → 숙성 → 제품
　　　　　　　　　　　　　　　　└ 간장 → 가열 → 제품

•코지(koji) 곰팡이로는 당화력과 단백 분해력이 강한 aspergillus oryzae를 사용한다.

참고

청국장

콩을 삶아 60℃까지 식힌 후 납두균(bacillus natto)을 번식(40~50℃로 보온) 시켜 양념을 가미한 것이다.

② 두유와 두부

a. 두유 : 우유 대용 식품으로 많이 이용. 100℃에 5분간 가열하는 것이 가장 좋다.

b. 두부 : 대두 단백질인 글리시닌(glycinin)이 무기염류에 의해 응고되는 성질을 이용한 것이다.

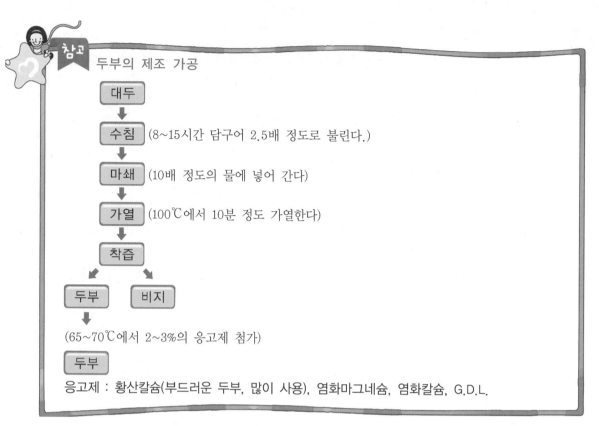

참고

두부의 제조 가공

대두
↓
수침 (8~15시간 담구어 2.5배 정도로 불린다.)
↓
마쇄 (10배 정도의 물에 넣어 간다)
↓
가열 (100℃에서 10분 정도 가열한다)
↓
착즙
↓   ↓
두부   비지
↓
(65~70℃에서 2~3%의 응고제 첨가)
↓
두부

응고제 : 황산칼슘(부드러운 두부, 많이 사용), 염화마그네슘, 염화칼슘, G.D.L.

③ 콩나물 : 비타민 C, 비타민 B_1, B_2가 발아와 함께 급격하게 생성(재배 후 6~7일경에 최고치)된다.

④ 기타 : 피넛버터, 콩가루, 대두 단백 응고물 등

4. 채소와 과일의 가공 및 저장

90~95%의 수분 함유, 비타민(주로 카로틴, 비타민C)과 무기질의 공급원, 알칼리성 식품, 섬유소나 유기산은 장의 연동 운동을 도와 통변이 잘되게 하고, 아름다운 색이 있기 때문에 시각적 즐거움을 준다.

(1) 단기 저장법

호흡작용을 억제하기 위해 냉장보존, 가스저장이 필요하다.

과일, 채소의 적당한 저장 온도

종 류	저장온도(℃)	종 류	저장온도(℃)	종 류	저장온도(℃)
바나나	13~15℃	토마토	4~10℃	양 파	0℃
고구마	10~13℃	귤	4~7℃	양배추	0℃
호 박	10~13℃	사 과	-1~+1℃	당 근	0℃
파인애플	5~7℃	복숭아	4℃		

(2) 가공 및 장기 저장법

① 김치 : 발효 과정에서 중요한 것은 숙성 온도로, 5~10℃에서 수주간 숙성하면 좋은 맛이 난다.

② 건조 과채 : 아황산가스 훈증, 데친 후 건조

③ 잼, 젤리, 마아멀레이드

    a. 잼 : 펙틴과 산이 많은 사과, 포도, 딸기 등으로 만들며, 완성된 젤리의 감별법으로는 숟가락 시험법, 온도계 이용법(105℃), 당도계 측정(65%), 컵 테스트가 있다.

    b. 젤리 : 과즙에 설탕(70%)를 넣고 가열·농축 응고 시킨 것이다.

    c. 마아멀레이드 : 과육, 과피가 섞여 있는 것으로, 주로 오렌지, 레몬으로 만든다.

프리저브(preserve)

시럽에 넣고 조리하여 연하고 투명하게 된 과일로 과일 1에 대하여 설탕 3/4~1의 비율로 한다.

④ 피클 : 산과 함께 설탕, 소금과 여러 향료를 넣어 저장하는데, 피클을 아삭하게 하기 위해 염화칼슘을 첨가하기도 한다.

5. 유지의 가공

① 유지 채취법 : 압착법, 추출법, 용출법

② 유지의 정제

    a. 물리적 정제 : 침전, 여과, 원심분리, 가열

    b. 화학적 정제 : 탈검(lecithin 제거), 탈산(알칼리로 중화), 탈색(카로티노이드와 클로로필 제거), 탈취(가열증기, CO_2, 수소, 질소)

③ 가공 유지(경화유) : 불포화 지방산에 니켈(Ni) 촉매하에 수소(H_2)를 첨가해 고체화시킨 것으로, 마가린과 쇼트닝 등이 있다.

❸ 축산물의 가공 및 저장

1. 우유의 가공 및 저장

(1) 유제품

① 크림 : 우유에서 유지방을 분리한 것. 커피 크림(20~25%), whipping cream(45% 이상), plastic cream(79~89%)

② 버터 : 우유에서 분리된 지방을 잘 저은 후 모아서 만든 것으로, 우유 지방 85%, 수분 15% 이하로 하고, 비타민 A, D를 함유한다.

③ 치즈 : 우유를 레닌 또는 산으로 응고시킨 후 발효시킨 제품이다. 주성분은 카제인, 지방, 수분 등이다.

④ 아이스크림 : 탈지유, 지방, 설탕, 젤라틴(유화제의 기능), 달걀 및 향료 등을 섞어서 만든다.

⑤ 발효유 : 요구르트, 케피어, 유산 음료 등

⑥ 무당 연유 : 전유 중의 수분 60%를 제거하고 농축한 것

⑦ 가당 연유 : 우유를 1/3로 농축한 후 설탕 또는 포도당을 44% 첨가하여 세균의 번식을 억제한 것이다.

⑧ 분유

　a. 전지 분유 : 수분 2~3%로 분무 건조한 것

　b. 탈지 분유 : 수분, 지방을 제거한 것

　c. 조제 분유 : 우유 중에 부족되는 성분을 보강하여 유아 양육에 알맞는 이상 식품이 되도록 만든 것

⑨ 연질 우유 : 허약한 환자, 어린이를 위해 만든 특수 식품으로 우유에 트립신(trypsin)을 넣어 일부 단백을 분해시키고, Ca, P을 20%씩 빼서 소화하기 쉽게 만든 것이다.

(2) 유제품의 저장

종　　류	저장조건	안전한 저장 기간
우유, 크림	4℃	3~5일
치즈	0~4℃	
전지 분유	10℃ 이하	2~3주일
탈지 분유, 연유 통조림	실온	
연유 통조림 개관한 것	10℃ 이하	3~5일

2. 달걀의 가공 및 저장

(1) 알제품

① 동결란 : -20~-30℃에서 동결

② 건조란 : 분무건조

　케이크, 아이스크림, 마요네즈(난황의 유화성 이용)의 원료로 사용

③ 달걀 음료 : 달걀, 물, 우유, 술 등에 다량의 당분, 유기산류, 색소, 향료를 첨가하여 살균한 것

④ 피단 : 석회수, 목회, 식염, 홍차, 점토를 물로 반죽한 후 달걀 껍질에 두껍게 발라 6개월간 보존, 알칼리 작용으로 고화된다. 암모니아, 황화수소가 발생한다.

⑤ 소시지, 생선묵 : 난백을 첨가하면 탄력성이 강한 제품을 얻는다.

(2) 달걀의 저장

① 냉장법 : 0℃전후의 온도, 90~95%의 습도로 저장하면 1개월 정도는 안전하다.

② 냉동법 : -20~-30℃로 동결, -15℃로 저장한다.

③ 가스 저장법 : CO_2, N_2, O_3에서 냉장한다.

④ 표면 도포법 : 바셀린, 파라린, 유지, 젤라틴 등을 발라서 냉장한다.

⑤ 약물에 담그는 법 : 석회수 등에 담가 보관한다.

3. 육류의 가공 및 저장

(1) 쇠고기 각 부위의 명칭과 조리 용도

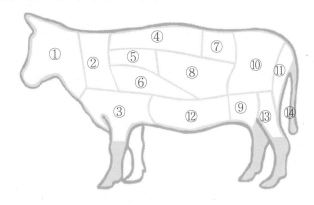

① 쇠머리 : 찜, 편육, 설농탕, 곰탕	② 장정육 : 조림, 다진고기, 편육
③ 양지육 : 탕류	④ 등심 : 구이, 볶음, 전골
⑤ 갈비 : 구이, 볶음, 찜	⑥ 쐬악지 : 구이, 볶음
⑦ 채끝살 : 조림, 산적	⑧ 안심 : 구이, 볶음
⑨ 대접살 : 육포, 회	⑩ 우둔살 : 육포, 회, 장조림
⑪ 홍두깨살 : 조림, 탕, 산적	⑫ 업진육 : 찜, 편육, 탕
⑬ 사태육 : 편육, 탕	⑭ 꼬리 : 곰탕

(2) 돼지고기 각 부위의 명칭과 조리 용도

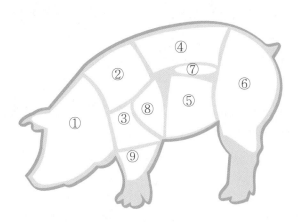

① 돼지머리 : 편육, 곰탕
② 어깨로스 : 구이, 찜
③ 앞다리 : 불고기, 찌개, 보쌈
④ 등심로스 : 구이, 찜
⑤ 삼겹살 : 조림, 편육
⑥ 볼기살 : 조림, 찜
⑦ 안심 : 구이, 찜
⑧ 갈비 : 구이, 찜, 탕
⑨ 다리 : 편육, 국

보통 살코기는 16~22%의 단백질을 함유하며, 간에는 철, 칼슘, 비타민 A를 많이 함유한다. 특히, 돼지고기에는 비타민 B1이 풍부하게 들어 있다.

(1) 수육의 경직과 숙성

① **사후경직** : 동물이 도살된 후에는 효소의 작용, 이화학적 원인, 미생물의 작용에 의하여 육질이 변화한다. 사후 시간이 경과함에 따라서 actomyosin을 생성하기 때문에 근육의 수축 또는 경직이 일어난다.

② **숙성(aging)** : 근육자체의 단백 분해 효소에 의해 단백질이 자가 분해되는 것으로, 경직된 고기도 시간이 경과되면 근육이 연화되고, 보수성이 커지며, 맛이 좋아진다. 쇠고기의 숙성 최적 기간은 0℃에서 10일간, 10℃에서 4일간, 습도는 85~90%로 유지하면서 숙성시킨다.

(2) 수육의 연화

① 지방 함량이 높을수록, 결체 조직이 적을수록, 어린 동물, 근섬유의 수가 많을 수록 조직은 가늘고 고기는 연하다.

② 고기의 질을 높여 주는 연화법

　a. 단백 분해 효소 첨가 : 파파인, 브로멜린, ficin, 펩신 등

　b. 동결

　c. pH의 변화 : pH 5~6의 범위보다 높거나 낮으면 연하다.

　d. 첨가물질 : 설탕, 인산염, 1.5%의 식염용액

　e. 기계적 방법 : 갈거나, 두들김

(3) 육류의 저장

도살하기 전에 동물의 피로, 공복, 갈증을 없애주면 수육의 부패가 지연된다.

① **냉장** : 0~4℃

② **절이기** : 소금, 질산나트륨을 첨가하고, 가열하는 방법으로 고기의 색과 맛에 특유한 변화를 가져 온다.

③ **냉동** : -18~-20℃에서 급속 동결한 후 -10~-18℃로 저장한다.

④ **냉동건조**

⑤ **훈연** : 돼지의 뒷다리 부분이 사용되는데, 저장뿐만 아니라 맛의 증진, 단백질을 응고시킨다. 단단한 나무에서 나오는 톱밥이 훈제로 좋다.

(4) 육류의 가공품

① **훈제품** : 햄, 베이컨, 소시지

　a. 햄 : 돼지 다리살에 식염, 설탕, 초석, 아질산염, 향신료를 섞어 훈연시킨 것

　b. 베이컨 : 돼지 복부살을 소금에 절여 훈연시킨 것

　c. 소시지 : 돼지, 쇠고기를 다져 소금, 초석, 설탕, 향신료를 섞어서 훈연시킨 것

② 콘드 비프(CORNED BEEF) : 육포, 통조림류 등

4 수산물의 가공 및 저장

어패류는 수분 75%, 단백질 20%, 무기질 1.5% 정도를 함유하며, 지방이 2% 이하이면 흰살생선, 5% 이상이면 붉은살 생선으로 분류한다.

1. 어패류의 저장

급속 동결법 : −30℃로 동결, −15℃ 정도로 저장

2. 어패류의 가공

① **건조식품** : 멸치, 오징어, 새우, 북어 등
② **젓갈류** : 20~30%의 소금을 사용하여 일정 시간 숙성시키면 풍미 있는 저장성 발효 식품이 된다.
③ **어묵** : 어육 단백질인 미오신(myosin)이 소금에 녹는 성질을 이용하여 생선을 잘 갈아서 조미료를 섞은 다음 찌거나 굽거나 튀긴 것이다.
④ **기타** : 통조림류, 훈제어류, 어패류 간장

3. 해조류의 가공 및 저장

해조는 소화율이 낮아서 열량원으로서는 가치가 없고, 통변을 조절, 만복감을 주며, 요오드의 함량이 높은 것이 특징이다.

5 통조림

니콜라스 아페르에 의해 고안됐다.

(1) 통조림의 특징

① 다른 식품에 비하여 장기간 저장이 가능하다.
② 저장과 운반이 편리하다.
③ 내용물을 조리, 가공하지 않고 그대로 먹을 수 있다.
④ 위생적이며, 기타 취급이 편리하다.

참고

통조림
통조림관은 철판에 3%의 주석을 도금하여 만든다.

(2) 통조림 제조의 주요 4대 공정

① 탈기(목적)

    a. 가열에 의한 권체부의 파손 방지

    b. 영양소의 산화 방지

    c. 호기성균의 번식을 방지

    d. 깡통의 부식방지

② 밀봉

③ 살균

    a. 저온 살균(60~85℃에서 15~30분간) : 과일, 야채, 술, 가당 우유

    b. 가압 살균(100℃정도) : 육류, 어류 등

④ 냉각 : 보통 40℃ 정도로 냉각시키는데, 내용물의 품질과 빛깔의 변화를 방지하는데 있다.

(3) 통조림의 검사

① 외관상 변질

    a. 팽창(swell)

      •hard swell : 통조림 실관(can)의 양면이 강하게 팽창되어 손가락으로 눌러도 전혀 들어가지 않는 현상

      •soft swell : 부푼 상태의 실관을 힘으로 누르면 다소 원상에 복귀되기는 하지만, 정상적인 상태로 유지할 수 없는 상태

    b. 스프링거(springer) : 내용물이 너무 많을 때

    c. 플리퍼(flipper) : 탈기가 불충분할 때

    d. 새기(leaker) : 권체가 불완전하든가, 통이 침식당하여 내용물이 새는 것을 말한다.

② 내용물의 변질

    a. 플랫 사우어(flat sour) : 미생물이 번식하여 통은 팽창시키지 않고 내용물이 신맛이 나는 것

    b. 변색 : 내용물의 빛깔이 변하는 현상

    c. 펙틴의 용출 : 미숙한 과일로 제조시 흔히 발생한다. 곰팡이의 발생

> **참고**
>
> **레토르트(retort pouch 식품)**
>
> 플라스틱 주머니에 밀봉 가열한 식품으로 통조림, 병조림과 같이 저장성을 가진 식품이다. 특징은 통조림보다 살균 시간이 단축되며, 색깔·조직·풍미 및 영양가의 손실이 적고, 냉장·냉동할 필요가 없으며, 방부제가 필요없이 저장할 수 있는 식품이다.

Question

식품학 예상문제

01 영양의 정의는?
㉮ 음식물 섭취를 위한 활동
㉯ 노폐물을 처리하는 것
㉰ 일정한 체온유지를 위해 음식물을 섭취하는 것
㉱ 생명체가 생물유지를 위해 외부로부터 음식물을 섭취하여 분해·이용하는 현상

02 5대 영양소에 해당하지 않는 것은?
㉮ 단백질 ㉯ 지방
㉰ 물 ㉱ 무기질

02 해설
5대 영양소는 단백질, 지방, 탄수화물, 무기질, 비타민이고 여기에 물이 포함되면 6대 영양소이다.

03 다음 중 식품의 기본요소가 아닌 것은?
㉮ 영양성 ㉯ 사회성
㉰ 경제성 ㉱ 기호성

04 체온과 힘이 되는 영양소는?
㉮ 당질, 지질, 단백질 ㉯ 물, 당질, 지질
㉰ 무기질, 당질, 단백질 ㉱ 비타민, 지질, 단백질

05 다음 식품의 분류 중 곡류에 속하지 않는 것은?
㉮ 쌀 ㉯ 보리
㉰ 녹두 ㉱ 옥수수

05 해설
녹두는 콩류에 속하는 식품이다.

06 다음 식품 중 단백질이 가장 많은 것은?
㉮ 감자 ㉯ 쌀
㉰ 두부 ㉱ 콩

06 해설
콩은 단백질 함량이 40%에 이른다.

🔊 **Answer** | **01** ㉱ | **02** ㉰ | **03** ㉯ | **04** ㉮ | **05** ㉰ | **06** ㉱

07
해설
쌀의 배아(씨눈)에는 단백질, 지방, 무기질, 비타민이 많으나 도정·제분 때에 탈락된다.

07 쌀에서 영양분이 가장 많이 들어 있는 부분은?

㉮ 배유　　　　　　　㉯ 배아

㉰ 과피　　　　　　　㉱ 외피

08 다음 곡류의 특징이 아닌 것은?

㉮ 수분·단백질의 함량이 적고 탄수화물의 함량이 높다.

㉯ 우리나라에서 주식으로 이용한다.

㉰ 장기간 저장이 가능하다.

㉱ 도정 및 취급·운반이 어렵다.

09
해설
쌀의 무기질은 P, K, Mg이 풍부하고, 칼슘(Ca)이 부족하다.

09 쌀에 비교적 많이 함유한 무기질 성분은?

㉮ Ca이 많고 P, K이 적다

㉯ Na, K이 많고 P이 적다.

㉰ K, P이 많고 Na이 적다

㉱ P, K이 많고 Ca이 적다.

10 감자의 비타민 C 함량에 대해 옳게 말한 것은?

㉮ Vit C가 많다.　　　　　㉯ Vit C가 전혀 없다.

㉰ Vit C가 극히 소량이 있다.　　㉱ 풋고추보다 Vit C가 아주 많다.

11 콩의 단백질은?

㉮ 오리제닌(orizenin)　　　㉯ 글리시닌(glycinine)

㉰ 튜베린(tuberin)　　　　㉱ 호르데인(hordein)

12
해설
고구마는 전분이 20%, 감자는 15~16% 함유되어 있다.

12 감자와 고구마를 비교한 설명 중 틀린 것은?

㉮ 전분 함유량은 고구마가 적다.

㉯ 전분립은 감자전분립이 크다.

㉰ 감자가 고구마보다 수분 함량이 많다.

㉱ 전분 호화 온도는 감자가 낮다.

13 다음 중 다른 곡류에 비하여 리신, 트립토판, 트레오닌 등의 필수아미노산 함량이 비교적 많아 영양가가 가장 높은 것은?

㉮ 옥수수   ㉯ 보리

㉰ 메밀   ㉱ 수수

14 두유의 거품 성분과 그 거품을 제거하기 위하여 첨가시키는 물질이 맞게 짝지어진 것은?

㉮ 사포닌 – 기름   ㉯ 엔티트립신 – 기름

㉰ 알부민 – 소금   ㉱ 글루텐 – 알코올

15 당질을 가장 많이 함유한 쌀은 어느 것인가?

㉮ 현미

㉯ 백미

㉰ 7분도미

㉱ 5분도미

16 다음 중 근채류(根菜類)가 아닌 것은?

㉮ 양파

㉯ 무

㉰ 당근

㉱ 연근

17 다음 중 산성식품인 것은?

㉮ 쌀   ㉯ 사과

㉰ 우유   ㉱ 채소

18 감귤류에 특히 많은 유기산은?

㉮ 주석산   ㉯ 사과산

㉰ 호박산   ㉱ 구연산

19 다음 중 녹황색 채소가 아닌 것은?

㉮ 당근   ㉯ 시금치

㉰ 토마토   ㉱ 무

---

13 해설
메밀의 단백질은 주로 글로불린과 글루테닌에 속하며 아미노산 조성은 곡류에 부족 되기 쉬운 리신, 트레오닌을 비교적 많이 함유하고 있어 우수한 식물성 단백질이다.

15 해설
쌀의 일반성분 100g 중에 당질의 함량은 현미 72.5g, 백미 76.6g, 7분도미 75.6g, 5분1도미 74.5g이다.

16 해설
근채류는 뿌리에 해당하는 부분을 식용하는 채소로 당근, 무, 연근, 우엉 등이 속한다. 양파는 경엽채류에 속한다.

17 해설
산성식품 : 곡류, 고기류와 인(P), 황(S), 염소(Cl), 요오드(I) 등을 포함한 식품

18 해설
감귤의 신맛 : 구연산
포도 : 주석산
사과 : 말산(사과산)

🔊 Answer   **13** ㉰   **14** ㉮   **15** ㉯   **16** ㉮   **17** ㉮   **18** ㉱   **19** ㉱

20 다음 중 요오드를 많이 함유하고 있는 것은?

㉮ 유지류 　　　　　　　㉯ 필수아미노산

㉰ 해조류 　　　　　　　㉱ 포도당

21
해설　조절 소는 비타민 및 무기질로 이에 해당하는 식품은 시금치이다.

21 생리기능을 조절해 주는 식품은 어느 것인가?

㉮ 쌀 　　　　　　　㉯ 두부

㉰ 햄 　　　　　　　㉱ 시금치

22 버섯류의 특징이 아닌 것은?

㉮ 단백질과 지방의 함량이 많다.

㉯ 소화흡수가 느리나 특유한 향이 식욕을 촉진시킨다.

㉰ 비타민류는 소량 함유되어 있다.

㉱ 무기질로는 칼륨이 가장 많이 들어 있다.

23 물은 우리 몸에서 영양물과 배설물의 운반과 체온을 조절하는데, 우리 몸의 몇 %가 물인가?

㉮ 45% 　　　　　　　㉯ 65%

㉰ 85% 　　　　　　　㉱ 95%

24 채소류에 대한 설명이다. 틀린 것은?

㉮ 비타민 A, B, C의 공급원이다.

㉯ 무기질 중 칼륨, 칼슘이 많이 들어 있다.

㉰ 산성식품이다.

㉱ 섬유소가 많아 소화율이 낮다.

25
해설　과채류는 열매를 식용하는 채소류를 말하며, 죽순은 엽채류에 속한다.

25 다음 중 과채류에 속하지 않는 것은?

㉮ 호박 　　　　　　　㉯ 오이

㉰ 토마토 　　　　　　　㉱ 죽순

🔊 Answer　20 ㉰　21 ㉱　22 ㉮　23 ㉯　24 ㉰　25 ㉱

26 해조류의 종류 중에서 김, 우뭇가사리는 어디에 속하는가?

㉮ 녹조류   ㉯ 갈조류

㉰ 홍조류   ㉱ 바닷말

27 동물성 식품의 설명 중 옳지 못한 것은?

㉮ 단백질과 지질 함량이 높다.

㉯ 단백질은 필수아미노산을 고루 함유하고 있다.

㉰ 음식물로 섭취시 산성식품과 함께 섭취하면 좋다.

㉱ 우유는 단일식품으로는 가장 완전에 가까운 식품이다.

28 다음 중 영양소를 골고루 함유한 완전 식품은?

㉮ 쇠고기

㉯ 콩

㉰ 달걀

㉱ 고구마

28 해설
달걀은 단백가가 100으로 단일식품으로서 영양가가 우수하며 우유는 철, 구리 등 일부 무기질을 제외한 각종 영양소를 고루 함유하고 있다.

29 옥수수를 주식으로 먹는 사람이 걸리기 쉬운 병은?

㉮ 펠라그라병   ㉯ 괴혈병

㉰ 구루병   ㉱ 당뇨병

29 해설
옥수수에 결핍되어 있는 단백질인 트립토판의 부족으로 생기는 병이 펠라그라병이다. 펠라그라병에 걸리면 피부염, 구강의 동통, 혀의 적색화, 소화불량, 설사, 신경계통의 이상을 가져온다.

30 한국사람의 식생활에서 부족되기 쉬운 영양소는?

㉮ 무기질   ㉯ 지방

㉰ 단백질   ㉱ 탄수화물

31 현재 영양학에서 널리 사용되고 있는 칼로리(kcal)란 무엇을 말하는가?

㉮ 1,000g의 물을 화씨 1도 올리는데 필요한 열량

㉯ 1g의 물을 섭씨 1도 올리는데 필요한 열량

㉰ 1,000g의 물을 섭씨 1도 올리는데 필요한 열량

㉱ 1g의 물을 화씨 1도 올리는데 필요한 열량

32 갑상선종에 효과가 있는 식품은?

㉮ 오징어, 문어   ㉯ 미역, 김

㉰ 우유, 멸치   ㉱ 감자, 양배추

32 해설
갑상선 종에는 요오드(I)를 많이 함유한 해조류가 효과가 있다.

Answer   26 ㉰   27 ㉰   28 ㉰   29 ㉮   30 ㉰   31 ㉰   32 ㉯

33 어린이에게만 필수적인 아미노산인 것은?

㉮ 이소로이신　　　　㉯ 히스티딘

㉰ 리신　　　　㉱ 발린

34 다음 중 단위 g당 열량을 가장 많이 발생하는 것은?

㉮ 탄수화물　　　　㉯ 지방

㉰ 단백질　　　　㉱ 무기질

34
해설
탄수화물, 단백질의 열량은 1g당 4kcal, 지방의 열량은 1g당 9kcal이다.

35 식품 중 우유의 영양소를 가장 바르게 설명한 것은?

㉮ 우유에는 단백질, 인지질, 당질 등이 많이 들어 있다.

㉯ 우유에는 단백질, 칼슘 등이 많이 들어 있다.

㉰ 우유에는 유당과 칼슘이 많이 들어 있다.

㉱ 우유에는 단백질, 비타민 C 등이 많이 들어 있다.

36 건성유의 요오드가는?

㉮ 130 이상　　　　㉯ 100~130

㉰ 70 이하　　　　㉱ 70~100

36
해설
건성유의 요오드가는 130, 불건성유는 100, 반건성유는 100~130이다.

37 필수지방산에 대하여 잘못 설명한 것은?

㉮ 불포화도가 높다.

㉯ 체내에서 합성되지 않는다.

㉰ 동물성 지방에 함유되어 있다.

㉱ 부족시에는 피부병이 발생한다.

37
해설
필수지방산은 비타민 F라고도 하며, 대두유 등 식물성 기름에 많이 함유되어 있다.

38 필수지방산의 함량이 가장 많은 기름은?

㉮ 올리브유　　　　㉯ 야자유

㉰ 대두유　　　　㉱ 생선기름

39 건성유란?

㉮ 고도의 불포화지방산의 함량이 많은 기름

㉯ 포화지방산의 함량이 많은 기름

㉰ 공기 중에 방치했을 때 피막이 생기지 않는다.

㉱ 올리브유, 낙화생유

40 유지의 경화란?

㉮ 포화지방산의 수증기증류를 말한다.

㉯ 불포화지방산에 수소를 첨가하는 것이다.

㉰ 알칼리 정제를 말한다.

㉱ 규조토를 경화제로 하는 것이다.

액체유지에 수소를 첨가아혀 고체지방으로 만든 것으로 마가린이 있다.

41 알칼리성 식품이란?

㉮ 떫은 맛을 내는 식품이다.

㉯ Na, K, Ca, Mg이 많이 포함되어 있는 식품을 말한다.

㉰ S, Cl, P이 많이 포함되어 있는 식품을 말한다.

㉱ 곡류도 알칼리성 식품이다.

알칼리성 식품 : 과일, 채소류, 감자류, 우유 등

42 즉석식품에 속하지 않는 것은?

㉮ α쌀   ㉯ 즉석라면

㉰ 커피   ㉱ 통조림

커피는 기호식품이다.

43 다음 중 양조주가 아닌 것은?

㉮ 소주   ㉯ 탁주

㉰ 청주   ㉱ 맥주

소주는 알코올을 탈색, 탈취한 다음 조미하여 만든 증류수이다.

44 수분의 존재형태가 아닌 것은?

㉮ 유리수로 존재

㉯ 결합수로 존재

㉰ 겔(gel) 상태로 존재

㉱ 무기물에 부착하여 존재

🔊 Answer   **39** ㉮   **40** ㉯   **41** ㉯   **42** ㉰   **43** ㉮   **44** ㉱

45 유리수를 설명한 사항 중 옳지 않은 것은

㉮ 건조시 100℃에서 쉽게 분리·제거된다.

㉯ 0℃ 이하에서 쉽게 동결된다.

㉰ 미생물의 발아번식에 이용한다.

㉱ 용매로 작용을 못한다.

46 결합수의 특성이 아닌 것은?

㉮ 보통 물보다 밀도가 작다.

㉯ 미생물의 번식과 발아에 이용되지 못한다.

㉰ 100℃ 이상의 가열이나 압력을 가해도 쉽게 제거되지 않는다.

㉱ 낮은 온도(-20 ~ -30℃)에서도 잘 얼지 않는다.

47 식품의 수분활성도(Aw)란?

㉮ 식품표면의 수증기압과 공기 중의 수증기압의 차

㉯ 자유수와 결합수의 비

㉰ 식품이 나타내는 수증기압과 그 온도에서의 순수한 물의 수증기압 과의 비

㉱ 식품표면으로부터의 단위 시간당 수분 증발량

48 해설 물의 경우는 Aw = 1이나 일반식품의 수분활성도는 1보다 작다.

48 식품의 수분활성도의 범위는?(단, 물은 제외)

㉮ Aw = 1   ㉯ Aw > 1

㉰ Aw < 1   ㉱ AW ≤ 1

49 해설 곡류.콩류의 수분활성도는 0.60~0.64이고, 채소. 과일은 0.98~0.99이다.

49 건조 곡류의 수분활성도는??

㉮ 0.40 ~ 0.45   ㉯ 0.60 ~ 0.64

㉰ 0.80 ~ 0.85   ㉱ 0.98 ~ 0.99

50 단백질의 조성을 나탄낸 것으로 맞는 것은?

㉮ C, H로 되어 있다.   ㉯ C, H, O로 되어 있다.

㉰ C, H, O, S로 되어 있다.   ㉱ C, H, O, S, N로 되어 있다.

🔊 Answer   45 ㉱   46 ㉮   47 ㉰   48 ㉰   49 ㉯   50 ㉱

51 필수아미노산이 아닌 것은?

㉮ 리신
㉯ 페닐알라닌
㉰ 아르기닌
㉱ 아라키돈산

52 완전단백질이란?

㉮ 발견된 모든 아미노산을 골고루 함유하고 있는 것
㉯ 아미노산 중에서 한 가지를 많이 함유하고 있는 것
㉰ 필수아미노산 중 몇 가지만 다량으로 함유하고 있는 것
㉱ 필수아미노산을 필요한 비율로 골고루 함유하고 있는 것

53 단순 단백질이 아닌 것은?

㉮ 알부민
㉯ 카제인
㉰ 글로불린
㉱ 글루테닌

54 식품 중에 들어 있는 인단백질?

㉮ 글루텐
㉯ 제인
㉰ 카제인
㉱ 알부민

55 색소단백질이 아닌 것은?

㉮ 미오글로빈
㉯ 헤모글로빈
㉰ 치토크롬
㉱ 인슐린

56 필수아미노산을 반드시 음식에서 섭취해야 하는 이유는?

㉮ 식품에 의해서만 얻을 수 있기 때문에
㉯ 성장과 생명유지에 꼭 필요하기 때문에
㉰ 체조직을 구성하기 때문에
㉱ 병의 회복과 예방에 필요하기 때문에

57 단백질 대사와 관계가 적은 것은?

㉮ 필수아미노산 공급
㉯ 세포 원형질의 주성분
㉰ 글리코겐의 해독작용
㉱ 체조직내 노폐 단백질 조직의 대체

51 해설
필수아미노산 : 리신, 로이신, 이소로이신, 발린, 메티오닌, 페닐알라닌, 트레오닌, 트립토판(8종)

53 해설
케제인은 단순단백질 구성원소인 C, H, O, N, S에 인(P)이 결합된 복합단백질이다.

54 해설
인 단백질은 우유의 카제인과 난황의 비텔린이다.

55 해설
인슐린은 췌장에서 분비되며 Zn(아연)을 함유한 금속 단백질이다.

🔊 Answer　**51** ㉱　**52** ㉱　**53** ㉯　**54** ㉰　**55** ㉱　**56** ㉮　**57** ㉮

58 다음 유제품 중 단백질 함량이 가장 높은 것은?

㉮ 치즈   ㉯ 연유

㉰ 발효우유   ㉱ 버터

59 다음은 지질의 체내 기능에 대하여 설명한 것이다. 옳지 않은 것은?

㉮ 지용성 비타민의 흡수를 돕는다.

㉯ 열량소 중에서 가장 많은 열량을 낸다.

㉰ 뼈와 치아를 형성한다.

㉱ 필수지방산을 공급한다.

60 해설 지방은 지방산 + 글리세린의 에스테르 결합에 의한 것이다.

60 지질의 화학적인 구성은?

㉮ 탄소와 수소   ㉯ 아미노산

㉰ 지방산과 글리세린   ㉱ 포도당과 지방산

61 지방은 어느 비타민의 흡수를 돕는가?

㉮ 비타민 A, B_2 ㉯ 비타민 B_1, K

㉰ 비타민 C, E   ㉱ 비타민 A, D

62 지방의 종류의 분류는?

㉮ 단순, 복합, 유도   ㉯ 단순, 복합, 인

㉰ 단순, 글리세린, 지방산   ㉱ 포화지방, 불포화지방

63 해설 콜레스테롤은 지방질의 일종이다.

63 콜레스테롤은 무엇의 일종인가?

㉮ 비타민   ㉯ 지방질

㉰ 무기질   ㉱ 단백질

64 다음 식품 중에서 지방의 함유량이 가장 높은 식품은?

㉮ 완두   ㉯ 팥

㉰ 땅콩   ㉱ 오징어

🔊 **Answer**   58 ㉮   59 ㉯   60 ㉰   61 ㉱   62 ㉮   63 ㉯   64 ㉰

65 다음 중에서 과당이 지니고 있는 성질이 아닌 것은?

㉮ 흡습조해성이 없다.

㉯ 당류 중 단맛이 가장 강하다.

㉰ 과포화되기 쉽다.

㉱ 점도가 설탕이나 포도당보다 적다.

66 탄수화물의 조성을 말한 것이다. 다음 중 맞는 것은?

㉮ 탄소, 수소로만 되어 있다.

㉯ 산소, 인, 칼륨으로 되어 있다.

㉰ 탄소, 인, 수소로 되어 있다.

㉱ 탄소, 산소, 수소로 되어 있다.

67 당류의 일반적 성질 중 틀린 것은?

㉮ 물에 잘 용해된다.　　㉯ 무색의 결정을 형성한다.

㉰ 알코올에 잘 용해된다.　㉱ 발효성이 있다.

68 설탕이 묽은 산과 효소에 의해 가수분해된 상태는?

㉮ 전화당　　　　　　㉯ 알코올

㉰ 신당　　　　　　　㉱ 맥아당

69 젖당의 설명 중 틀린 것은?

㉮ 포도당과 갈락토오스로 된 다당류이다.

㉯ 뇌·신경조직에 존재한다.

㉰ 장 속의 유해균의 번식을 억제한다.

㉱ 단맛은 자당의 약 1/4이다.

70 다음 각 당류의 가수분해 생성물이 맞는 것은?

㉮ 자당 – 포도당 + 갈락토오스

㉯ 맥아당 – 포도당 + 포도당

㉰ 유당 – 과당 + 갈락토오스

㉱ 전분 – 직접 단당류가 된다.

68 해설
설탕은 묽은 산과 효소에 의해 가수분해하면 포도당 + 과당이 되는데, 이를 전화 당이라 한다.

69 해설
젖당은 이 당류이다.

70 해설
자당 – 포도당 + 과당, 유당 – 포도당 + 갈락도오스, 전분 → 맥아당 → 포도당

🔊 **Answer**　　65 ㉮　66 ㉱　67 ㉰　68 ㉮　69 ㉮　70 ㉯

71 해설 갈락토오스는 식물조직, 해초, 육즙, 뇌신경에 함유되어 있는 당이다.

71 단당류 중 식물조직, 해초, 유즙, 뇌신경에 함유되어 있는 당은?

㉮ 과당　　　　　　　　㉯ 포도당

㉰ 유당　　　　　　　　㉱ 갈락토오스

72 다음 당류 중 용해도가 가장 큰 것은?

㉮ 포도당　　　　　　　㉯ 설탕

㉰ 과당　　　　　　　　㉱ 젖당

73 포도당이 체내에 흡수된 후 글리코겐으로 가장 많이 저장되는 곳은?

㉮ 근육　　　　　　　　㉯ 혈액

㉰ 간　　　　　　　　　㉱ 골수

74 글리코겐으로 저장하고 남은 당질은?

㉮ 모두 배설　　　　　　㉯ 지방으로 변하여 저장

㉰ 혈당으로 저장　　　　㉱ 계속 글리코겐으로 저장

75 다음 중 유해균의 발육을 억제하여 정장작용을 하는 당은?

㉮ 설탕　　　　　　　　㉯ 과당

㉰ 젖당　　　　　　　　㉱ 포도당

76 해설 포도당은 결정일 때 감미가 가장 강하다.

76 포도당(glucose)의 설명 중 옳은 것은?

㉮ 결정일 때 감미가 강하다.

㉯ 수용액일 때 감미가 강하다.

㉰ 온도가 상승하여 감미가 증가한다.

㉱ 좌선성일 때 감미가 강하다.

77 다음 중 소화흡수에 관한 설명을 잘못한 것은?

㉮ 당질은 단당류의 형태로 소화되지 않은 것은 흡수되지 않는다.

㉯ 단백질은 보통 아미노산으로 소화된 것이 흡수된다.

㉰ 지방산은 지방산, 글리세롤, 글리세린으로 되어 소장에서 흡수된다.

㉱ 소화산물의 흡수는 핵산에 의한다.

🔊 Answer　71 ㉱　72 ㉰　73 ㉰　74 ㉯　75 ㉰　76 ㉮　77 ㉱

78 섬유소와 한천에 대한 다음 설명 중 틀리는 것은?

㉮ 체내에서 소화가 되지 않는다.

㉯ 변비를 예방한다.

㉰ 산과 가열할 때 분해되지 않는다.

㉱ 배가 차는 느낌을 준다.

79 당의 용해도가 큰 순서로 된 것은?

㉮ 과당 〉 포도당 〉 설탕 〉 맥아당

㉯ 맥아당 〉 설탕 〉 포도당 〉 과당

㉰ 과당 〉 설탕 〉 포도당 〉 맥아당

㉱ 포도당 〉 과당 〉 설탕 〉 맥아당

80 다음 중 지용성 비타민으로만 묶여진 것은?

㉮ 비타민 B군, C, 나이아신

㉯ 비타민 A, E, K F

㉰ 비타민 A, B1, B2, C

㉱ 비타민 B군, D, K, F

81 비타민 B₂가 부족하면 어떤 증상이 생기는가?

㉮ 구순구각염 ㉯ 괴혈병

㉰ 야맹증 ㉱ 각기병

82 비타민 A가 우리 몸안에서 가장 많이 들어 있는 곳은?

㉮ 혈액 ㉯ 콩팥

㉰ 근육 ㉱ 간장

79 해설

당의 용해도가 큰 순서로는 과당 → 설탕 → 포도당 → 맥아당 순이다.

81 해설

비타민 B₂가 부족하면 구순구각염이 생긴다.

Chapter 04 조리이론과 원가계산

 01 조리 과학

① 조리 과학의 의의와 목적

1. 조리의 개념

식품을 위생적으로 적합한 처리를 한 후 먹기 좋고, 소화하기 쉽도록 하며, 또한 맛있고, 보기 좋게 하여 식욕이 나도록 하는 과정을 말한다.

2. 조리의 의의

① **안전성** : 식품에 붙어 있는 유해한 것들을 살균하여 위생적으로 안전한 음식물로 만든다.
② **영양성** : 식품을 연하게 하여 소화 작용을 도와 영양 섭취를 용이하게 한다.
③ **기호성** : 식품의 맛, 색깔, 모양을 좋게 하여 먹는 사람의 기호에 맞게 한다.

② 조리법

1. 가열 조리

(1) 특징

① 병원균, 부패균, 기생충알등을 살균하여 안전한 음식물을 만든다.
② 식품의 조직이나 성분에 변화가 나타난다.(결합 조직의 연화, 전분의 호화, 단백질의 변성, 지방의 용해, 수분의 감소 또는 증가 등)
③ 소화 흡수율이 증가한다.
④ 풍미가 증가한다(불미 성분 제거, 식품 감촉의 변화, 조미료, 향신료, 지미 성분의 침투 등)

(2) 종류

① 습열 조리 : 삶기, 조림, 끓이기, 찌기 등
② 건열 조리 : 구이, 전, 볶기, 튀김 등
③ microwave 조리 : 전자레인지에 의한 조리

2. 생식품 조리

식품 그대로의 감촉이나 풍미를 느끼기 위한 조리법으로, 위생적이어야 하며, 식품의 조직이나 섬유는 어느 정도 연하고 불미 성분이 없어야 한다.

•종류 : 생채류, 회 등

③ 식품의 조리법

1. 곡류

(1) 전분 조리에 따르는 변화

① 전분의 호화 : 전분에 물, 열을 가하면 전분립이 물을 흡수한 후 팽창하여 전체가 점성이 높은 반투명의 콜로이드 상태가 되는데, 이러한 변화를 호화라고 한다.

② 전분 호화에 영향을 끼치는 인자

　a. 전분의 종류 : 전분 입자가 클수록 빠른 시간에 호화한다.

　b. 전분의 농도 : 완전 호화를 위해 '곡식1 : 물6'의 비율이 적당하다.

　c. 가열 온도 : 온도가 높을수록 빨리 호화된다.

　d. 젓는 속도와 양 : 지나치게 저으면 점성이 감소된다.

　e. 전분액의 pH : 산을 넣으면 점도가 낮아진다.

참고

전분 호화에 영향을 끼치는 인자

달걀, 지방, 소금, 분유 등은 모두 전분 입자의 호화를 방해한다.

③ 식품의 α화 : 호화된 전분은 뜨거울 동안 α(알파) 전분이다. 호화된 전분은 소화하기 쉬운 형태인데, 이것을 α starch라고 하며, 생전분은 β starch라 한다.

(2) 전분의 노화

α starch(호화된 전분)를 실온에 오래 방치하면 β starch로 돌아가는데, 이 현상을 전분의 노화라고 한다.

예 식은 밥, 굳은 떡

① 노화 촉진에 관계하는 요인

　a. 온도 : 0~4℃

　b. 수분 함량 : 30~70%

　c. pH : 수소 이온이 많을수록, 산도가 높을수록

　d. 전분 분자의 종류 : 아밀로스의 함량이 많을 수록

② 노화의 방지

　a. α전분을 80℃ 이상으로 유지하면서 급속 건조한다.

b. 0℃ 이하로 얼려 급속 탈수한 후 수분 함량을 15% 이하로 한다.

c. 설탕을 다량 함유한다.

α화한 식품

α rice(건조반), 오블라아트, 쿠키, 밥풀튀김, 냉동미, α떡가루 등

(3) 전분의 호정화

전분에 물을 가하지 않고 160℃ 이상으로 가열하면 전분이 가용성이 되고, 이어서 덱스트린이 되는데, 이러한 변화를 호정화라한다. 물에 잘녹고, 소화가 잘된다.

예 미숫가루

(4) 쌀의 조리

① 수세 : 가볍게 저어서 윗물을 버리는 과정을 3~4회 정도로 하면서 씻는다. 무기질의 손실이 가장 크며, 비타민 B1의 손실도 크다.

② 흡수 : 흡수량은 물의 온도, 쌀의 종류에 따라 차이가 있으나, 보통 20~35%의 수분을 흡수한다. 멥쌀은 30분, 찹쌀은 50분 후에 최대 흡수량에 도달한다.

③ 가열 : 쌀의 전분이 α화하려면 98℃에서 20~30분 동안 가열해야 한다.

쌀의 조리

a. 맛있게 된 밥 : 수분 함유량은 약 65%로, 쌀 중량의 약 2.5배 정도
b. 밥물의 양 : 보통 쌀은 중량의 1.5배, 부피의 1.2배, 햅쌀은 쌀 중량의 1.3배, 부피는 동량으로 한다.

④ 밥맛의 구성 요소

a. pH 7~8 의 물은 밥맛이 좋고, 산성이 높을 수록 밥맛이 나쁘다.

b. 0.03%의 소금은 밥맛이 좋아진다.

c. 너무 오래된 쌀, 너무 건조된 쌀은 밥맛이 나쁘다.

d. 쌀의 일반 성분은 밥맛과는 거의 관계가 없다.

e. 밥맛은 토질과 쌀의 품종에 따라 다르다.

(5) 밀가루의 조리

이스트를 이용한 빵의 비타민 B1의 손실은 20% 정도이고, 오븐에 굽는 시간이 길수록 손실이 크다. 또한 비타민 B1은 알칼리에 불안전하므로 팽창제로 소다를 넣어 반죽하면 분해가 빠르다.

참고 밀가루의 조리
이스트의 발효 온도 : 25℃~30℃

(6) 감자의 조리

감자는 전분이 15~16% 정도 함유되어 있으며, 비타민류의 함량이 비교적 많고, 특히 비타민 C가 15~30mg% 들어 있다.

① **감자의 식용가** : 점성 또는 분성을 나타내는 정도를 식용가라하는데, 단백질이 많을 수록 또는 전분이 적을수록 식용가가 커서 점성을 나타낸다.

    a. 점성의 감자 : 찌거나 구울 때 부서지지 않고 기름을 써서 볶는 요리에 적당하다.

    b. 분성의 감자 : 굽거나 찌거나 으깨어 먹는 요리에 적당하다.

② **조리에 의한 변화** : 가열 조리하면 조직이 부드러워지고, 전분은 호화해서 소화하기 쉬운 형태로 되지만, 비타민 C가 손실된다.

2. 두류 및 두제품

(1) 두류의 조리

두류를 가열하면 독성 성분(사포닌, 안티트립신, 헤마글루티닌 등)이 파괴되고, 소화 흡수율을 증가시킨다.

① **콩의 연화**

    a. 알칼리성 물질(중탄산소다 등)을 첨가하면 빨리 무르지만, 비타민 B1의 파괴가 심하다.

    b. 1%의 식염수에 담구었다가 연화시키면 빨리 무른다.

    c. 압력 냄비를 사용한다.

② **가열과 갈변** : 카보닐기와 아미노기 반응으로 갈변되는데, 대두 식품의 특성이다.

    예 메주콩을 삶았을 때의 짙은 갈색, 간장의 색

(2) 대두의 소화성

가공하는 방법에 따라 소화율의 차이가 크다.

• 간장 → 98%, 두부 → 93%, 된장, 청국장 → 85%, 콩가루 → 83%,

• 볶은콩, 콩조림 → 65% 정도

(3) 된장의 숙성 중에 나타나는 변화

다음 네가지 작용이 서로 관련해서 일어나는 작용으로, 서로의 조화로 인해 맛이 난다.

① **당화 작용** : 탄수화물 → 당분

② **알코올 발효 작용** : 당분 → 알코올+CO_2

③ **단백 분해 작용** : 단백질 → 아미노산

④ 산 발효 작용 : 당분, 단백질 → 유기산

(4) 두부의 조리

소금, 전분, 중조, 글루타민산나트륨을 첨가하여 가열하면 두부가 부드러워지며, 식초는 단단하게 한다.

3. 채소 및 과일

(1) 채소, 과일의 일반적 성질

① 채소류

  a. 엽채류 : 수분과 섬유소를 많이 함유하고, 무기질, 비타민이 풍부하여 철분, 비타민 A, B1, B2, C의 중요한 공급원으로 푸른잎의 색이 짙을수록 비타민 A의 함량이 크다.

  b. 과채류 : 고추에는 비타민 C, A의 함량이 아주 많고, 토마토도 비타민 C, A의 공급원이다.

  c. 근채류 : 상당량의 당질을 함유한다.

  d. 종실류 : 상당량의 단백질, 전분을 함유한다.

② 과실류 : 수분의 함량은 80~90%인데, 참외, 수박은 92%, 마른 과일의 경우에는 25%를 함유한다. 비타민 C의 공급원으로서, 맛과 향기는 방향족 화합물인 에스테르와 유기산(능금산 → 사과, 구연산 → 감귤류, 주석산 →포도)에 의해 생성된다.

(2) 채소와 과일의 조리

조리를 함으로써 맛이 좋아지고, 섬유소와 반섬유소가 연화되고, 부분적으로 전분이 호화되기 때문에 소화가 쉽다.

① 섬유질의 변화 : 조리하는 물에 중탄산나트륨(식소다)를 넣으면 섬유소를 분해하는 경향이 있어 질감을 부드럽게 하고, 산을 넣으면 단단해 진다.

  예 신김치를 끓여도 김치잎이 연해지지 않는 것은 김치에 있는 산 때문이다.

② 색소의 변화

  a. 엽록소(chlorophyll) : 녹색 채소는 알칼리에서는 선명한 녹색을 유지하지만, 야채가 무르고 비타민(특히 B1)의 파괴율이 높다. 산에서는 누렇게 변한다.

  b. 카로티노이드 : 산, 알칼리, 열에는 영향을 받지 않는다.

  c. 안토시아닌 : 산에서는 선명한 선홍색, 알칼리에서는 보라, 적청색으로 변한다.

  d. 플라본 : 산에서는 백색, 알칼리에서는 황색으로 변한다.

  예 찐빵에 식소다를 넣었을 때 빵의 색이 누렇게 되는 현상

(3) 채소와 과일의 변색

① 효소적 갈변 : 사과, 배, 복숭아, 가지, 우엉, 감자의 갈변

  •방지법 : 열처리로 효소를 불활성화시키거나, 산처리, 식염수에 담그거나, 아황산 처리를

한다.

② 비효소적 갈변

•maillard reaction : 탄수화물과 아미노산의 결합으로 갈색 색소 형성

③ 비타민 C가 탈기 부족으로 산화하여 갈색 화합물을 형성

例 오렌지 쥬스의 갈변

④ 온도가 높고, 수분이 적으며, 산소에 대한 노출이 클수록 갈변이 촉진된다.

4. 유지류

(1) 요리에 있어서 유지의 이용

① 음식에 맛을 부여

② 유화액의 형성 : 우유, 크림, 버터, 난황, 프렌치 드레싱, 잣미음, 크림 수프, 마요네즈 등

③ 튀김 요리 : 특유한 향기, 색이 생긴다. 튀김용 기름은 발연점이 높은 것이 좋고, 직경이 좁은 냄비가 좋다.

④ 연화 작용 : 밀가루 제품을 부드럽게 만드는 작용을 말한다.

⑤ 크리밍성 : 교반에 의해서 기름 내부에 공기를 품는 성질을 말한다.

(2) 지방의 열에 의한 변화

① 중합 : 점성이 커지고 영양가도 손실된다.

② 산화 : 가열, 산소에 의해 알데히드, 산 등을 생성한다.

③ 가수분해 : 고온으로 가열하면 유리지방산, 유리글리세롤을 형성해서 아크로레인이라는 물질을 생성한다.

참고

아크로레인(acrolein)

발연점 이상되면 청백색의 연기와 함께 자극성 취기가 발생하고, 기름에 거품이 나며, 기름이 분해되면서 생성되는 물질이다.

(3) 기름의 발연점에 영향을 주는 조건

① 유리지방산의 함량이 높을수록 발연점이 낮다.

② 기름의 표면적이 넓으면 발연점이 낮다.(조리하는 그릇은 되도록 좁은 것을 사용)

③ 기름에 다른 물질이 섞여 있으면 발연점이 낮다.

5. 육류의 조리

동물의 나이가 어리고, 운동량이 적을수록 결체 조직이 적게 함유되어 연하다.

(1) 조리방법

① 습열 조리 : 물속 또는 액체에 넣어 가열하거나, 찌는 방법으로 콜라겐이 젤라틴화하고, 고기가 연해진다. 장정육, 업진육, 사태육, 양지육에 적당하다.

    예 편육, 찜, 조림, 탕, 전골 등

② 건열 조리 : 연한 부위(안심, 등심, 염통, 콩팥, 간 등)의 조리에 적당하다.

    예 구이, 튀김, 전, 불고기, broiling, roasting, grilling 등

(2) 가열에 의한 고기의 변화

① 색의 변화 : 갈색

② 중량의 손실 : 20~40% 감소, 즉, 보수성 감소

③ 용적의 수축 : 고기 내부 온도가 높을수록, 시간이 길수록 수축이 심하다.

④ 지방 조직, 단백질의 변화 : 콜라겐은 65℃ 이상에서는 분해하여 젤라틴화한다.

⑤ 풍미의 변화

⑥ 영양가의 손실

(3) 고기의 종류와 조리

조 리 명	고 기 부 위
구이	등심, 안심, 채끝살, 갈비, 홍두깨살, 염통, 콩팥
찜	갈비, 사태, 등심, 쇠악지
편육	양지, 장정육, 사태, 우설, 업진육
조림	홍두깨살, 우둔살, 대접살, 쇠악지, 장정육
탕	사태, 꼬리, 양지, 내장(양, 곱창), 업진육

6. 어류의 조리

생선이 가장 맛이 있을 때는 산란기 전으로, 이 때는 살이 찌고, 지방도 많아지고, 맛을 내는 성분도 증가한다. 연어, 청어, 정어리, 뱀장어에는 비타민 A, D가 많다. 조개의 호박산은 독특한 맛을 낸다.

(1) 생선조리법

① 생선구이 : 소금구이의 경우 생선 중량의 2~3%를 뿌리면 탈수도 일어나지 않고 간도 맞다.

② 생선조림 : 처음 가열할 때 수분간은 뚜껑을 열어 비린내를 증발시킨다.

③ 생선튀김 : 튀김옷은 박력분을 사용한다. 180℃에서 2~3분간 튀기는 것이 좋다.

④ 전유어 : 생선의 비린 냄새 제거에 효과적인 조리이다.

(2) 가열에 의한 변화

① 단백질의 응고

② 탈수와 체적 감소 : 보통 생선 20~25%, 오징어 30%의 탈수율

③ 수용성 성분의 용출

④ 콜라겐의 젤라틴화

⑤ 껍질의 수축

(3) 비린내를 없애는 방법

① 물로 씻기, 식초, 술, 간장, 된장, 고추장, 파, 마늘, 고추냉이, 겨자, 고추, 후추, 무, 쑥
갓, 미나리, 우유 등을 첨가

② 어육 단백질은 생강의 탈취 작용을 저해하므로 반드시 단백질을 변화시킨 후 생강을 넣는
것이 효과적이다.(생선이 익은 후 첨가)

참고

생선의 비린내 성분

TMA(trimetylamine)

7. 알의 조리

(1) 달걀의 열응고성

① 어떤 용액을 걸죽하게 할 때 이용

예 달걀찜, 카스터드, 소스 등

② 빵가루의 결합체

③ 세포벽의 경도를 높이는 작용

예 케이크, 과자 반죽

④ 육즙의 청정제 : 난백을 넣어서 흡착하는 성질을 이용하여 여과하면 맑은 국물을 얻을 수
있다.

참고

달걀의 열응고성

난백은 60~65℃, 난황 65~70℃에서 응고한다.

(2) 난황의 유화성 - 마요네즈

난황 중의 인단백에 함유된 레시틴(lecithin)이 유화제의 역할을 한다.

(3) 난백의 기포성 - 케이크, 머랭

① 수양난백이 많을 때, 30℃ 전후에서, 소량의 산, 밑이 좁고 둥근바닥의 그릇이 기포성이

좋다.

② 지방, 우유, 난황은 기포성을 저하시키고, 설탕은 기포성을 저하시키지만, 안정성을 높이므로 메링게를 만들 때 설탕의 첨가는 충분히 거품을 낸 후에 넣는다.

(4) 달걀의 변색

달걀을 15분 이상 삶으면 난황 주위에 암록색을 나타내는데, 난백의 황화수소가 난황 중의 철분과 결합하여 황화제일철을 만들기 때문이다. 달걀을 삶아서 냉수에 식히면 방지할 수 있다.

8. 우유의 조리

우유는 단백질과 칼슘의 공급원이고, 약알칼리성 식품이다.

(1) 우유의 조리성

① 요리를 희게 한다.(화이트 소스)
② 매끄러운 감촉과 유연한 맛의 영향을 준다.
③ 단백질의 gel 강도를 높인다.(카스터드 푸딩)
④ 식품에 좋은 갈색을 준다.(과자류, 핫케이크)
⑤ 생선의 비린내를 흡착한다.(우유 중 지방구, 카제인 때문)

(2) 우유의 가열 처리에 의한 변화

① 피막의 형성 : 단백질이 표면에 집합되어 피막을 형성한다.
② 갈색화 : 주로 고온에서 장시간 가열시 발생한다.
③ 익는 냄새 : 74℃ 이상으로 하면 익는 냄새가 난다.
④ 눌어타기 : 바닥에 락토알부민이 응고되어 눌어타는 것이다.

참고

우유의 가열

우유를 데울 때는 이중냄비(중탕)에서 저어 가며 가열한다.

(3) 우유의 응고반응

효소(레닌, 브로멜린, 파파인), 산, 탄닌, 다량의 소금에 의해서 응고한다.

9. 한천, 젤라틴의 조리

(1) 한천

홍조류를 삶아서 얻은 액을 냉각시켜 엉기게 한 것이 우무인데, 이것을 잘라서 동결·건조한 것이 한천이다. 주성분은 갈락토오스이지만 인체 내에서 소화가 되지 않고, 변비를 예방한다.
① 조리에 사용하는 한천의 농도 : 0.5~3% 정도
② 응고 온도 : 38~40℃

③ 양갱, 한천 젤리 등

(2) 젤라틴

동물의 결체 조직인 콜라겐의 가수분해로 얻을 수 있으며, 불완전 단백질이다.

① **적당한 농도** : 1.5~2%

② **응고 온도** : 16℃ 이하에서 응고

③ 젤리, 족편, 마아시멜로우, 아이스크림, 얼린 후식 등

02 식단작성

1 식단작성의 의의와 목적

1. 목적

① 시간과 노력의 절약   ② 영양과 기호의 충족

③ 식품비의 조절 또는 절약   ④ 합리적 식습관의 형성

2. 식단 작성시 고려할 점

① 영양성   ② 기호성

③ 경제성   ④ 능률성

⑤ 위생성   ⑥ 지역성

⑦ 식품의 배합   ⑧ 조리 기술

2 식단 작성의 기초 지식

1. 다섯가지 기초 식품군

(1) 구성식품

근육, 혈액, 뼈, 모발, 피부, 장기 등과 같은 몸의 조직을 만든다.

① **제1군**(단백질 식품) : 고기, 생선, 알 및 콩류

  • 쇠고기, 돼지고기, 굴, 두부, 땅콩, 된장, 달걀, 베이컨, 소시지, 치즈, 생선묵 등

② **제2군**(칼슘 식품) : 우유 및 유제품, 뼈째 먹는 생선

  • 멸치, 뱅어포, 잔새우, 잔생선, 사골, 우유, 분유, 아이스크림, 요구르트 등

(2) 조절식품

몸의 생리 기능을 조절하고, 질병을 예방한다.

① **제3군**(무기질 및 비타민) : 채소 및 과일류

•시금치, 당근, 쑥갓, 풋고추, 콩나물, 미역, 파래, 김 등

(3) 열량식품

힘과 체온을 낸다.

① 제4군(당질 식품) : 곡류 및 감자류

•쌀, 보리, 콩, 팥, 옥수수, 밤, 국수류, 떡, 과자, 캔디, 꿀 등

② 제5군(지방 식품) : 유지류

•참기름, 콩기름, 쇠기름, 쇼트닝, 버터, 마가린, 깨, 실백, 호도 등

참고 | 단일 식단과 복수 식단

a. 단일 식단 : 선택의 여지가 없이 고정시켜 놓은 식단으로, 학교 급식, 대학 기숙사 급식, 양로원에서 사용하기 편리한 식단

b. 복수 식단 : 몇 가지의 식단 중 선택할 수 있는 식단으로서, 음식점에서 주로 사용

2. 한국인의 영양 권장량(1일분)

식품군	식품군별 대표식품과 1인 1회 분량				
곡류 및 전분류	밥 1공기 (210g)	국수 1대접 (건면 90g)	식빵 2쪽 (100g)	떡 2~3편 (100g)	씨리얼 (30g)
고기, 생선, 계란, 콩류	육류 1접시 (생 60g)	닭 (생 60g)	생선 3토막 (생 70g)	달걀 1개 (50g)	두부 (80g)
채소 및 과일류	시금치나물 1접시(생 70g)	콩나물 1접시 (생 70g)	배추김치 1접시 (60g)	느타리버섯 1접시(생 70g)	물미역 1접시 (70g)
	감자 小 1개 (100g)	굴 中 1개 (100g)	토마토 中 1개 (200g)	사과 中 1/2개 (100g)	오렌지쥬스 1/2컵 (100g)

우유 및 유제품	우유 1컵 (200g)	치즈 1.5~2장 (30g)	호상요구르트 1컵(180g)	액상요구르트 1컵(180g)	아이스크림 1컵 (100g)
유지 및 당류	식용유 1작은술 (5g)	버터 1작은술 (6g)	마요네즈 1작은술(6g)	탄산음료 1/2컵 (100g)	설탕 1큰술 (12g)

(중등 활동에 종사하는 20~49세 기준)

구분	체중 kg	에너지 kcal	단백질 g	비타민A R.E	비타민B₁ mg	비타민B₂ mg	나이아신 mg	비타민C mg	비타민D μg	칼슘 mg	철 mg
남	64	2500	70	700	1.25	1.50	16.5	55	5	600	10
여	53	2000	60	700	1.00	1.20	13	55	5	600	18

3. 식단 작성의 순서

① **영양 기준량의 산출** : 한국인 영양 권장량을 적용하여 성별, 연령별, 노동 강도를 고려하여 산출한다.

② **식품 섭취량의 산출** : 한국인 영양 권장량을 기준으로 한 식품군별 구성량의 예를 사용하여 식품군별로 식품을 선택하고, 섭취량을 산출한다. 열량 영양소 중 탄수화물 65%, 단백질 15%, 지방 20%를 취하도록 권장한다.

③ **3식의 배분 결정** : 3식의 단위 중 주식은 1:1:1, 부식은 1:1:2(3:4:5)로 하여 요리수 계획을 수립한다.

④ **음식수 및 요리명 결정** : 식단에 사용할 음식수를 정하고, 식품 섭취량이 모두 들어갈 수 있도록 고려하여 요리명을 결정한다.

⑤ **식단 작성 주기 결정** : 10일, 1주일, 5일(학교 급식)으로 식단 작성 주기를 결정하고, 그 주기내의 식사 횟수를 결정한다.

⑥ **식량 배분 계획** : 성인 남자 1인분의 식량 구성량에 평균 성인 환산치와 날짜를 곱해 계산한다.

⑦ **식단표 작성** : 식단표에 요리명, 식품명, 중량을 기입하고, 대치 식품란, 단가를 기입할 수 있도록 하는 것이 좋다.

4. 검식과 보존식

(1) 검식

안전하고 신선한 식단을 만들기 위해 조리 후 검식한 후 배식하는 것이 옳다.

(2) 보존식

급식으로 제공된 요리 1인분을 식중독 발생에 대비하여 냉장고에 48시간 이상 보존한다.

③ 한국의 전통적인 식사 형태

1. 반상 차림

우리 나라의 전통적인 식사 예법으로, 밥을 주식으로 준비한 식탁을 반상이라 한다.

(1) 첩수

반찬의 수를 첩 수라 하며, 첩 수에 따라 3첩, 5첩, 7첩, 9첩 반상으로 나눈다.
① 3첩 반상 : 기본적인 밥, 국, 김치, 장 이외에 세 가지 반찬을 내는 반상. 반찬으로는 나물(생채나 숙채), 구이, 조림, 마른반찬이나 장과 젓갈 중에서 한 가지를 선택한다.
② 5첩 반상 : 밥, 국, 김치, 장, 찌개 외에 다섯 가지 반찬을 내는 반상. 반찬으로는 나물(생채나 숙채), 구이, 조림, 전, 마른반찬이나 젓갈 중에서 한 가지를 선택한다.
③ 7첩 반상 : 밥, 국, 김치, 찌개, 찜, 전골 외에 일곱 가지 반찬을 내는 반상. 반찬으로는 생채, 숙채, 구이, 조림, 전, 마른반찬이나 장 또는 젓갈 중에서 한 가지, 회 또는 편육 중에 한 가지를 선택한다.

(2) 기본식

밥, 국, 김치, 종지(간장, 초장, 초고추장)으로서, 첩수에서 제외한다.

(3) 상차림

밥은 왼쪽, 국은 오른쪽, 종지는 가운데, 김치는 맨 뒷줄 가운데에 놓는다.

2. 기타

(1) 면상

면류인 국수를 주식으로 준비하는 상으로, 흔히 점심에 이용한다. 면상에는 깍두기, 장아찌, 밑반찬, 젓갈은 사용하지 않는다.

(2) 교자상

많은 사람들이 모여 식사할 때 쓰이는 회식용상으로 교자상이라 한다.

(3) 주안상

술을 접대할 때 차리는 상을 말한다.

03 조리설비

1 조리장의 기본 조건

1. 조리장 설비의 3원칙

① 위생   ② 능률   ③ 경제

2. 조리장의 구조

① 충분한 내구력이 있는 구조일 것

② 객실 및 객석과는 구획의 구분이 분명할 것

③ 통풍, 채광, 배수 및 청소가 쉬운 구조일 것

④ 바닥과 바닥으로부터 1m 까지의 내벽은 타일 등 내수성 자재를 사용할 것

3. 조리장의 면적 및 형태

① 조리장의 면적은 식당 넓이의 1/3이 기준이고, 직사각형 형태의 구조가 효율적이다.

② 일반 급식소에서의 급식수 1식당 주방 면적은 0.1m2 정도를 사용한다.

2 조리장의 설비

(1) 급수설비

주방에서 사용하는 급수량은 조리의 종류, 양, 조리 방법에 따라 달라 지는데, 일반 급식소에서의 1인 1식 기준의 사용 수량은 6~10l 정도이다.

(2) 배수설비 : 싱크, 배수관(트랩 설치 : 악취 방지) 등이 있다.

(3) 열원설비 : 전기가 열효율이 가장 높다.

(4) 환기시설

① 자연 환기법

② 송풍기(fan)

③ 후드(hood : 사방 개방형이 효율적이다.)

(5) 조명

① 조명은 50Lux 이상 좋다.

② 전등의 위치는 그림자가 생기지 않도록 정해야 한다.

③ 형광등 보다는 백열 전구가 이상적이다.

(6) 창과 출입구 설비

① 창틀은 철샷시나 알루미늄 샷시가 좋고, 밖으로 내열기식, 위아래 열기식이 채광이나 환기에 좋다.
② 창에 방충망을 설치한다.
③ 출입문은 자유 개폐문 또는 자동문이 좋다.

(7) 사입기기

① 박피기(peeler) : 감자, 당근, 무 등의 껍질을 벗기는 기계
② 절단기
    a. cutter : 자르는 기계
    b. chopper : 다지는 기계
    c. slicer : 일정한 두께로 자르는 기계
③ 혼합기(mixer) : 빵, 케이크 등을 만들 때 원료의 혼합에 쓰이는 기계
④ 가열 조리 기기 : 국솥, 튀김기, 번철, 오븐, 가스레인지, 브로일러 등
⑤ 기타 : 식기 세정기, 소독기, 냉장고, 온장고 등

(8) 조리장의 작업대 배치 순서

준비대 → 개수대 → 조리대 → 가열대 → 배선대

---

 04 조리의 기본법

1 굽기

① 굽기는 방사열 또는 달군 금속판 위에서 비교적 고온에서 가열하는 조리이다.
② 구움으로써 단백의 응고, 전분의 호화, 지방의 용해 등 성분의 변화로 맛이 좋아진다.

2 튀김

① 식품을 고온에서 단시간에 처리하므로 영양소의 손실이 조리 방법 중 가장 적다.
② 기름의 비열은 0.47이며, 열용량이 적기 때문에 온도의 변화가 심하므로 재료의 분량, 불의 가감 등에 주의하여 적정 온도를 유지하도록 해야 한다.
③ 튀김의 적온은 160~180℃이나, 수분이 많은 식품은 150~160℃, 크로켓은 190℃에서 튀긴다.

3 볶음

① 구이와 튀김의 중간 요리로서 센불에서 단시간에 조리되므로 영양상 지용성 비타민의 흡수

에 좋다.

② 볶음으로써 식물성 식품은 연화, 동물성 식품은 단단해 지고, 기름의 향미가 증가하고, 가열 중 감미의 증가, 당분의 카라멜화, 전분의 덱스트린화가 된다.

4 찜

① 수증기의 잠열(1g당 539cal)에 의하여 식품을 가열하는 조리법이다.

② 찜은 모양이 뭉그러지지 않고, 유동성이라도 용기에 넣어 찔 수 있고, 수용성 물질의 용출이 조림보다 적으며, 찌는 물이 없어지지 않는 한 타는 일이 없다.

③ 보통은 100℃의 온도를 유지하면서 찌지만, 알찜, 카스타드 푸딩은 85~90℃ 정도에서 쪄야 부드러운 찜이 된다.

5 끓이기

① 맛난 성분을 많이 포함한 식품을 물속에서 가열하여, 국의 국물을 주체로 한 요리이다.

② 한번에 많은 음식을 할 수 있고, 조미하는데 편리하고, 음식이 부드러워진다.

6 삶기

① 삶아서 그대로 먹는 것과 예비적 조리 조작으로 행하는 경우가 많다.

② 불미 성분의 제거(군맛 빼기, 비린내 빼기), 식품 조직의 연화, 탈수, 색을 좋게 하고, 단백질의 응고, 소독이 삶기의 목적이다.

참고 조리의 기본법

1. 조미료의 사용 순서 : 설탕 → 소금 → 식초
2. 조리에 사용되는 열원의 평균 효율
   a. 전력(50~65%)   b. 가스(40~45%)
   c. 장작(25~45%)   d. 석탄, 연탄(30~40%)
3. 열을 받는 냄비나 솥의 밑바닥은 넓적하고 검은 것이 좋다.

05 집단조리기술

1 집단 급식의 정의와 목적

1. 집단급식의 정의

기숙사, 학교, 병원, 공장, 사업장 등에서 특정한 사람들을 대상으로 계속적으로 음식을 공급하

는 것을 단체 급식이라고 한다.

2. 집단 급식의 목적

급식 대상자의 영양 개선을 함으로써 영양을 확보하는데 그 목적이 있다.

② 식품구입

1. 식품의 구입 계획을 위한 기초지식

① 물가 파악을 위한 자료 정비

    a. 전년도 사용 식품의 단가 일람표

    b. 소비자 물가지수

    c. 도매 물가지수

    d. 식품의 도소매 가격

    e. 신문의 물가란, 인근 시설의 구입 가격의 경향

② 식품의 출회표와 가격 상황

③ 식품의 유통 기구와 가격

④ 폐기율 및 가식부율

⑤ 사용계획

⑥ 업자 선정

2. 식품 구입시 고려 사항

① 식품 구입 계획시 특히 고려할 점 : 식품의 가격과 출회표

② 쇠고기 구입시 유의 사항 : 색깔, 부위

③ 과일 구입시 유의 사항 : 산지, 상자당 개수, 품종

④ 곡류 및 건어물 등 부패성이 적은 식품 : 1개월분을 한꺼번에 구입

⑤ 채소, 어패류는 필요에 따라 수시 구입

3. 식품의 발주

식품의 총발주량은 다음과 같이 구할 수 있다.

$$\bullet \text{총발주량} = \left(\frac{\text{정미 중량}}{100 - \text{폐기율}} \times 100 \right) \times \text{인원수}$$

③ 집단 급식의 조리기술

1. 국

① 단체 급식에서는 맑은 국보다는 토장국이 좋다. 국의 건더기는 국물의 약 1/3이 좋고, 1인당 60~100g이 적당하다.

② 끓이는 시간

    a. 감자, 당근 → 15~20분   b. 호박 → 7분

    c. 무 → 15분   d. 미역 → 5분

    e. 토란 → 10~15분   f. 두부 → 2분

    g. 배추, 콩나물, 국수 → 5~8분

2. 찌게

① 건더기가 되는 재료의 분량은 국물의 2/3 정도가 적당하다.

② 센불로 끓이기 시작하여 한소끔 끓은 후에는 불을 약간 약하게 하여 약 20분간 푹 끓인다.

3. 조림

① 조림은 조미료의 양, 물의 양, 불조절에 의하여 맛의 차이가 난다.

② 두가지 재료를 같이 조릴 때는 비교적 시간이 오래 걸릴 재료부터 조리다가 다른 재료를 넣는다.

③ 생선은 조미료를 끓이다가 조리는 것이 영양 손실도 적고, 생선살이 부스러지지 않으며, 너무 오랜 시간 조리면 맛도 적어지고, 살이 단단해 진다.

4. 구이

① 구이는 외부에서 높은 열로 식품의 표면을 응고시켜 속의 영양분과 맛이 밖으로 나오지 않게 하고, 조미료가 재료에 배어 들어 가서 독특한 냄새와 맛이 나게 하는 조리법이다.

② 구이에는 직접 불에 굽는 것과, 오븐속에서 구워내는 방법이 있다.

③ 불조절이 중요하며, 석쇠나 오븐을 미리 달군 후 굽도록 한다.

④ 소금을 뿌렸다가 구울 때는 소금을 뿌리고 20~30분간 두었다가 소금이 생선 표면에서 없어진 후 굽도록 한다.

5. 튀김

① 단체 급식에서는 조리하는데 소요되는 시간이 국에 비하여 약 3배나 더 걸리므로 생각할 문제이다.

② 튀김 조리법의 요점은 기름의 종류, 기름의 양, 그리고 온도이며, 또는 튀기는 재료와 방법에 따라서도 많은 차이가 있다.

6. 나물

① 날 것으로 이용하는 경우와, 데쳐서 이용하는 경우도 있으나, 조미료의 종류와 양에 따라 그 맛이 달라진다.

② 데쳐서 사용할 때는 데친 후 완전히 식혀서 무치도록 하고, 먹기 직전에 무쳐서 먹어야 향기가 좋고, 그 특유의 맛을 낸다.

06 원가 계산

1 원가의 의의

1. 원가의 정의

특정 제품의 제조, 판매, 써비스의 제공을 위하여 소비된 경제 가치를 가리킨다. 즉, 일정한 급부를 생산하는데 필요한 경제 가치의 소비액을 화폐 가치로 표시한 것이 원가이다.

2. 원가의 정의

① 가격결정의 목적　　　　　　② 원가 관리의 목적
③ 예산편성의 목적　　　　　　④ 재무 재표 작성의 목적

이와 같은 원가 계산은 보통 1개월에 한번 실시하는 것을 원칙으로 하고 있으나, 경우에 따라서는 3개월 또는 1년에 한번 실시하기도 한다. 이러한 원가 계산의 실시 기간을 원가 계산 기간이라고 한다.

2 원가의 종류

1. 원가의 3요소

(1) 재료비 : 제품의 제조를 위하여 소비되는 물품의 원가로서, 단체 급식 시설에서의 재료비는 급식 재료비를 의미한다. 일정 기간에 소비한 재료의 수량에 단가를 곱하여 소비된 재료의 금액을 계산한다.

(2) 노무비 : 제품의 제조를 위하여 소비되는 노동의 가치를 말하며, 임금, 급료, 잡급 등으로 구분한다.

(3) 경비 : 제품의 제조를 위하여 소비되는 재료비, 노무비 이외의 가치를 말하며, 필요에 따라 수도 광열비, 전력비, 보험료, 감가상각비 등과 같이 다수의 비용이 있다.

2. 직접원가, 제조원가, 총원가

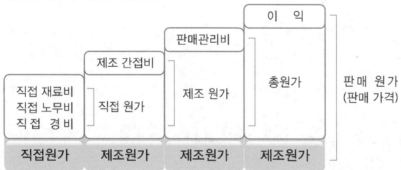

이것은 각 원가 요소가 어떠한 범위까지 원가 계산에 집계되는가의 관점에서 분류한 것이다.

3. 직접비

원가 요소를 제품에 배분하는 절차로 보아서 분류한 원가 요소이다. 즉, 여러가지 제품이 생산되는 경우에 한 제품의 제조에 직접적으로 발생하는 원가는 직접비이고, 여러 가지의 제품에 공통적으로 발생하는 원가는 간접비이다.

4. 실제원가, 예정원가, 표준원가

원가 계산의 시점과 방법의 차이로부터 분류한 것이다.

(1) 실제 원가(확정 원가, 현실 원가, 보통 원가)

제품이 제조된 후에 실제로 소비된 원가를 산출한 것이다.

(2) 예정 원가(추정 원가, 견적 원가, 사전 원가)

제품의 제조 이전에 제품 제조에 소비될 것으로 예상되는 원가를 예상하여 산출한 원가를 말한다.

(3) 표준 원가

기업이 이상적으로 제조 활동을 할 경우에 소비될 원가로서, 실제 원가를 통제하는 기능을 가진다.

5. 단체 급식 시설의 원가 요소

단체 급식 시설의 운영 과정에서 발생하는 원가 요소는 다음과 같다.

(1) 급식 재료비

조리제 식품, 반제품, 급식 원재료 또는 조미료 등의 급식에 소요된 모든 재료에 대한 비용을 말한다.

(2) 노무비

급식 업무에 종사하는 모든 사람들의 노동력의 대가로 지불되는 비용이다. 여기에는 사업주 부담의 보험료나 후생비 등을 포함시키는 경우도 있다.

(3) 시설 사용료

급식 시설의 사용에 대해서 지불하는 비용을 말한다. 청소비 또는 수선비를 포함하는 경우도 있다.

(4) 수도 광열비

① 전기료   ② 수도료   ③ 연료비

(5) 전화 사용료

업무 수행상 사용한 전화료이다.

(6) 소모품비

급식 업무에 소요되는 각종 소모품의 사용에 지불되는 비용을 말한다

① 내구 소모품 : 식기, 집기 등

② 완전 소모품 : 소독저, 세제 등

(7) 기타 경비

① 위생비   ② 피복비

③ 세척비   ④ 기타 잡비

(8) 관리비

단체 급식 시설의 규모가 큰 경우에는 그 시설의 직접 경비 이외에도 종업원의 채용이나, 결산서 등의 작성을 위해서는 별도의 간접 경비가 필요한데, 이것을 가리킨다.

3 원가 관리의 원칙

① 진실성의 원칙   ② 발생 기준의 원칙

③ 계산 경제성의 원칙   ④ 확실성의 원칙

⑤ 정상성의 원칙   ⑥ 비교성의 원칙

⑦ 상호 관리의 원칙

4 재료비의 계산

1. 재료비의 개념

① 제품의 제조 과정에서 실제로 소비되는 재료의 가치를 화폐 액수로 표시한 금액을 재료비라고 한다.

② 재료비는 제품 원가의 중요한 요소가 된다.

③ 재료비=재료의 실제 소비량 × 재료의 소비 단가

2. 재료소비량의 계산

(1) 계속기록법

수입, 불출 및 재고량을 계속 기록함으로써 재료 소비량을 파악하는 방법이다.

(2) 재고 조사법

• (전기 이월량 + 당기 구입량) −기말 재고량 = 당기 소비량

(3) 역 계산법

• 제품 단위당 표준 소비량 × 생산량 = 재료 소비량

3. 재료 소비 가격의 계산

(1) 개별법

재료를 구입 단가별로 가격표를 붙여서 보관하다가 출고할 때 그 가격표에 표시된 구입단가를 재료의 소비 가격으로 하는 방법이다.

(2) 선입 선출법

재고품 중 제일 먼저 들어온 식품부터 불출한 것처럼 기록하는 방식으로, 기말 재고액은 최근에 구입한 식품의 단가가 남게 된다.

(3) 후입선출법

최근에 구입한 식품부터 불출한 것처럼 기록하는 방식으로, 가장 오래 전에 구입한 식품의 단가가 남게 된다.

(4) 이동평균법

식품을 구입할 때마다 재고량과 금액을 합하여 평균 단가를 계산하고, 불출할 때는 이 평균 단가로 기입하는 방식이다.

(5) 총 평균법(단순 평균법)

일정 기간 동안의 구입 단가를 구입 횟수로 나눈 평균 단가를 계산하고, 불출시 이 단가로 구입하는 방식이다.

5 감가 상각

1. 감가 상각의 개념

기업의 자산은 고정 자산(토지, 건물, 기계 등), 유동 자산(현금, 예금, 원재료 등) 및 기타 자산으로 구분된다.
감가 상각이란 고정 자산의 감가를 내용 연수에 일정한 비율로 할당하여 비용으로 계산하는 절차를 말하며, 이때 감가된 비용을 감가 상각비라 한다.

2. 감가 상각의 계산 요소

(1) 기초가격

취득 원가(구입 가격)에 의한 것이 보통이다.

(2) 내용연수

취득한 고정 자산이 유효하게 사용될 수 있는 추산 기간을 말한다.

(3) 잔존가격

고정 자산이 내용 연수에 도달했을 때 매각하여 얻을 수 있는 추정 가격을 말하는 것으로, 보통 구입 가격의 10%를 잔존 가격으로 계산한다.

3. 감가 상각의 계산 방법

(1) 정액법

고정 자산의 감가 총액을 내용 연수로 균등하게 할당하는 방법이다.

$$\text{매년의 감가 상각액} = \frac{\text{기초가격} - \text{잔존 가격}}{\text{내용 연수}}$$

(2) 정률법

기초 가격에서 감가 상각비 누계를 차감한 미상각액에 대하여 매년 일정률을 곱하여 산출해 금액을 상각하는 방법이다. 따라서 초년도의 상각액이 가장 크며, 연수가 경과함에 따라 상각액은 점점 줄어 든다.

참고

장표

a. 장부 : 고정성과 집합성이 있다.
b. 전표 : 이동성, 분리성이 있다.
2. 장부의 기능 : 기록, 현상의 표시, 대상의 통제
3. 전표의 기능 : 경영 의사의 전달, 대상의 상징화
4. 단체 급식 시설에서의 장표의 종류
a. 식단표
b. 식품 수불부
c. 급식 일시
d. 식품 사용 일계표
e. 구매 요구서
f. 구매표 등

조리이론과 원가계산 예상문제

01 식품조리의 목적에 들지 않는 것은?

㉮ 안전성   ㉯ 영양성

㉰ 기호성   ㉱ 보충성

01 해설
조리의 목적 : 안전성, 영양성, 기호성, 저장성

02 계량스푼에 대한 설명 중 옳지 않은 것은?

㉮ 테이블스푼과 티스푼의 2가지가 있다.

㉯ 액체식품을 잴 때는 가득하게 해서 잰다.

㉰ 가루식품을 잴 때는 꼭꼭 눌러서 잰다.

㉱ 버터·된장 등을 잴 때는 가득 채워 칼등으로 깎아서 잰다.

03 다음 중 전자오븐에서 사용할 수 없는 용기는?

㉮ 법랑 냄비   ㉯ 유리컵

㉰ 플라스틱 접시   ㉱ 백자공기

04 다음 것들을 식탁에 낼 때 적당하지 않은 온도는?

㉮ 전공 95 ~ 98℃   ㉯ 맥주 7℃

㉰ 홍차 70℃   ㉱ 된장국 35℃

05 밥짓는 기술 중 쌀과 물의 가장 알맞은 배합률은?

㉮ 쌀의 중량의 1.2배, 부피의 1.5배

㉯ 쌀의 중량의 1.4배, 부피의 1.1배

㉰ 쌀의 중량의 1.5배, 부피의 1.2배

㉱ 쌀의 중량의 1.8배, 부피의 1.9배

05 해설
밥을 지을 때는 쌀의 중량의 1.5배, 부피의 1.2배가 적합하다.

Answer   01 ㉱   02 ㉰   03 ㉮   04 ㉱   05 ㉰

06 맵쌀의 수분흡수는 몇 분이면 최대흡수에 도달하는가?

㉮ 10 ~ 15분   ㉯ 20 ~ 30분

㉰ 40 ~ 50분   ㉱ 1시간

07 소화가 안 되는 베타(β) 전분을 소화가 잘 되는 알파(α) 전분으로 만
드는 것을 전분의 무엇이라고 하는가?

㉮ 노화   ㉯ 호화

㉰ 유화   ㉱ 산화

08 쌀의 α화에 적합한 온도와 시간은?

㉮ 60℃, 30분   ㉯ 70℃, 30분

㉰ 80℃, 25분   ㉱ 98℃, 20분

09 다음 중 노화가 늦게 일어나는 것은?

㉮ 맵쌀밥   ㉯ 찰밥

㉰ 보리밥   ㉱ 빵

10 전분의 호정화란?

㉮ 당류를 고온에서 물을 넣고 계속 가열함으로써 생성되는 물질

㉯ 전분에 물을 첨가시켜 가열하면 20 ~ 30℃에서 팽창하고 계속 가열
하면 팽창하며 길어지는 상태를 말한다.

㉰ 전분에 물을 가하지 않고 160℃ 이상으로 가열하면 여러 단계의 가
용성 전분을 거쳐 변하는 물질

㉱ 당이 소화효소에 의해 분해된 물질

11 전분의 노화에 대한 설명이다. 틀린 것은?

㉮ 수분 30 ~ 60%, 온도 0 ~ 4℃에서 노화되기 쉽다.

㉯ 찹쌀보다는 아밀로오스가 많은 맵쌀의 노화가 빠르다.

㉰ 노화를 방지하려면 80℃ 이상에서 15% 이상의 수분으로 급속 건조
시킨다.

㉱ 노화를 방지하려면 0℃ 이하에서 탈수해야 한다.

12 밥을 지을 때 식염량은 밥맛과 관계가 있다. 적당한 양은

㉮ 0.1% ㉯ 0.2%

㉰ 0.03% ㉱ 0.4%

13 쌀로 밥을 지으면 조리 후 몇 배가 되는가?

㉮ 1.2배 ㉯ 1.5배

㉰ 2.0배 ㉱ 2.5배

14 식혜를 만들 때 가장 적합한 당화온도는?

㉮ 30 ~ 35℃ ㉯ 35 ~ 40℃

㉰ 45 ~ 50℃ ㉱ 50 ~ 60℃

15 일반적으로 식품의 맛이 가장 좋은 상태의 수소이온농도는?

㉮ pH 9 ㉯ pH 7.5

㉰ pH 5 ㉱ pH 3

16 밀가루반죽을 부풀게 하는 베이킹파우더는 밀가루 1컵에 얼마 정도가 적당한가?

㉮ 1Ts ㉯ 2ts

㉰ 1ts ㉱ 2Ts

17 밀가루에 물을 넣어 반죽을 하면 끈기가 생겨 반죽이 부드럽고 질기게 되는데 어떤 성분이 형성된 것인가?

㉮ 글루텐 ㉯ 글리아딘

㉰ 글루테닌 ㉱ 글리시닌

18 식빵을 만들 때 이스트에 의하여 발생되는 가스는?

㉮ 메탄가스 ㉯ 탄산가스

㉰ 아황산가스 ㉱ 수소가스

15 해설
pH 7 미만의 산성 상태에서 식품의 맛이 좋으며, pH 5인 때가 가장 알맞다. pH 7 초과의 알칼리성 상태에서는 맛이 떨어진다.

🔊 Answer 　**12** ㉰ 　**13** ㉱ 　**14** ㉱ 　**15** ㉰ 　**16** ㉰ 　**17** ㉮ 　**18** ㉯

19 밀가루의 점탄성을 강하게 하는 물질은?

㉮ 소금   ㉯ 물

㉰ 설탕   ㉱ 버터

20 밀가루 반죽에 켜가 생기게 하여 연화작용을 하는 물질은?

㉮ 소금

㉯ 설탕

㉰ 지방

㉱ 이스트

21 소맥분의 종류와 음식물이 잘못 짝지어진 것은?

㉮ 강력분 – 튀김

㉯ 중력분 – 국수

㉰ 박력분 – 케이크

㉱ 강력분 – 빵, 마카로니

22 밀가루의 팽창작용과 관계없는 물질은?

㉮ 이스트   ㉯ 탄산수소나트륨

㉰ 소금   ㉱ 베이킹파우더

23 말가루가 빵을 만들기에 적당한 원인은?

㉮ 쌀보다 티아민 함량이 많으므로

㉯ 단백질의 특성 때문에

㉰ 만든 제품이 소화가 잘 되므로

㉱ 단백질의 질이 우수하므로

24 약과를 반죽할 때 필요 이상으로 기름과 설탕을 넣으면 어떤 현상이 일어나는가?

㉮ 매끈하고 모양이 좋다.   ㉯ 튀길 때 둥글게 부푼다.

㉰ 튀길 때 풀어진다.   ㉱ 켜가 좋게 생긴다.

25 열효율이 가장 큰 것은 어느 것인가?
- ㉮ 전기
- ㉯ 프로판가스
- ㉲ 석유
- ㉴ 도시가스

26 감자 조리중 가장 많이 손실되는 비타민은?
- ㉮ 비타민 A
- ㉯ 비타민 B_1
- ㉲ 비타민 B_2
- ㉴ 비타민 C

27 감자의 갈변과 관계없는 것은?
- ㉮ 플라본
- ㉯ 효소
- ㉲ 타닌산
- ㉴ 공기

28 두부를 만들 때 두유에 염화마그네슘(간수)을 넣어 응고시킨다. 이때 응고되는 성분은?
- ㉮ 소인
- ㉯ 글리시닌
- ㉲ 안티트립신
- ㉴ 글리아딘

29 대두에는 어떤 성분이 있어 소화액인 트립신의 분리를 저해하는가?
- ㉮ 안티트립신
- ㉯ 레닌
- ㉲ 아비딘
- ㉴ 트레오닌

30 콩을 삶으면 물러지는 주된 이유는?
- ㉮ 글리시닌의 분해
- ㉯ 티아민의 분해
- ㉲ 핵산의 분해
- ㉴ 항트립신 성분의 분해

31 콩에다 중조를 넣고 익혔을 때는 어느 영양소가 파괴되는가?
- ㉮ 비타민 C
- ㉯ 비타민 D
- ㉲ 비타민 E
- ㉴ 비타민 B_1

30 해설 날콩에는 단백질 소화효소인 트립신의 작용을 억제하는 안티트립신이 있으나 가열하면 파괴되고, 소화흡수율도 증가한다.

31 해설 비타민 B_1이 파괴되지만 색은 선명해진다.

🔊 Answer   25 ㉮   26 ㉴   27 ㉲   28 ㉯   29 ㉮   30 ㉴   31 ㉴

32
해설 마른 콩을 삶으면 대략 3배 정도로 불어난다.

32 건조된 콩을 삶으면 몇 배로 불어나는가?

㉮ 약 2배   ㉯ 약 3배

㉰ 약 4배   ㉱ 약 5배

33 두부를 부드럽게 끓이려고 한다. 다음 중 어떤 방법이 가장 좋은가?

㉮ 두부와 소량의 전분과 소금을 물에 동시에 넣고 끓인다.

㉯ 물에 소금과 소량의 전분을 넣고 끓이다가 두부를 넣고 끓인다.

㉰ 맹물에 넣고 끓인다.

㉱ 두부를 먼저 끓이다가 소금과 소량의 전분을 넣는다.

34 야채를 조리하는 목적으로 다음 중 틀린 것은?

㉮ 섬유소를 유연하게 한다.

㉯ 탄수화물과 단백질을 보다 소화하기 쉽도록 하려는데 있다.

㉰ 맛을 내게 하고, 좋지 못한 맛을 제거하게 한다.

㉱ 색깔을 보존하기 위해서 한다.

35 조리시 엽록소의 녹색을 잘 보존하는 방법이 아닌 것은?

㉮ 채소를 데칠 때 알칼리를 첨가한다.

㉯ 채소를 데칠 때 천일염을 첨가한다.

㉰ 채소를 데친 다음 그 국물 속에 한동안 놓아둔다.

㉱ 채소를 데친 다음 냉수에서 헹구어 낸다.

36
해설 시금치를 저온에서 오래 삶으면 비타민 C 및 영양소의 손실이 크다.

36 다음 식품들을 삶는 법 중 틀린 것은 어느 것인가?

㉮ 연근은 엷은 식초물에 삶으면 하얗게 삶아진다.

㉯ 가지는 백반이나 철분이 녹아 있는 물에 삶으면 가지색을 안정시킨다.

㉰ 완두콩의 푸른 빛을 고정시키려면 황산구리를 약간(정량) 넣은 물에 삶으면 색이 변하지 않는다.

㉱ 시금치는 저온에서 오래 삶으면 비타민 C의 손실이 적다.

🔊 Answer   **32** ㉯   **33** ㉯   **34** ㉯   **35** ㉰   **36** ㉱

37 첨가물에 따른 색소의 변화가 틀린 것은?

㉮ 엽록소 ──산──▶ 녹황색

㉯ 플라보노이드 ──산──▶ 백색

㉢ 안토시안 ──알카리──▶ 적색

㉣ 카로티노이드 ──알카리──▶ 변화없음

37 해설 안토시안 색소는 염기성 용액에서 청색, 산성 용액에서는 선명한 적자 색을 띤다.

38 야채의 선명한 녹색을 유지하고 좋은 질감을 유지시킬 수 있는 가장 좋은 조리방법은?

㉮ 뚜껑을 닫고 삶아낸다.

㉯ 뚜껑을 열고 단시간 삶는다.

㉢ 약간의 식초를 첨가하여 삶는다.

㉣ 약간의 소다를 첨가하여 삶는다.

38 해설 채소를 데칠 때 뚜껑을 닫고 데치면 채소에서 용출되는 유기산에 의해 황변하므로 반드시 뚜껑을 열고 데쳐야 하고, 소다를 첨가하여 삶으면 색은 선명해지나 섬유소가 뭉그러지기 쉽다.

39 카로틴의 손실이 가장 큰 조리방법은?

㉮ 찜 ㉯ 볶음

㉢ 튀김 ㉣ 삶기

40 담색채소를 흰색 그대로 유지시킬 수 있는 조리방법은?

㉮ 채소를 물에 담가 두었다가 삶는다.

㉯ 채소를 데쳐낸 직후 소금물에 헹구어 낸다.

㉢ 채소를 삶는 물에 약간의 식초를 떨어뜨린다.

㉣ 묽은 소금물에 채소를 삶아 낸다.

40 해설 담색채소에는 플라본 색소가 있어 산에서는 흰색, 염기에서는 황색을 띤다.

41 조리하는데 있어서 비타민 C의 손실이 가장 큰 것은?

㉮ 콩나물을 볶음할 때 100℃에서 약 15분간 볶았다.

㉯ 무를 깍두기로 썰어서 1시간 가량 방치해 두었다.

㉢ 무생채에 당근을 넣어서 약 1시간 후에 무쳤다.

㉣ 시금치 나물을 100℃에서 10분간 삶았다.

41 해설 비타민 C는 수용성이므로 물에 10분간 삶으면 상당한 손실이 생긴다. 당근에는 아스코르비나아제라는 비타민 분해효소가 있어 무, 배추 등과 같이 보존시일이 장기간인 김치를 담두었을 경우 비타민 C의 손실이 크다.

 Answer 37 ㉢ 38 ㉯ 39 ㉣ 40 ㉢ 41 ㉣

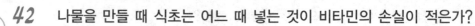

42 나물을 만들 때 식초는 어느 때 넣는 것이 비타민의 손실이 적은가?

㉮ 양념과 식초를 함께 넣는다.

㉯ 식초를 먼저 넣고 양념을 한다.

㉰ 양념한 후 먹기 직전에 식초를 넣는다.

㉱ 식초를 넣어 두었다가 먹기 직전에 양념한다.

43 무를 강판에 갈아 두었을 때 가장 손실이 큰 비타민은?

㉮ 비타민 A ㉯ 비타민 B

㉰ 비타민 C ㉱ 비타민 E

44 지방을 발연점 이상으로 가열했을 때 강한 자극성 냄새를 내는 물질은?

㉮ 트리메탈아민

㉯ 스테아르산

㉰ 팔미트산

㉱ 아크롤레인

45 다음 중 발연점이 가장 높은 유지는?

㉮ 면실유

㉯ 낙화생유

㉰ 버터

㉱ 라드

46 식용유지로서 갖추어야 할 특성은?

㉮ 융점이 낮은 것이 좋다.

㉯ 유리지방산 함량이 많은 것이 좋다.

㉰ 융점이 높은 것이 좋다.

㉱ 발연점이 낮은 것이 좋다.

43 해설 채소류의 비타민 C는 금속에 의해서도 쉽게 파괴되므로, 강판에 갈면 손실이 크다.

44 해설 지방을 발연점 이상으로 가열하면 지방산과 글리세롤로 분해되고 글리세롤이 탈수될 때 생기는 물질인 아크롤레인(acrilein)에 의해 강한 자극성 냄새가 난다.

45 해설 발연점은 면실유 233℃, 옥수수유 227℃, 버터 208℃, 라드 194℃, 낙화생유 162℃이다. 발연점이 높은 기름은 튀김용으로 적당하다.

47 식품에 기름을 발라서 굽거나 튀기면 어떻게 되는가?

㉮ 맛을 그대로 유지하고 굳어진다.

㉯ 맛을 그대로 유지하고 연해진다.

㉰ 맛을 상실하고 굳어진다.

㉱ 맛을 상실하고 연해진다.

48 지방의 산패를 촉진시키는 요소가 아닌 것은?

㉮ 자외선 ㉯ 수분

㉰ 압력 ㉱ 금속

49 튀김용 기름의 가장 적당한 보관법은 어느 것인가?

㉮ 체에 받쳐 새 기름과 섞어둔다.

㉯ 유리병에 밀봉해서 서늘한 곳에 보관한다.

㉰ 튀김냄비에 담아 뚜껑을 잘 덮어둔다.

㉱ 유리병에 반쯤 부어 햇볕이 잘 드는 곳에 둔다.

50 비누화가 되지 않는 지방질은?

㉮ 중성지방 ㉯ 인지질

㉰ 납 ㉱ 지용성색소

51 유지의 산화 방지에 주로 사용되는 것은 어느 것인가?

㉮ 비타민 A ㉯ 비타민 E

㉰ 비타민 D ㉱ 비타민 B_2

52 다음 중 유화제가 아닌 식품은?

㉮ 달걀 노른자 ㉯ 젤라틴

㉰ 설탕 ㉱ 레시틴

48 해설 산패는 공기 중의 효소, 자외선, 수분, 금속에 의해 촉진되고 세균이나 열에 의해서도 일어난다.

50 해설 지방질에는 검화할수 있는 지방질(유지, 중성지방질, 왁스류, 인지질)과 검화 할수 없는 지방질(sterol류, 일부 탄화수소, 일부 지용성 색소)가 있다.

53 양지육에 대해 옳게 말한 것은?

㉮ 가슴살에 해당된다.

㉯ 육질은 연하다.

㉰ 스테이크용으로 가장 적합하다.

㉱ 결합조직이 적다.

54 육류를 물에 넣고 끓이면 고기가 연하게 되는 이유는 무엇인가?

㉮ 조직 중의 미오신(myosin)이 알부민으로 변해서 용출되기 때문이다.

㉯ 조직 중의 미오신이 젤라틴으로 변해서 용출되기 때문이다.

㉰ 조직 중의 콜라겐(collagen)이 알부민으로 변해서 용출되기 때문이다.

㉱ 조직 중의 콜라겐이 젤라틴으로 변해서 용출되기 때문이다.

55 라운드(round)는 어느 부위인가?

㉮ 홍두깨살

㉯ 홍두깨살·우둔살

㉰ 홍두깨살·우둔살·대접살

㉱ 쇠악지

56 쇠고기의 용도와 부위의 연결이 잘못된 것은?

㉮ 구이 – 등심, 안심, 갈비

㉯ 장조림 – 우둔육, 대접살, 홍두깨살

㉰ 스튜 – 등심, 안심, 채끝살

㉱ 탕 – 꼬리, 사태, 장정육

57 다음 조리방법 중 가장 긴 시간을 요하는 것은 어느 조리법인가?

㉮ 쇠고기 장조림   ㉯ 생선찜

㉰ 야채튀김   ㉱ 콩나물볶음

58 양고기를 뜨겁게 해서 먹는 이유는 무엇인가?

㉮ 양고기의 기름의 융점이 높아서
㉯ 양고기의 기름의 융점이 낮아서
㉰ 양고기의 빛깔 때문에
㉱ 양고기의 영양가 때문에

59 돼지고기의 햄의 부위는 어디인가?

㉮ 볼기살(후육)　　㉯ 된살
㉰ 머리　　㉱ 갈비

60 육온도계는 주로 어디에 사용하는가?

㉮ 육류의 사후 경직을 알아보기 위해
㉯ 육류의 숙성을 알아보기 위해
㉰ 육류의 신선도를 알아보기 위해
㉱ 육류의 익은 정도를 알기 위해

61 돼지고기 편육이나 생선조림에서 냄새를 제거하기 위해 생강을 사용하는데 그 탈취효과가 좋은 방법은?

㉮ 함께 넣어 끓인다.
㉯ 생강을 먼저 끓여낸 후 고기를 넣는다.
㉰ 고기나 생선이 거의 익은 후에 생강을 넣는다.
㉱ 생강즙을 내어 물에 혼합한 후 고기를 넣고 끓여낸다.

62 조리방법에 있어서 조미료의 사용순서가 올바른 것은?

㉮ 소금 – 설탕 – 식초　　㉯ 소금 – 식초 – 설탕
㉰ 설탕 – 소금 – 식초　　㉱ 식초 – 소금 – 설탕

63 육류에서 Veal은 무엇인가?

㉮ 송아지 고기　　㉯ 2살 이상의 고기
㉰ 1살 미만의 양고기　　㉱ 돼지고기

59 해설
볼깃살은 돼지의 뒷다리에서 엉덩이에 이르는 살로 햄이나 구이용으로 적당하다.

62 해설
조미료 사용순서 : 설탕 – 소금 – 간장 – 식초

Answer 58 ㉮ 59 ㉮ 60 ㉱ 61 ㉰ 62 ㉰ 63 ㉮

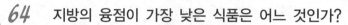

64 지방의 융점이 가장 낮은 식품은 어느 것인가?

㉮ 양고기 ㉯ 닭고기

㉰ 돼지고기 ㉱ 쇠고기

65
해설 고기는 끓는 물에 삶으면 먼저 표면이 응고하므로 영양물질의 용출이 억제되어 맛과 색이 좋다.

65 편육은 끓는 물에서 삶아야 한다. 그 이유는?

㉮ 고기의 맛과 색을 좋게 하기 위하여

㉯ 엑기스 성분의 많은 용출을 위하여

㉰ 부드럽게 하기 위하여

㉱ 효소반응을 방지하기 위하여

66
해설 간은 회, 전 요리에 적당하다.

66 다음 중 잘못 짝지어진 것은?

㉮ 간 – 찜, 구이 ㉯ 장정육 – 다진 고기

㉰ 양지육 – 편육, 탕 ㉱ 사태육 – 족편, 조림

67
해설 단백질은 열에 의해 응고되고 중성염, 산에 의해 응고가 촉진되므로 간장이나 레몬 즙을 넣고 가열하면 고기가 단단해진다.

67 육류나 어류에 간장이나 레몬즙 등을 넣고 가열하면 어떻게 되는가?

㉮ 고기가 연해진다.

㉯ 고기가 단단해진다.

㉰ 고기가 분해된다.

㉱ 고기가 풀어진다.

68
해설 생선에 식초를 첨가하면 산미가 가해져 맛을 돋우고 비린내를 감소시키며, 단백질을 응고시켜 육질이 단단해진다.

68 생선을 조리할 때 비린 냄새를 없애는데 가장 효과적인 것은?

㉮ 콩기름

㉯ 소금

㉰ 버터

㉱ 식초

68
해설 생선의 근육은 수분을 빼면 대부분이 단백질로 이루어져 있다.

69 생선의 근육은 대체적으로 무엇으로 이루어져 있는가?

㉮ 칼슘 ㉯ 지방

㉰ 단백질 ㉱ 탄수화물

70 생선찌개를 끓일 때 국물이 끓은 후에 생선을 넣는 이유는?

㉮ 비린내를 없애기 위해

㉯ 국물을 더 맛있게 하기 위해

㉰ 살이 덜 단단해지기 때문에

㉱ 살이 부스러지지 않게 하려고

71 어취를 없애는 가장 효과적인 조리법은?

㉮ 생선구이

㉯ 전유어

㉰ 생선국

㉱ 생선조림

72 어취는 어느 생선에서 더 심한가?

㉮ 활어   ㉯ 해수어

㉰ 담수어   ㉱ 신선한 생선

73 조개류의 독특한 맛을 이루는 성분인 것은?

㉮ 호박산

㉯ 크리아틴

㉰ 글루타민산

㉱ 트리메틸아민옥시드

74 생선의 비린내를 없애는 방법으로 적당치 않은 것은?

㉮ 식초나 술을 이용한다.

㉯ 생선조리 전에 우유에 담가 조리한다.

㉰ 조려진 생선을 미지근한 물에 담가 조리한다.

㉱ 간장, 된장, 고추장 등을 이용한다.

71 해설

전유어는 주로 흰살생선을 이용하며, 밀가루를 입히고 달걀에 담갔다가 기름에 지지는 과정에서 어취가 제거된다.

72 해설

바다고기보다 민물고기가 냄새가 많이 나며 표피의 점액에 냄새물질이 많다.

73 해설

크리아틴, 글루타민산, 트리메틸아민 산화물(트리메틸아민옥시드)은 생선류의 독특한 맛을 이루는 물질이다. 조개류의 독특한 맛의 주성분은 호박산으로 신맛(산미)과 맛난 맛(지미)을 준다.

 Answer   70 ㉱   71 ㉯   72 ㉰   73 ㉮   74 ㉰

75
해설
산란기 직전이 살이 찌고 지방이 많아 맛이 좋으나, 산란기에는 지방량이 감소되어 맛이 없다.

75 생선이 일년 중에서 가장 맛있는 시기는 언제인가?

㉮ 봄   ㉯ 산란기 직전

㉰ 가을   ㉱ 여름

76 계란을 오래 삶으면(15분 이상) 녹변하는데 성분은?

㉮ 수산화칼륨   ㉯ 황화제일철

㉰ 황화수소   ㉱ 황화제이철

77
해설
난백의 응고온도 : 60~65℃, 난황의 응고온도 : 65~75℃

77 난백은 몇 ℃에서 응고되는가?

㉮ 45℃   ㉯ 60 ~ 65℃

㉰ 50℃   ㉱ 68℃

78 원가를 조업도에 따라 분류하면 고정비와 변동비로 구분할 수 있는데, 다음 중 고정비에 해당되는 것은 어느 것인가?

㉮ 감가상각비   ㉯ 광열비

㉰ 연료비   ㉱ 수도비

79 고정자산이 아닌 것은?

㉮ 현금   ㉯ 토지

㉰ 건물   ㉱ 기계

80
해설
보험료, 수선비 등은 간접경비에 속하는 경비이다.

80 보험료, 수선비 등은 다음 중 어디에 속하는가?

㉮ 직접노무비   ㉯ 간접노무비

㉰ 직접경비   ㉱ 간접경비

81 다음은 재료의 소비액을 계산하는 산식(算式)이다. 옳은 것은 어느 것인가?

㉮ 재료소비량 × 재료소비단가

㉯ 재료소비량 × 재료구입단가

㉰ 재료구입량 × 재료소비단가

㉱ 재료구입량 × 재료구입단가

🔊 Answer   75 ㉯   76 ㉯   77 ㉯   78 ㉮   79 ㉮   80 ㉱   81 ㉮

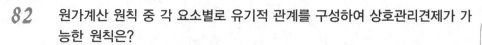

82 원가계산 원칙 중 각 요소별로 유기적 관계를 구성하여 상호관리견제가 가능한 원칙은?

㉮ 진실성의 원칙   ㉯ 발생기준의 원칙
㉰ 비교성의 원칙   ㉱ 상호관리의 원칙

83 다음 중 주문 음식 원가계산 방법으로 적당한 것은?

㉮ 표준 원가계산   ㉯ 종합 원가계산
㉰ 개별 원가계산   ㉱ 공정별 원가계산

84 효과적인 원가의 관리를 목적으로 하는 계산방법은?

㉮ 예정원가계산   ㉯ 사전원가계산
㉰ 표준원가계산   ㉱ 확정원가계산

85 다음 중 변동비에 해당하는 것은?

㉮ 감가상각비   ㉯ 연료비
㉰ 보험료   ㉱ 조명비

86 (전기이월량＋당기구입량)－기말재고량＝당기소비량의 방법으로 재료소비량을 계산하는 방법을 무엇이라 부르는가?

㉮ 재고조사법
㉯ 계속기록법
㉰ 역계산법
㉱ 단순평균법

87 식품을 구매하는 방법 중 경쟁 입찰과 비교하여 수의계약의 장점이 아닌 것은?

㉮ 절차가 간편하다.
㉯ 경쟁이나 입찰이 필요 없다.
㉰ 싼 가격으로 구매할 수 있다.
㉱ 경비와 인원을 줄일 수 있다.

83 해설 개별 원가계산은 주문 음식 원가계산 방법으로 가장 적당하다.

85 해설 연료비는 변동비에 해당한다.

🔊 **Answer**   82 ㉱   83 ㉰   84 ㉰   85 ㉯   86 ㉮   87 ㉰

88 해설 감가상각의 3대 요소 기초가격, 내용년수, 잔존가격을 말한다.

88 감가상각의 3대 요소에 속하지 않는 것은?

㉮ 기초가격 ㉯ 내용년수

㉰ 잔존가격 ㉱ 고정금액

89 해설 원거계산의 일반절차는 요소별 원가계산→부문별 원가계산→제품별 원가계산을 한다.

89 다음 중 원가계산의 일반절차로 맞는 것은?

㉮ 요소별 원가계산 → 부문별 원가계산 → 제품별 원가계산

㉯ 요소별 원가계산 → 제품별 원가계산 → 부문별 원가계산

㉰ 부문별 원가계산 → 요소별 원가계산 → 제품별 원가계산

㉱ 제품별 원가계산 → 부문별 원가계산 → 요소별 원가계산

90 어떤 음식을 만드는데 직접재료비 1,250원, 직접노무비 250원, 직접경비 70원이 들었다. 이 음식의 직접원가는?

㉮ 1,230원 ㉯ 1,480원

㉰ 1,570원 ㉱ 1,740원

91 재료 소비가격의 계산방법으로 잘못된 것은?

㉮ 후입선출법 ㉯ 개별법

㉰ 이동평균법 ㉱ 역계산법

92 당기의 재료 소비량을 파악하기 위한 계산법은?

㉮ (전기 재료이월량 + 당기 재료구입량) – 기말 재고량

㉯ 전기 재료이월량 + 당기 재료구입량

㉰ (당기 재료구입량 – 전기 재료이월량) + 기말 재고량

㉱ 당기 재료구입량 – 전기 재료이월량

93 해설 외주가공비는 직접경비에 속한다.

93 다음 중 직접경비인 것은?

㉮ 보험료

㉯ 감가상각비

㉰ 수리비

㉱ 외주가공비

🔊 **Answer** 88 ㉱ 89 ㉮ 90 ㉰ 91 ㉱ 92 ㉮ 93 ㉱

94 다음 중 제조원가에 해당되는 것은 어느 것인가?

㉮ 직접재료비＋직접노무비

㉯ 직접재료비＋직접노무비＋직접경비＋제조간접비

㉰ 직접재료비＋직접노무비＋경비

㉱ 제조변동비＋제조경비

94 해설
제조원가는 직접 재료비, 직접노무비, 직접경비, 제조 간접비 등이다.

95 직접비의 합계액을 무엇이라 하는가?

㉮ 제조원가　㉯ 총원가

㉰ 직접원가　㉱ 이익

96 제품의 제조를 위하여 노동력을 소비함으로써 발생하는 원가를 무엇이라고 하는가?

㉮ 직접비　㉯ 노무비

㉰ 경비　㉱ 재료비

96 해설
노무비라함은 제품의 제조를 위하여 노동력을 소비함으로써 발생하는 원가를 말한다.

97 다음 중 이익이 포함된 것은?

㉮ 직접원가　㉯ 제조원가

㉰ 총원가　㉱ 판매가격

98 실제원가와 같은 말이 아닌 것은?

㉮ 확정원가　㉯ 현실원가

㉰ 사전원가　㉱ 보통원가

99 다음 중 원가의 개념에 포함시킬 수 없는 것은?

㉮ 제품제조에 관한 것이어야 한다.

㉯ 제품의 생산 및 판매를 위하여 소비된 경제가치이어야 한다.

㉰ 서비스의 제공을 위하여 소비된 경제가치이어야 한다.

㉱ 기업의 경제활동을 위하여 소비된다.

100 원가계산의 목적을 설명한 것으로 타당하지 않은 것은?

㉮ 가격결정 목적　㉯ 회계감사 목적

㉰ 원가관리 목적　㉱ 예산편성 목적

Answer 94 ㉯ 95 ㉰ 96 ㉯ 97 ㉱ 98 ㉰ 99 ㉱ 100 ㉯

101 해설 원가의 3요소는 재료비, 노무비, 경비 등이다.

101 원가의 3요소에 속하지 않는 것은?

㉮ 재료비 ㉯ 노무비

㉰ 경비 ㉱ 시설사용료

102 다음 중 노무비에 속하지 않는 것은?

㉮ 임금 ㉯ 급료

㉰ 상여금, 수당 ㉱ 여비, 교통비

103 해설 학교 급식의 식단 작성에 있어서 충분한 영양섭취를 가장 중요하다.

103 학교 급식의 식단작성에 있어서 가장 중요한 것은?

㉮ 편식 교정

㉯ 충분한 영양섭취

㉰ 사회성 함양

㉱ 식사에 대한 바른 이해

104 해설 식품 재료의 구입 계획 작성시 식품의 가격과 출회표를 우선적으로 고려해야 한다.

104 식품의 구입계획 작성시 특히 고려해야 할 사항은?

㉮ 식품의 폐기율과 대치식품

㉯ 식품의 가격과 출회표

㉰ 식품의 특색과 생산지

㉱ 식품의 포장상태

105 집단급식의 특징이 아닌 것은?

㉮ 대량 염가의 식품 구입

㉯ 표준화되고 규칙적인 식단

㉰ 신속하고 효율적인 조리

㉱ 개별적인 기호의 참작

106 집단급식의 조리에 관한 다음 설명 중 부적합한 것은?

㉮ 집단급식에서는 맑은 국보다 토장국이 좋다.

㉯ 국의 국물과 건더기 비율은 2/3 : 1/3이 좋다.

㉰ 찌개의 국물과 건더기 비율은 1/3 : 2/3가 좋다.

㉱ 집단급식에서는 육류찌개보다 생선찌개가 좋다.

🔊 Answer **101** ㉱ **102** ㉱ **103** ㉯ **104** ㉯ **105** ㉱ **106** ㉱

107 집단급식에서 부식을 결정할 때 우선적으로 고려하여야 할 영양소는?

㉮ 탄수화물 ㉯ 단백질

㉰ 비타민 ㉭ 칼슘

108 쇠고기 구입시 가장 유의해야 할 사항은?

㉮ 중량, 부위 ㉯ 색깔, 부위

㉰ 중량, 부피 ㉭ 색깔, 부피

108 해설
쇠고기 구입 할때에는 중량과 쇠고기부위를 유의해서 구입한다.

109 집단급식의 목적이라 할 수 없는 것은?

㉮ 급식하는 사람에게 영양급식을 몸에 익히도록 한다.

㉯ 국민 체위의 향상을 도모한다.

㉰ 정책적인 식량 수급계획 방향을 제시한다.

㉭ 급식하는 사람의 영양개선과 식생활 개선을 도모한다.

109 해설
정책적인 식량 수급계획 방향을 제시하는 것은 집단급식의 목적이라 볼 수 없다.

식품 위생법

01 총칙

1. 식품위생법의 목적

식품으로 인한 위생상의 위해를 방지하고, 식품 영양의 질적 향상을 도모함으로써 국민 보건의 증진에 기여함을 그 목적으로 한다.

2. 용어의 정의

① "식품"이라 함은 모든 음식물을 말한다. 다만, 의약으로서 섭취하는 것은 제외한다.

② "식품 첨가물"이라 함은 식품을 제조·가공 또는 보존함에 있어 식품에 첨가·혼합·침윤 기타의 방법으로 사용되는 물질을 말한다.

③ "화학적 합성품"이라 함은 화학적 수단에 의하여 원소 또는 화합물에 분해 반응 외의 화학 반응을 일으켜 얻은 물질을 말한다.

④ "기구"라 함은 음식기와 식품 또는 식품 첨가물에 채취·제조·가공·저장·운반·진열·수수 또는 섭취에 사용되는 것으로서, 식품 또는 식품 첨가물에 직접 접촉되는 기계·기구의 기타의 물건을 말한다. 다만, 농업 및 수산업에 있어서 식품의 채취에 사용되는 기계·기구 기타의 물건은 제외한다.

⑤ "용기·포장"이라 함은 식품 또는 식품 첨가물을 넣거나 싸는 물품으로서, 식품 또는 식품 첨가물을 수수할 때 함께 인도되는 물건을 말한다.

⑥ "표시"라 함은 식품·식품 첨가물·기구 또는 용기·포장에 기재하는 문자, 숫자 또는 도형을 말한다.

⑦ "영업"이라 함은 식품 또는 식품 첨가물을 채취·제조·가공·수입·조리·저장·운반 또는 판매하거나 기구 또는 용기·포장을 제조·수입·운반·판매하는 업을 말한다. 다만, 농업 및 수산업에 속하는 식품의 채취업은 제외한다.

⑧ "식품 위생"이라 함은 식품·식품첨가물·기구 또는 용기·포장을 대상으로 하는 음식에 관한 위생을 말한다.

⑨ "집단급식소"라 함은 영리를 목적으로 하지 아니하고, 계속적으로 특정 다수인에게 음식물을 공급하는 기숙사, 학교, 병원 기타 후생 기관 등의 급식 시설로서, 대통령령이 정하는 것을 말한다.

02 식품 및 식품 첨가물

1. 위해 식품 등의 판매 등 금지

① 인체의 건강을 해할 우려가 있는 것(썩었거나, 상하였거나, 설익은 것 등, 유독·유해 물질이 함유된 것, 병원 미생물에 오염되었거나 그 염려가 있는 것, 불결하거나 다른 물질이 혼합·첨가된 것)

② 영업의 허가 또는 신고를 하여야 하는 경우에 허가를 받지 않거나 신고를 하지 않고 제조·가공한 것

③ 품목 제조 허가 또는 신고를 하지 않고 제조한 것

④ 수입이 금지된 것 또는 수입 신고를 하여야 하는 경우에 신고를 하지 아니하고 수입한 것

⑤ 음용에 제공할 목적으로 허가를 받은 것 외의 지하수, 지표수 등의 물을 용기에 넣은 것

⑥ 병에 걸렸거나 병에 걸려 죽은 동물의 고기, 뼈, 젖, 장기 및 혈액

⑦ 기준·규격에 고시되지 않은 화학적 합성품인 첨가물과 이를 함유한 물질을 식품 첨가물로 사용한 것

참고

위해 식품 등의 판매 등 금지

단, 보건복지가족부장관이 식품 위생 심의위원회의 심의를 거쳐 인체의 건강을 해할 우려가 없다고 인정하는 것은 예외로 한다.

2. 식품 또는 식품 첨가물의 기준과 규격

① 보건복지가족부장관은 식품 또는 식품 첨가물의 제조·가공·사용·조리 및 보존의 방법에 관한 기준과 그 식품 또는 식품 첨가물의 성분에 관한 규격을 정하여 고시한다.

② 수출을 목적으로 할 때는 수입자가 요구하는 기준과 규격에 의할 수 있다.

03 기구와 용기·포장

1. 유독 기구 등의 판매, 사용금지

유독·유해 물질이 들어 있거나 묻어 있어 인체의 건강을 해할 우려가 있거나, 식품 또는 식품 첨가물에 접촉되어 이에 유해한 영향을 줌으로써 인체의 건강을 해할 우려가 있는 기구 및 용기·포장은 판매하거나, 판매의 목적으로 제조·수입·저장·운반 또는 진열하거나 영업상 사용하지 못한다.

2. 기구·용기·포장의 기준과 규격

① 보건복지가족부장관은 기구·용기 및 포장의 제조 방법에 관한 기구·용기·포장 및 그 원재료에 관한 규격을 정하여 고시한다.

② 수출을 목적으로 하는 기구·용기·포장 및 그 원재료의 기준과 규격은 수입자가 요구하는 기준과 규격에 의할 수 있다.

 04 표시

1. 허위 표시 등의 금지

① 식품 등의 명칭·제조 방법 및 품질에 관하여는 허위 표시 또는 과대광고를 하지 못하고, 포장에 있어서는 과대 포장을 하지 못하며, 식품·식품 첨가물의 표시에 있어서는 의약품과 혼동할 우려가 있는 표시를 하거나 광고를 하여서는 아니된다. 식품·식품 첨가물의 영양가 및 성분에 관하여도 또한 같다.

② 과대 포장의 범위

• 내용물이 포장 용적의 3분의 2에 미달되는 것. 다만, 제품의 보호를 위하여 공기 충전의 방법으로 포장하고, 그 포장 방법을 표시한 것은 제외한다.

• 포장한 2개 이상의 제품을 다시 1개로 재포장한 것에 있어서 그 실제 내용물이 재포장한 용적의 2분의 1에 미달되는 것

 05 식품등의 공전

보건복지가족부장관은 식품·식품 첨가물의 기준·규격, 기구 및 용기·포장의 기준·규격과 식품 등의 표시 기준을 수록한 식품·식품 첨가물 등의 공전을 작성·보급하여야 한다.

 06 검사등

1. 수입 식품 등의 신고

판매를 목적으로 하거나 영업상 사용하는 식품 등을 수입하고자 하는 자는 보건복지가족부장관에게 신고하여야 한다.

2. 출입·검사수거 등

① 영업 장소, 사무소, 창고, 제조소, 저장소, 판매소 또는 기타 이와 유사한 장소에 출입하여 판매를 목적으로 하거나 영업상 사용하는 식품 등 또는 영업 시설 등을 검사하게 하거나 검사에 필요한 최소량의 식품 등을 무상으로 수거할 수 있으며, 필요에 따라 영업관계의 장부나 서류를 열람하게 할 수 있다.

② 출입·검사수거 또는 열람을 하고자 하는 공무원은 그 권한을 표시하는 증표를 지녀야 하며, 관계인에게 이를 내보여야 한다.

3. 식품위생 검사기관

① 국립보건원
② 국립검역소
③ 시·도 보건 환경 연구원
④ 국립 수산물 검사소(수산물의 검사에 한한다)

4. 식품위생 감시원

① 관계 공무원의 직무, 기타 식품 위생에 관한 지도등을 행하게 하기 위하여 보건복지가족부·특별시·광역시·도 또는 시·군·구에 식품 위생 감시원을 둔다.

② 식품 위생 감시원의 자격 및 임명 : 보건복지가족부장관·특별시장·광역시장·도지사 또는 시장, 군수, 구청장이 다음 항에 해당하는 소속 공무원 중에서 임명한다.

a. 보건복지가족부장관이 지정하는 식품 위생 감시원의 양성 시설에서 소정의 과정을 수료한 자

b. 위생사, 식품기술사, 식품기사, 식품산업기사, 수산제조기술사, 수산제조기사, 영양사

c. 전문대학 또는 대학에서 의학, 약학, 수의학, 축산학, 축산가공학, 수산제조학, 농산제조학, 농화학, 식품가공학, 식품화학, 식품제조학, 식품공학, 식품영양학, 위생학, 발효공학, 미생물학, 생물학 분야의 학과를 이수하여 졸업한 자 또는 이와 동등 이상의 자격이 있는 자

d. 외국에서 위생사 또는 식품제조가공기사의 면허를 받은 자

e. 3년 이상 식품 위생 행정에 관한 사무에 종사한 경험이 있는자

③ **식품위생 감시원의 직무**

a. 식품·식품 첨가물·기구 및 용기·포장의 위생적 취급 기준의 이행지도

b. 수입·판매 또는 사용 등이 금지된 식품·식품첨가물·기구 및 용기·포장의 취급 여부에 관한 단속

c. 표시 기준 또는 과대 광고 금지의 위반 여부에 관한 단속

d. 출입·검사 및 검사에 필요한 식품 등의 수거

e. 시설 기준의 적합 여부의 확인·검사

f. 영업자 및 종업원의 건강 진단 및 위생 교육의 이행 여부의 확인·지도

g. 식품 위생 관리인·조리사·영양사의 법령 준수 사항 이행 여부의 확인·지도

h. 행정처분의 이행 여부 확인

i. 식품·식품 첨가물·기구 또는 용기·포장의 압류·폐기 등

j. 영업소의 폐쇄를 위한 간판 제거 등의 조치

k. 기타 영업자의 법령 이행 여부에 관한 확인·지도

 ## 07 영업

1. 시설 기준에 적합한 시설을 갖추어야 할 영업

① 식품·식품 첨가물의 제조업·가공업·운반업·판매업 및 보존업

② 기구 또는 용기·포장의 제조업

③ 식품 접객업

2. 영업의 종류

① 식품 제조·가공업

② 즉석 판매 제조·가공업

③ 식품 첨가물 제조업

④ 식품 운반업

⑤ 식품 소분·판매업

⑥ 식품 보존업(식품 조사 처리업, 식품 냉동·냉장업)

⑦ 용기·포장류 제조업

⑧ **식품 접객업**

a. 휴게음식점 영업 : 음식류를 조리·판매하는 영업으로, 음주 행위가 허용되지 않는 영업(다방·과자점 형태의 영업)

b. 일반음식점 영업 : 음식류를 조리·판매하는 영업으로, 식사와 함께 부수적으로 음주 행위가 허용되는 영업

c. 단란주점 영업 : 주로 주류를 조리·판매하는 영업으로, 손님이 노래를 부르는 행위가 허용되는 영업

d. 유흥주점 영업 : 주로 주류를 조리·판매하는 영업으로, 유흥 종사자, 유흥 시설을 설치할 수 있고, 손님이 노래를 부르거나 춤을 추는 행위가 허용되는 영업

3. 영업의 허가

대통령령이 정하는 바에 따라 영업의 종류별·영업소별로 보건복지가족부장관·특별시장·광역시장

또는 도지사의 허가를 받아야 한다. 대통령령이 정하는 중요한 사항을 변경하고자 하는 때에도 또한 같다.

4. 영업의 신고를 하여야 할 업종

시·도지사에게 신고한다.
① 식품 소분·판매업
② 용기·포장류 제조업
③ 농업인, 임업인 또는 어업인 생산자 단체가 직접 제조·가공하는 영업과 시·도지사가 지정하는 전통식품 또는 토산식품을 농업인, 임업인 또는 어업인이 직접 제조·가공하는 영업

5. 건강 진단

① 영업자 및 그 종업원은 건강 진단을 받아야 한다. 건강 진단을 받지 아니한 자가 진단 결과 타인에게 위해를 끼칠 우려가 있다고 인정된 자는 영업에 종사하지 못한다.
② 건강 진단에는 6개월 마다(간염은 5년) 실시하는 정기 건강 진단과, 전염병이 발생하였거나 발생할 우려가 있을 때 실시하는 수시 건강 진단이 있다.
③ 영업에 종사하지 못하는 질병의 종류
   a. 제1군 전염병 중 소화기계 전염병
   b. 제3군 전염병 중 결핵 및 성병(비전염성인 경우는 제외)
   c. 피부병 기타 화농성 질환
   d. B형 간염(전염의 우려가 없는 비활동성 간염은 제외)
   e. 후천성 면역 결핍증(성병에 관한 건강 진단을 받아야 하는 영업에 종사하는 자에 한함)

6. 위생교육

① 위생 교육 대상자
   a. 영업자
   b. 식품 위생 관리인
   c. 영양사와 조리사를 제외한 종업원
② 교육시간
   a. 식품 접객업을 신규로 하고자 하는 자는 6시간, 식품 위생 관리인이 되고자 하는 자는 12시간의 위생 교육을 받아야 한다.
   b. 위생 교육 대상자의 교육 시간
     •식품 제조·가공업, 즉석판매제조·가공업, 첨가물 제조업 : 영업허가 또는 영업신고 후 3월 이내 12시간
     •식품 운반업, 식품 소분·판매업, 식품 보존업, 용기·포장류 제조업의 영업자 : 영업신고 후 6월 이내 4시간
   c. 식품 접객업의 신규 위생 교육을 받은 자가 교육받은 날부터 2년 이내에 동일 업종으로 영

업을 하고자 하는 때에는 신규 위생 교육을 받은 것으로 본다.

7. 식품 위생 관리인

① 유제품, 화학적 합성품인 첨가물 식품 기타 대통령령이 정하는 식품 및 식품 첨가물을 제조 또는 가공하는 자는 그 제조 또는 가공을 위생적으로 관리하기 위하여 식품 위생 관리인을 두어야 한다.

　a. 1종 식품 위생 관리인을 두어야 할 경우 : 통조림 또는 병조림, 우유를 주원료로 한 식품, 식육을 주원료로 한 식품, 건강 보조 식품, 유아 등에게 제공할 목적으로 식품 원료에 영양소를 가감한 식품 또는 인삼 제품류를 제조·가공하는 경우, 화학적 합성품인 식품 첨가물을 제조하는 경우

　b. 1종 또는 2종 식품 위생 관리인을 두어야 하는 경우 : 1종 식품 위생 관리인을 두어야 하는 경우 외 식품을 제조·가공하는 경우, 식품 첨가물을 제조하는 경우

　d. 다음에 해당하는 영업자는 식품 위생 관리인에 갈음하여 위생 교육(식품 위생 관리인이 되고자 하는 자에 대한 사전 위생 교육을 말한다)을 이수한 자를 둘 수 있다.

　　• 시장 안에 위치한 농·수산물을 절이거나 졸여서 제조하는 식품류 또는 면류(라면 등의 인스턴트 면류를 제외한다)를 제조·가공하는 경우 및 상시 5인 이하의 근로자를 사용하여 식품을 제조·가공하는 경우

　　• 즉석 판매 제조·가공업의 영업자

　　• 농어민이 직접 제조·가공하는 영업

② 식품 위생 관리인의 직무

　a. 원료 검사 및 제품의 자가 품질 검사

　b. 사용하는 기구·용기와 포장의 기준 및 규격 검사

　c. 표시 기준 및 광고의 적합 여부 확인

　d. 기준 및 규격에 적합하지 않은 제품에 대한 처리

　e. 생산 및 품질 관리 일지의 작성 비치

　f. 종업원의 건강 관리 및 위생 교육

　g. 기타 식품 위생에 관한 사항

8. 품질 관리 및 보고

식품 또는 식품 첨가물의 제조·가공하는 영업자 및 그 종업원은 원료 관리, 제조 공정 기타 식품 등의 위생적 관리를 위하여 보건복지가족부령이 정하는 사항을 지켜야 하며, 생산 실적을 보건복지가족부장관 또는 시·도지사에게 보고하여야 한다.

08 조리사와 영양사

1. 조리사

① 조리사를 두어야 하는 곳

  a. 집단 급식소(제조업의 경우 상시 1회 100인 이상에게 식사를 제공하는 급식소에 한한다.)

  b. 식품 접객업 중 복어를 조리·판매하는 영업

  c. 식품 접객업 중 객석 면적이 66㎡(군지역은 99㎡) 이상인 업소. 단, 휴게 음식점과 음식물을 조리하지 아니하는 경우 제외한다.

② 식품 접객 영업자 또는 집단 급식소의 운영자 자신이 조리사가 되어 직접 음식물을 조리하는 경우에는 따로 조리사를 두지 않아도 된다.

③ 조리사가 되고자 하는 자는 국가기술자격법에 의한 해당 기술 분야의 자격을 얻은 후 시장, 군수, 구청장의 면허를 받아야 한다.

2. 영양사

① 영양사를 두어야 할 집단 급식소

  a. 집단 급식소는 상시 1회 50인(제조업의 경우 100인) 이상에게 식사를 제공하는 집단 급식소로 한다. 다만, 집단 급식소에 두는 조리사가 영양사의 면허를 받은 경우에는 영양사를 따로 두지 않아도 된다.

  b. 상시 1회 급식 인원 200인 미만의 중소기업의 집단 급식소에는 공동으로 영양사를 둘 수 있다.

② 집단 급식소의 운영자 자신이 영양사가 되어 직접 영양의 지도에 종사하는 경우에는 그러하지 아니한다.

③ 영양사 자격 시험에 합격한 후 보건복지가족부장관의 면허를 받아야 한다.

3. 조리사와 영양사의 결격 사유

① 정신 질환자

② 전염병 환자

③ 마약 기타 약물 중독자

④ 조리사 또는 영양사의 면허의 취소처분을 받고 그 취소된 날부터 1년이 지나지 아니한 자

4. 보수 교육

보건복지가족부장관은 조리사 및 영양사에게 보수 교육을 받을 것을 명할 수 있다.

5. 조리사와 영양사의 면허 취소

다음 사항에 해당하는 때에는 그 면허를 취소하거나 6월이내의 기간을 정하여 그 업무의 정지를 명할 수 있다.

① 정신 질환자 또는 정신 지체인, 전염병 환자, 마약, 기타 약물 중독자
② 식중독 기타 위생상 중대한 사고를 발생하게 한 때
③ 면허를 타인에게 대여하여 이를 사용하게 한 때
④ 기타 이 법 또는 이 법에 의한 명령에 위반한 때

 ## 09 식품 위생 심의위원회

1. 식품위생 심의 위원회의 직무

보건복지가족부장관의 자문에 응하여 다음 사항을 조사·심의하기 위하여 보건복지가족부에 식품 위생 심의위원회를 둔다.

① 식중독 방지에 관한 사항
② 농약, 중금속 등 유독·유해물질의 잔류허용기준에 관한 사항
③ 식품 등의 기준과 규격에 관한 사항
④ 국민 영양의 조사지도 및 교육에 관한 사항
⑤ 기타 식품 위생에 관한 중요 사항

2. 식품 위생 심의위원회의 구성

① 위원장 1인(보건복지가족부차관)과 부위원장 2인을 포함한 60인 이내의 위원으로 구성한다.
② 위원은 관계 공무원과 식품 등에 관한 영업에 종사하는 자 또는 식품 위생에 관한 학식과 경험이 풍부한 자 중에서 보건복지가족부장관이 임명 또는 위촉한다.

3. 식품 위생 심의위원회의 임기

위원의 임기는 2년으로 한다. 단, 공무원인 위원의 임기는 그 재직 기간으로 하며 보궐 위원의 임기는 전임자의 잔임 기간으로 한다.

 ## 10 식품 위생 단체

1. 동업자 조합

영업자는 영업의 건전한 발전을 도모함으로써 국민 보건 향상에 이바지하기 위하여 대통령령이

정하는 영업의 종류 또는 식품의 종류별로 동업자 조합을 설립할 수 있다. 조합은 법인으로 한다.

① 동합자 조합의 사업

    a. 영업의 건전한 발전과 공동의 이익을 도모하는 사업

    b. 조합원의 영업 시설의 개선에 관한 지도

    c. 조합원의 경영 지도

    d. 조합원 및 그 종업원의 교육 훈련

    e. 조합원 및 그 종업원의 복지 증진을 위한 사업

    f. 보건복지가족부장관이 위탁하는 조사·연구 사업

    g. 사업의 부대 사업

② 자율지도원

    a. 조합은 조합원의 영업 시설에 관한 지도, 경영 지도 사업등의 효율적인 수행을 위하여 자율 지도원을 둘 수 있다.

    b. 자율 지도원은 조합의 장이 임명한다.

    c. 직무 : 시설 기준에 관한 지도, 영업자 및 그 종업원의 위생 교육의 실시, 건강 진단 기타 위생 관리의 지도, 영업자의 준수 사항 이행 지도 및 조건부 허가에 있어서 조건 이행 지도, 식품 위생 지도 등

2. 식품 공업 협회

식품 공업의 발전과 식품 위생의 향상으로 국민 보건의 증진을 도모하기 위하여 한국 식품 공업 협회를 둔다. 규정에 의하여 설립되는 협회는 법인으로 한다. 회원이 될 수 있는 자는 식품 또는 식품 첨가물을 제조·가공하는 자로 한다.

식품 공업 협회의 사업

a. 식품 공업에 관한 조사·연구

b. 식품·식품 첨가물 및 그 원재료의 시험, 검사 업무

c. 식품 위생에 관한 교육

d. 영업자 중 식품 또는 식품 첨가물을 제조·가공하는 자의 영업 시설의 개선에 관한 지도

e. 사업의 부대 사업

11 시정명령, 허가취소 등의 행정제재

① 폐쇄 조치 등

    허가가 취소되거나 영업소의 폐쇄 명령을 받은 후에 계속하여 영업을 하는 때에는 관계 공무

원으로 하여금 당해 영업소를 폐쇄하기 위하여 다음의 조치를 하게 할 수 있다. 다만, 이와 같은 조치를 하고자 하는 경우에는 미리 이를 영업을 하는 자 또는 그 대리인에게 서면으로 알려 주어야 한다.

  a. 간판 기타 영업 표지물의 제거·삭제

  b. 적법한 영업소가 아님을 알리는 게시문 등의 부착

  c. 시설물 기타 영업에 사용하는 기구 등을 사용할 수 없도록 하는 봉인

② **과징금 처분**

영업 정지, 품목 제조 정지 또는 품목류 제조 정지 처분에 갈음하여 5천만원 이하의 과징금을 부과할 수 있으며, 기한 내에 납부하지 않을 때는 국세 및 지방세의 처분의 예에 따라 이를 징수하며, 징수한 금액은 징수 기관이 속하는 국가 또는 지방 자치 단체에 귀속된다. 단, 보건복지가족부장관이 징수한 과징금은 식품진흥기금에 귀속된다. 또한 시·도지사는 시장, 군수 또는 구청장에게 과징금의 부과, 징수권한을 위임한 경우에는 그 소요 경비를 대통령령이 정하는 바에 의하여 시장, 군수 또는 구청장에게 교부할 수 있다.

12 보칙

1. 국고 보조

보건복지가족부장관은 예산의 범위 안에서 다음 경비의 전부 또는 일부를 보조할 수 있다.

① 식품 등 수거에 소요되는 경비

② 식품 위생 검사 기관에서의 검사와 실험에 소요되는 경비

③ 조합 및 연구회 및 협회의 교육 훈련에 소요되는 경비

④ 식품 위생 감시원 및 명예 감시원의 운영에 소요되는 경비

⑤ 조사연구 사업에 소요되는 경비

⑥ 조합 연합회 및 협회의 자율 지도원의 운영에 소요되는 경비

⑦ 폐기에 소요되는 경비

2. 식중독에 관한 조사 보고

① 식중독 환자 또는 의심이 있는 자를 진단하였거나 그 사체를 검안한 의사 또는 한의사는 지체없이 보건소장 또는 보건지소장에게 보고한다.

② 보건소장은 지체없이 시·도지사에게 보고하고, 시·도지사는 보건복지가족부장관에게 보고하여야 한다.

3. 식품 진흥 기금

① 식품 위생 및 국민 영양의 수준의 향상을 위한 사업을 수행하는데 필요한 재원을 충당하기

위하여 식품진흥기금을 설치한다.

② 기금의 조성

    a. 식품 위생 단체의 출원금

    b. 규정에 의해서 징수한 과징금

    c. 기금의 운영으로 생기는 수익금

    d. 기타 대통령령이 정하는 수입금

③ 기금의 사업 내용

    a. 영업자의 영업 시설 개선을 위한 융자 사업

    b. 식품 위생에 관한 교육, 홍보 사업

    c. 식품 위생 및 국민 영양에 관한 조사, 연구 사업

    d. 보건복지가족부장관이 식품 위생에 관하여 조합, 연합회 및 협회에 위탁하는 사업

    e. 기타 식품 위생 및 국민 영양에 관한 사업으로서 대통령령이 정하는 사업

13 벌칙

(1) 5년 이하의 징역 또는 3천만원 이하의 벌금에 처해지는 경우

① 부패, 변질, 미숙, 유독, 유해 물질과 영업의 허가, 품목 제조 허가를 받지 아니하고 제조·가공한 것의 판매 금지 위반

② 병육 등의 판매 금지 위반

③ 기준·규격이 고시되지 않은 화학적 합성품의 판매 금지 위반

④ 유독 기구의 판매·사용 금지 위반

⑤ 제품 검사 불합격 제품이나 합격 표시가 없는 제품의 판매 금지 위반

⑥ 무허가 영업 금지 위반

(2) 3년이하의 징역 또는 2천만원 이하의 벌금에 처해지는 경우

① 기준과 규격에 맞지 않는 식품·식품 첨가물·기구·용기·포장을 판매하거나 판매의 목적으로 제조·가공·사용·조리·저장·운반·보존 또는 진열의 금지 등의 위반

② 수입 식품 등의 신고 위반

③ 영업 시간 및 영업 행위 등의 제한 준수 위반

④ 압류, 폐기 처분의 명령 준수 위반

⑤ 영업 정지 명령 준수 위반

(3) 2년이하의 징역 또는 1천만원 이하의 벌금에 처해지는 경우

① 영업자의 식품 위생 관리인에 대한 업무 방해 금지 등의 위반

② 조리사·영양사의 고용 의무 위반

(4) 1년이하의 징역 또는 500백만원 이하의 벌금에 처해지는 경우

① 표시 기준에 맞지 않는 식품·식품 첨가물·기구 및 용기·포장을 판매하거나 판매의 목적으로 진열 또는 운반, 영업상 사용할 경우

② 품목 제조 허가 또는 신고를 하지 않은 경우

③ 영업의 휴업, 재개업, 폐업 또는 허가받은 사항의 경미한 변경에 있어서의 신고 위반

④ 조리사 또는 영양사가 아닌 자가 조리사 또는 영양사의 명칭을 사용한 경우

⑤ 시설 기준 위반

⑥ 출입·검사·수거 또는 압류 등을 거부, 방해 또는 기피하는 경우

⑦ 영업 허가 또는 품목 제조 허가를 하는 때에 필요한 조건을 위반한 경우

⑧ 식품 위생 관리인이 법에 위반하는 식품·식품 첨가물을 제조·가공하고 시설의 위생적 관리를 하지 않는 자

⑨ 관계 공무원이 부착한 게시물 등을 무단 제거, 손상한 경우

(5) 과태료(100만원 이하의 과태료에 처해지는 경우)

① 건강 진단과 위생 교육을 받지 않은 경우

② 식품첨가물의 제조업, 가공업을 식품의 약품 안전청장에게 보고를 하지 아니한 때

③ 식품 및 식품 첨가물의 생산 실적 등을 보고하지 아니하거나 허위 보고를 한 경우

④ 시설의 개수 명령을 위반한 경우

⑤ 집단 급식소를 설치·운영하고자 하는 자가 신고를 하지 않았거나 허위 신고를 한 경우

참고

과태료

1. 과태료 처분에 불복이 있는 자는 그 처분이 있음을 안 날로부터 30일 이내에 보건복지가족부 장관 또는 시·도지사에게 이의를 제기할 수 있다.

2. 과태료는 대통령령이 정하는 바에 따라 보건복지가족부장관 또는 시·도지사가 부과징수한다. 과태료를 납부하지 않을 때에는 국세 또는 지방세의 체납 처분의 예에 의하여 이를 징수한다.

식품 위생법 예상문제

01 우리 나라에서 처음으로 식품위생법이 공포된 때는?

⑦ 1962. 1. 20   ④ 1962. 3. 30

④ 1962. 6. 12   ⑨ 1962. 10. 10

01 해설 우리나라에서는 1962. 1. 20일에 처음으로 식품위생법이 공포되었다.

02 식품위생법의 목적과 거리가 가장 먼 것은?

⑦ 국민보건의 증진에 이바지   ④ 공공복리의 증진에 기여

④ 식품영양의 질적 향상을 도모   ⑨ 식품으로 인한 위생상의 위해 방지

03 식품위생법상 식품의 정의는?

⑦ 모든 음식물을 말한다.

④ 의약품을 제외한 모든 음식물을 말한다.

④ 모든 음식물과 첨가물을 말한다.

⑨ 모든 음식물과 화학적 합성품을 말한다.

04 식품위생법상 사용되는 용어의 정의 중 '식품첨가물'에 해당되지 않는 것은?

⑦ 식품에 첨가의 방법으로 사용되는 물질

④ 식품에 혼합의 방법으로 사용되는 물질

④ 식품에 침윤의 방법으로 사용되는 물질

⑨ 식품에 용기의 방법으로 사용되는 물질

05 식품위생법상의 용어설명이다. 옳지 않은 것은?

⑦ 식품첨가물이란 식품에 첨가. 혼합. 침윤 기타 방법으로 사용되는 물질이다.

④ 화학적 합성품이란 화학적 수단에 의한 원소 또는 화합물에 분해반응 외의 화학반응으로 얻는 물질이다.

④ 식품위생이란 식품. 첨가물. 기구. 용기. 포장을 대상으로 하는 음식에 관한 위생이다.

⑨ 집단급식소란 영리를 목적으로 계속적으로 특정다수인에게 음식을 공급하는 급식시설이다.

05 해설 식품위생법에서는 집단급식소란 영리를 목적으로 하지 아니한다고 정의하고 있다.

🔊 **Answer**   **01** ⑦   **02** ④   **03** ④   **04** ⑨   **05** ⑨

06 식품위생법에서 말하는 기구가 아닌 것은?

㉮ 조리기구   ㉯ 냉장고

㉰ 진열장   ㉱ 탈곡기

07 해설 영업이라 함은 식품위생법에서 식품 또는 식품첨가물을 채취, 제조, 가공, 수입, 조리, 저장, 운반을 하는 업을 말한다.

07 식품위생법에서 식품 또는 식품첨가물을 채취, 제조, 가공, 수입, 조리, 저장, 운반을 하는 업을 무엇이라 하는가?

㉮ 사업   ㉯ 영업

㉰ 기업   ㉱ 상업

08 식품위생법에서 금지하고 있는 사항이 아닌 것은?

㉮ 판매를 위한 유독 물질 함유 용기의 진열

㉯ 진열을 위한 유독 물질 함유 기구의 견본제조

㉰ 판매를 위한 유독 물질 함유 용기의 수입

㉱ 사용을 위한 유독 물질 함유 기구의 견본제조

09 식품위생법상 사용되는 용어의 정의 중 '식품위생'이라 함은 ( )을 대상으로 하는 음식에 관한 위생이다. 다음 중 ( )안에 들어갈 수 없는 것은?

㉮ 식품   ㉯ 식품첨가물

㉰ 용기   ㉱ 사람

10 해설 보건복지가족부장관은 판매를 목적으로 하는 식품, 첨가물, 기구, 용기, 포장의 기준과 규격을 정한다.

10 판매를 목적으로 하는 식품, 첨가물, 기구, 용기, 포장의 기준과 규격을 정하는 사람은?

㉮ 국립보건원장   ㉯ 대통령

㉰ 보건복지가족부장관   ㉱ 시장, 군수

11 다음 중 식품 또는 식품첨가물로서 판매할 수 있는 것은?

㉮ 부패 또는 변질되었거나 미숙한 것

㉯ 유독 또는 유해물질이 부착된 것

㉰ 규격과 기준이 정하여진 식품

㉱ 주요성분 또는 영양성분의 전부나 일부를 제거한 식품

🔊 **Answer**   **06** ㉱   **07** ㉯   **08** ㉯   **09** ㉱   **10** ㉰   **11** ㉰

12 동물의 몸 부위를 식용에 사용하지 못하는 질병과 상처가 아닌 것은?

㉮ 염증과 외상　　　　　㉯ 종양과 심한 기형증
㉰ 위축부 및 기생충증　　㉱ 광견병 및 우폐역

13 식품위생법상 기구. 용기 및 포장의 기준이란?

㉮ 모양　　　㉯ 크기와 색채
㉰ 용도　　　㉱ 제조방법

14 식품첨가물 공전 작성은 누가 하는가?

㉮ 국립보건원장　　　㉯ 보건복지가족부장관
㉰ 보건연구소장　　　㉱ 서울특별시장

14 해설 식품첨가물 공전 작성은 보건복지가족부장관이 한다.

15 표시라 함은 식품. 첨가물. 기구 또는 용기와 포장에 명시된 다음 어느 것인가?

㉮ 문자, 숫자, 도형을 말한다.　㉯ 문구 또는 표시를 말한다.
㉰ 문구 또는 도형을 말한다.　㉱ 문자 또는 표시를 말한다.

16 식품위생법규상 "허위표시의 범위"에 해당되지 않는 것은?

㉮ 허가 받은 사항이나 신고한 사항과 다른 내용의 표시
㉯ 질병의 치료에 효력이 있다는 내용의 표시
㉰ 의약품으로 혼동할 우려가 있는 내용의 표시
㉱ 제조년월일 또는 유통기한을 표시함에 있어서 사실과 같은 내용의 표시

17 용기 또는 포장의 표시 사항 및 기준과 거리가 먼 것은?

㉮ 다른 제조업소의 표시가 있는 것도 사용할 수 있다.
㉯ 외국어를 한글과 병기할 때 용기 또는 포장의 다른 면에 외국어를 동일하게 표시할 수 있다.
㉰ 표시 항목은 보기 쉬운 곳에 알아보기 쉽도록 표시하여야 한다.
㉱ 다시 포장함으로써 본래의 표시가 투시되지 않을 때는 포장한 것에 다시 표시하여야 한다.

Answer 12 ㉱　13 ㉱　14 ㉯　15 ㉮　16 ㉱　17 ㉮

18 화학적 합성품의 심사에서 가장 중점을 도는 사항은?

㉮ 안전성   ㉯ 함량

㉰ 효력   ㉱ 영양

19 식품위생법상 과대광고의 범위에 들지 않는 것은?

㉮ 문헌인용광고   ㉯ 질병치료 효능표시 광고

㉰ 감사장 이용 광고   ㉱ 경품판매 내용 광고

20 해설
식품 등의 공전은 보건복지가족부장관이 작성. 보급하며, 식품 등의 기준. 규격을 수록하고 있다.

20 식품 등의 공전(公典)이란 무엇인가?

㉮ 식품 등의 기준과 규격을 수록한 것

㉯ 식품 등의 제조공법을 수록한 것

㉰ 식품 등의 검사방법을 수록한 것

㉱ 외국의 식품 등의 공전을 번역. 수록한 것

21 해설
식품위생검사기관은 국립보건원, 국립검역소, 시. 도 보건환경연구소. 국립수산물검사소(수산물 검사에 한함)로 지정되어 있다.

21 다음 중 식품위생법상 식품. 첨가물. 기구. 용기 및 포장의 제품에 관하여 검사를 행할 수 없는 기관은?

㉮ 국립보건원   ㉯ 시. 도 보건소

㉰ 국립검역소   ㉱ 시. 도 보건환경연구소

22 다음 설 명중 틀린 것은?

㉮ 판매를 목적으로 하는 식품의 제조기준은 보건복지가족부장관이 정한다.

㉯ 자가품질기준은 자가검사기관의 검정을 거쳐 인정한다.

㉰ 수출을 목적으로 하는 식품은 수입자가 요구하는 기준에 의한다.

㉱ 기준과 규격이 정하여진 식품은 그 기준에 맞는 방법에 의하여 제조되어야 한다.

23 인삼제품과 건강보조식품의 제조업자 및 식품 등 수입판매업자의 경우, 식품검사를 위한 보관용 검체를 얼마 동안 보관하여야 하는가?

㉮ 1월 이상   ㉯ 3월 이상

㉰ 6월 이상   ㉱ 1년 이상

🔊 **Answer**   **18** ㉮   **19** ㉮   **20** ㉮   **21** ㉯   **22** ㉯   **23** ㉱

24 식품위생법상 제품검사 합격증지로 용기, 포장을 봉합하기 곤란한 경우 합격표시는 어떻게 하는가?

㉮ 합격인 을 찍는다.

㉯ 합격증지를 생략한다.

㉰ 관계서류에 합격증지를 붙인다.

㉱ 제품용기 또는 포장의 붙이기 편리한 곳에 붙인다.

25 식품위생법상 표시기준에 있어서 제조시간까지 표시하도록 되어 있는 식품은?

㉮ 통조림   ㉯ 빵류

㉰ 도시락   ㉱ 즉석식품류

25 해설
제조년월일의 표시대상은 도시락 및 첨가물에 한하면, 도시락의 경우에는 제조시간까지 표시하여야 한다.

26 식품위생법상 소속 공무원 중에서 식품위생감시원으로 임명받을 수 없는 자는?

㉮ 위생사

㉯ 식품제조가공기사

㉰ 2년 이상 식품위생 행정사무의 종사자

㉱ 외국에서 위생시험사의 면허를 받은 자

26 해설
3년 이상 식품위생 행정사무에 종사한 경험이 있는 자라야 한다.

27 식품위생법상 식품위생감시원을 둘 수 없는 곳은?

㉮ 시, 군, 구

㉯ 서울특별시, 도

㉰ 보건복지가족부

㉱ 국립보건원

27 해설
관계공무원의 직무 기타 식품위생에 관한 지도 등을 행하게 하기 위하여 보건복지가족부.서울특별시.광역시.도 또는 시. 군. 구에 식품위생감시원을 둔다.

28 다음 중 식품위생감시원의 직무사항이 아닌 것은?

㉮ 식품. 첨가물, 기구 및 용기. 포장의 위생적 취급기준의 이행 지도

㉯ 표시기준 또는 과대광고 금지의 위반여부에 관한 단속

㉰ 식품종사자의 지도. 감독 및 제품과 시설의 위생관리

㉱ 영업자 및 종업원의 건강진단 및 위생교육의 이행여부의 확인. 지도

28 해설
다항은 식품위생관리인의 직무이다.

29 다음은 식품위생법 시행규칙상에서 조리장의 시설기준을 설명한 것이다. 틀린 것은?

㉮ 바닥과 바닥으로부터 1m까지의 내벽은 밝은 색의 타일, 콘크리트 등 내수성자재로 해야 한다.

㉯ 비상시에 출입문과 통로가 불편이 없어야 한다.

㉰ 종업원 전용의 수세시설이 있어야 한다.

㉱ 동일인이 건물 내에 2종 이상의 식품접객업소를 경영하는 경우에는 하나의 조리 장을 사용할 수 없다.

30 식품접객영업의 시설기준 중 휴게음식점 영업에 속하지 않는 것은?

㉮ 과자점 영업   ㉯ 다방 영업

㉰ 출장조리, 판매업   ㉱ 일반조리, 판매업

30 해설 출장 조리, 판매업은 일반음식점 영업에 속한다.

31 유흥주점과 학교와의 거리기준은?(단, 절대정화구역 이후부터)

㉮ 100m   ㉯ 150m

㉰ 200m   ㉱ 300m

32 식품접객업소 중 조명시설이 잘못 짝지어진 것은?

㉮ 조리장 – 50럭스 이상

㉯ 객석 – 30럭스 이상

㉰ 유흥주점의 객석 – 10럭스 이상

㉱ 일반음식점 – 촉광 조절장치는 자유로이 설치

33 식품위생법령상 식품접객업에 속하지 않는 것은?

㉮ 휴게음식점 영업   ㉯ 일반음식점 영업

㉰ 식품자동판매기 영업   ㉱ 단란주점 영업

34 식품위생법상 보건복지가족부장관의 허가대상 업종은?

㉮ 식용유지제조업   ㉯ 두부류제조업

㉰ 식품조사처리업   ㉱ 장류제조업

34 해설 식품접객업은 휴게음식점, 일반음식점, 단란주점, 유흥주점 영업이며, 식품자동판매기 영업은 식품판매업에 속한다.

🔊 Answer   29 ㉱   30 ㉰   31 ㉰   32 ㉱   33 ㉰   34 ㉰

35 기획재정부장관과 협의를 하여 시설기준을 정할 수 있는 영업은?

㉮ 식품 등 수입판매업　　　㉯ 식육제품제조업

㉰ 주류제조업　　　㉱ 식품가공업

36 식품위생법상의 유흥종사자의 범위에 들지 않는 자는?

㉮ 유흥접객원　　　㉯ 지배인

㉰ 댄서　　　㉱ 가수 및 악기를 다루는 자

36 해설

유흥종사자의 범위 : 유흥접객원.. 댄서, 가수 및 악기를 다루는 자, 무용을 하는 자, 만담 및 곡예를 하는 자, 유흥사회자

37 보건복지가족부장관이 식품위생법상 영업의 허가를 행하지 않는 것은?

㉮ 식용유지제조업

㉯ 첨가물제조업

㉰ 청량음료 또는 과채류 등 음료제조업

㉱ 인스턴트 면류 제조업

38 식품위생법령에 의한 영업허가를 받아야 할 영업이 아닌 것은?

㉮ 일반음식점　　　㉯ 과자류제조업

㉰ 절임식품제조업　　　㉱ 식품판매업

38 해설

영업허가를 받아야 할 영업 : 식품제조. 가공업, 첨가물 제조업, 식품운반업, 식품보존업, 식품접객업, 식품조리판매업이다.

39 영업허가에 대한 설명 중 맞지 않는 것은?

㉮ 누구든지 영업허가 신청을 하면 무조건 허가를 해준다.

㉯ 영업의 종류별. 영업소별로 보건복지가족부장관, 시. 도지사, 시장. 군수 또는 구청장의 허가를 받는다.

㉰ 허가 받은 사항을 변경하고자 하는 때는 허가관청에 허가 또는 신고를 하여야 한다.

㉱ 보건복지가족부장관, 시. 도지사, 시장. 군수 또는 구청장은 영업허가시에 필요한 조건을 붙일 수 있다.

40 일반음식점의 허가관청은?

㉮ 시장. 군수 또는 구청장　　　㉯ 보건복지가족부장관

㉰ 행정안전부장관　　　㉱ 보건국장

🔊 Answer　35 ㉰　36 ㉯　37 ㉮　38 ㉱　39 ㉮　40 ㉮

41 영업의 종류에서 신고대상인 업종은?

㉮ 두부류제조업　　　　　　㉯ 용기.포장류제조업

㉰ 휴게실 영업　　　　　　　㉱ 유흥주점 영업

42
해설
조건부 영업허가를 받았을 경우 부득이한 사정이 있어 인정되는 연장 횟수는 1회에 한하여 6월을 넘지 아니하는 범위로 하고 있다.

42 조건부 영업허가를 받았을 경우 부득이한 사정이 인정될 연장 횟수와 기간은?

㉮ 1회, 3월　　　　　　　　㉯ 1회, 6월

㉰ 2회, 9월　　　　　　　　㉱ 2회, 12월

43 조건부 영업허가를 받은 자가 허가를 받은 날로부터 몇 개월 이내에 규정의 시설을 갖추어야 하는가?

㉮ 3월　　　　　　　　　　㉯ 6월

㉰ 9월　　　　　　　　　　㉱ 12월

44 다음 중 조건부 영업허가의 대상업종이 아닌 업소는?

㉮ 식품 제조. 가공업　　　　㉯ 유흥주점 영업

㉰ 첨가물제조업　　　　　　㉱ 용기.포장류제조업

45 식품위생법상 영업허가의 제한되는 사항이 아닌 것은?

㉮ 영업허가가 취소된 후 6개월이 경과하지 아니한 경우 같은 장소에서 같은 종류의 영업을 하고자 할 때

㉯ 영업허가가 취소된 후 2년이 경과하지 아니한 자가 같은 종류의 영업을 하고자 하는 때

㉰ 영업의 허가를 받고자 하는 자가 신체부자유자일 때

㉱ 공익상 그 허가를 제한할 필요가 현저하다고 인정되어 보건복지가족부에서 지정하는 영업

46
해설
영업장의 지위를 승계 받은 날로부터 1개월 내에 허가관청에 신고한다.

46 영업자의 지위를 승계 받은 자가 허가관청에 신고하여야 할 기간은?

㉮ 1월 이내　　　　　　　　㉯ 2월 이내

㉰ 3월 이내　　　　　　　　㉱ 4월 이내

🔊 **Answer**　41 ㉯　42 ㉯　43 ㉯　44 ㉯　45 ㉰　46 ㉮

47 음식류를 조리. 판매하는 영업으로서 식사와 함께 부수적으로 음주행위가 허용되는 식품접객업은?

㉮ 일반음식점   ㉯ 단란주점

㉰ 휴게음식점   ㉱ 유흥주점

48 식품위생법상 "영업자의 지위"를 승계할 수 없는 것은?

㉮ 민사소송에 의한 경매

㉯ 국세징수법에 의한 압류재산의 매각

㉰ 파산 법에 의한 환가(換價)

㉱ 상법에 의한 환가(換價)

49 영업 자와 종업원이 정기건강진단을 받아야 하는 기간은?

㉮ 1월마다 1회   ㉯ 3월마다 1회

㉰ 6월마다 1회   ㉱ 1년마다 1회

50 식품외생법상의 규정에 의하여 건강진단을 받지 않아도 되는 자는?

㉮ 식품가공 종사자   ㉯ 완전포장식품 운반인

㉰ 식품조리사   ㉱ 식품판매인

51 영업에 종사하지 못하는 질병이 아닌 것은?

㉮ 전염병의 결핵   ㉯ 폐디스토마증

㉰ 활동성 B형 간염   ㉱ 소화기계 전염병

52 식품위생법상 위생관리인이 되고자 하는 자는 영업허가 또는 선임신고 이전에 몇 시간의 위생교육을 받아야 하는가?

㉮ 4시간   ㉯ 8시간

㉰ 12시간   ㉱ 20시간

53 다음 중 위생교육 대상자가 아닌 것은?

㉮ 식품제조. 가공업자   ㉯ 식품위생관리인

㉰ 식품접객 종업원   ㉱ 영양사

---

48 해설
영업자의 지위승계는 가나다항 외에 관세법 또는 지방세법에 의한 압류재산의 매각 기타 이에 준 하는 절차에 따라 영업시설의 전부를 인수한 자에게 할 수 있다.

51 해설
영업에 종사하지 못하는 질병 : 제1군 전염병 중 소화기계 전염병, 제3군 전염병 중 결핵, 피부병 기타 화농성 질환, B형 간염, 후천성 면역 결핍증

53 해설
영양사와 조리사는 위생교육 대상자에서 제외된다.

 Answer   47 ㉮   48 ㉱   49 ㉰   50 ㉯   51 ㉯   52 ㉰   53 ㉱

54 식품접객업의 영업자에 대한 위생교육은?

㉮ 1년마다 4시간 　　　　㉯ 2년마다 4시간

㉰ 3년마다 4시간 　　　　㉴ 4년마다 4시간

55 식품 제조회사에서 종업원에 대한 위생교육을 실시하는 사람은?

㉮ 구청이 지정한 전문기관의 장

㉯ 식품위생관리인

㉰ 식품외생감시원

㉴ 한의사

56 다음 중 1종 식품위생관리인의 자격이 없는 자는?

㉮ 의사, 약사 및 수의사 　　　　㉯ 위생사 및 위생시험사

㉰ 식품제조 가공기사 　　　　㉴ 조리사

57 식품위생법상 2종 식품위생관리인이 될 수 없는 자는?

㉮ 식품가공기능사

㉯ 2년 이상 식품행정에 종사한 자

㉰ 고등기술학교에서 화학공업학 졸업자

㉴ 고등기술학교에서 식품공업학 졸업자

58
해설
라항은 식품위생
감시원의 직무이
다.

58 식품위생법상 식품위생관리인의 직무가 아닌 것은?

㉮ 원료검사 및 제품의 출하 전 검사

㉯ 사용하는 기구. 용기외 포장의 기준 및 규격심사

㉰ 종업원의 건강관리 및 위생교육

㉴ 식품. 첨가물, 기구 또는 용기. 포장의 압류. 폐기

59
해설
식품위생관리인
을 두어야 할 업
종에 주류 제조
업은 제외된다.

59 식품위생관리인을 두지 않아도 되는 업소는?

㉮ 주류제조업 　　　　㉯ 첨가물제조업

㉰ 식육제품 제조. 가공업 　　　　㉴ 과자류제조업

🔊 Answer 　54 ㉰　55 ㉯　56 ㉯　57 ㉯　58 ㉴　59 ㉯

60 다음 영업의 종류 중 식품위생관리인을 두지 않아도 무방한 업소는?

㉮ 당류제조업 ㉯ 두부류제조업
㉰ 일반음식점 ㉱ 면류제조업

61 식품접객 영업자의 준수사항과 거리가 먼 것은?

㉮ 주류를 취급하는 식품접객 영업 자는 미성년자에게 주류를 제공하여
   도 무방하다.
㉯ 간판에 업종명과 허가 받은 상호를 표시하여야 한다.
㉰ 손님에게 입장료를 명목으로 금품을 징수하여서는 안 된다.
㉱ 검사를 받지 않은 축산물은 이를 음식물의 조리에 사용할 수 없다.

62 식품접객 영업자가 식품위생법상 지켜야 할 사항에 들지 않는 것은?

㉮ 가격표 게시 ㉯ 영업허가증 게시
㉰ 영업시간 준수 ㉱ 기준 조리방법 준수

63 다음은 식품위생법규상 식품접객 영업자의 준수사항에 대한 설명이다. 틀린 것은?

㉮ 영업의 종류와 규모에 관계없이 업소에서는 종업원에게 위생복을 착
   용시켜야 한다.
㉯ 손님이 보기 쉬운 곳에 가격표를 붙여야 하며, 표시된 가격을 준수하
   여야 한다.
㉰ 등록 공연자의 공연이나 선량한 미풍양속을 해치지 않는 내용의 공연
   은 해도 된다.
㉱ 종업원에게 월 2회 이상 휴일을 주어야 한다.

64 작업장에는 유해가스. 악취. 매연 등의 배기를 위한 환기시설로서 창구가 있어야 한다. 바닥면적의 몇 % 이상의 창구시설이 필요한가?

㉮ 5 % 이상 ㉯ 10 % 이상
㉰ 15 % 이상 ㉱ 20 % 이상

65 제조, 가공 등의 업무를 지도. 감독할 의무가 있는 자는?

㉮ 관계공무원 ㉯ 식품위생지도원
㉰ 식품위생감시원 ㉱ 식품위생관리인

62 해설
식품접객 영업자는 식품위생법상 가격표 게시, 영업 허가증 게시, 영업시간을 준수하여야 한다.

65 해설
식품위생관리인은 제조, 가공 등의 업무를 지도, 감독할 의무가 있다.

 Answer 60 ㉮ 61 ㉮ 62 ㉱ 63 ㉮ 64 ㉮ 65 ㉱

66 다음 중 화학적 합성품인 식품첨가물 제조업의 식품위생관리인이 될 수 없는 것은?

㉮ 식품가공학전공 및 졸업자

㉯ 식품화학전공 및 졸업자

㉰ 약학전공 및 졸업자

㉱ 한의학전공 및 졸업자

67
해설
조리사의 결격사유로는 정신질환자, 전염병자, 마약 기타 약물중독자는 조리사가 될 수 없다.

67 조리사의 결격사유가 될 수 없는 것은?

㉮ 정신질환자   ㉯ 지체부자유자

㉰ 전염병 환자   ㉱ 마약 기타 약물중독자

68 식품위생법령상 조리사를 두지 않아도 되는 업소는?

㉮ 식품접객업   ㉯ 집단급식소

㉰ 복어를 조리하는 음식점   ㉱ 과자류 제조업

69 조리사를 두어야 할 식품접객업 중 객실 면적의 한계는?

㉮ 200㎡ 이상   ㉯ 66㎡ 이상

㉰ 50㎡ 이상   ㉱ 33㎡ 이상

70
해설
조리사 또는 영양사가 아닌 자가 그 명칭을 사용한 경우에는 1년 이하의 징역 또는 500만 원 이하의 벌금의 벌칙이 가해진다.

70 조리사 또는 영양사가 아닌 자가 그 명칭을 사용한 경우의 벌칙은?

㉮ 1년 이하의 징역 또는 500만원 이하의 벌금

㉯ 2년 이하의 징역 또는 1,000만원 이하의 벌금

㉰ 3년 이하의 징역 또는 700만원 이하의 벌금

㉱ 4년 이하의 징역 또는 900만원 이하의 벌금

🔊 **Answer**   66 ㉱   67 ㉯   68 ㉱   69 ㉯   70 ㉮

한식·양식
일식·중식
복어조리
공용

조리기능사 필기

조리기능사
과년도 기출문제

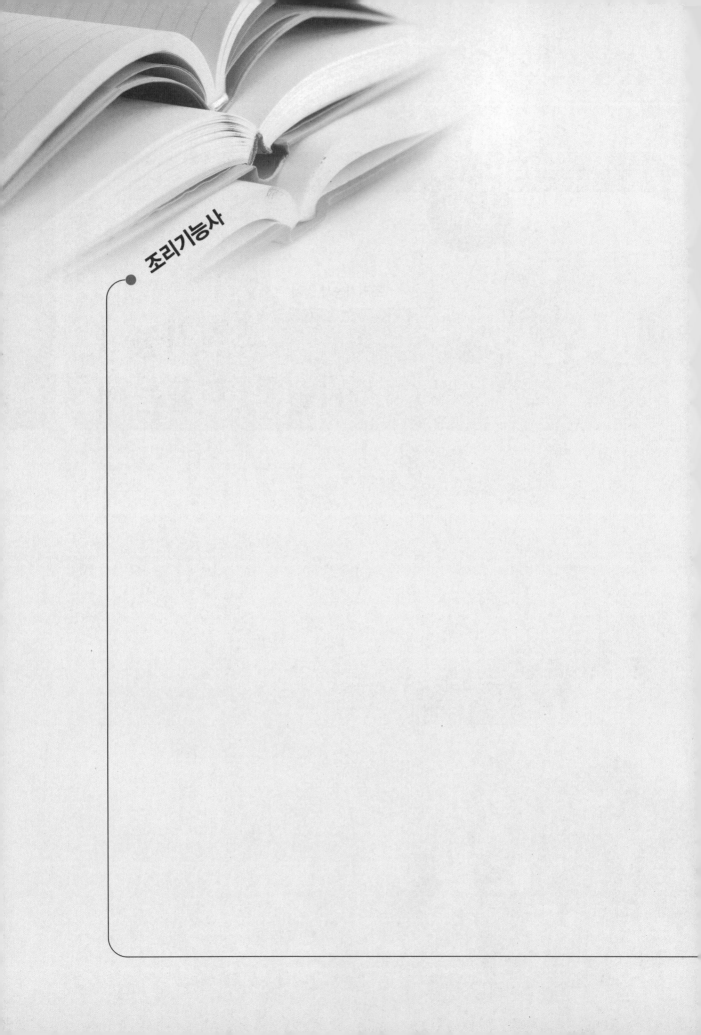

조리기능사

과년도 기출문제 01

01 식품위생법령상에 명시된 식품위생감시원의 직무가 아닌 것은?

　가. 과대광고 금지의 위반 여부에 관한 단속

　나. 조리사 영양사의 법령준수사항 이행여부 확인지도

　다. 생산 및 품질관리 일지의 작성 및 비치

　라. 시설기준의 적합 여부의 확인검사

02 식품 등의 표기기준에 명시된 표시사항이 아닌 것은?

　가. 업소명　　　　　　　　　　나. 판매자 성명

　다. 성분명 및 함량　　　　　　　라. 유통기한

03 허위표시 과대광고의 범위에 해당되지 않는 것은?

　가. 제조방법에 관하여 연구 또는 발견한 사실로서 식품학 영양학 등의 분야에서 공인된
　　　사항의 표시광고

　나. 외국어의 사용 등으로 외국제품으로 혼동할 우려가 있는 표시광고

　다. 질병의 치료에 효능이 있다는 내용 또는 의약품으로 혼동할 우려가 있는 내용의 표시
　　　광고

　라. 다른 업소의 제품을 비방하거나 비방하는 것으로 의심되는 광고

04 식품위생법규상 수입식품 검사결과 부적합한 식품 등에 대하여 취하여지는 조치가 아닌
것은?

　가. 수출국으로의 반송

　나. 식용외의 다른 용도로의 전환

　다. 관할 보건소에서 재검사 실시

　라. 다른 나라로의 반출

05 식품위생법령상 집단급식소는 상시 1회 몇인 이상에게 식사를 제공하는 급식소를 의미하는가?

가. 20인 나. 30인
다. 40인 라. 50인

06 세균성 식중독 중에서 독소형은?

가. 포도상구균식중독 나. 장염비브리오균 식중독
다. 살모넬라 식중독 라. 리스테리아 식중독

07 식품 속에 분변이 오염되었는지의 여부를 판별할 때 이용하는 지표균은?

가. 장티푸스균 나. 살모넬라균
다. 이질균 라. 대장균

08 장마가 지난 후 저장되었던 쌀이 적홍색 또는 황색으로 착색되어 있었다. 이러한 현상의 설명으로 틀린 것은?

가. 수분 함량이 15%이상 되는 조건에서 저장할 때 특히 문제가 된다.
나. 기후 조건 때문에 동남아시아 지역에서 곡류 저장 시 특히 문제가 된다.
다. 저장된 쌀에 곰팡이류가 오염되어 그 대사산물에 의해 쌀이 황색으로 변한 것이다.
라. 황변미는 일시적인 현상이므로 위생적으로 무해하다.

09 용어에 대한 설명 중 틀린 것은?

가. 소독: 병원성 세균을 제거하거나 감염력을 없애는 것
나. 멸균: 모든 세균을 제거하는 것
다. 방부: 모든 세균을 완전히 제거하여 부패를 방지하는 것
라. 자외선 살균: 살균력이 가장 큰 250~260nm의 파장을 써서 미생물을 제거하는 것

10 식중독을 일으키는 버섯의 독성분은?

가. 아마니타톡신 나. 엔테로톡신
다. 솔라닌 라. 아트로핀

11 살모넬라(salmonella)에 대한 설명으로 틀린 것은?

가. 그람음성 간균으로 동식물계에 널리 분포하고 있다.

나. 내열성이 강한 독소를 생성한다.

다. 발육 적온은 37℃이며 10℃이하에서는 거의 발육하지 않는다.

라. 살모넬라균에는 장티푸스를 일으키는 것도 있다.

12 다음 중 유해성 표백제는?

가. 롱가릿   나. 아우라민

다. 포름알데히드   라. 사이클라메이트

13 화학물질에 의한 식중독의 원인물질과 거리가 먼 것은?

가. 제조과정 중에 혼합되는 유해 중금속

나. 기구, 용기, 포장 재료에서 용출 이행하는 유해물질

다. 식품자체에 함유되어 있는 동식물성 유해물질

라. 제조, 가공 및 저장 중에 혼입된 유해 약품류

14 식품에서 흔히 볼 수 있는 푸른곰팡이는?

가. 누룩곰팡이속   나. 페니실린움속

다. 거미줄곰팡이속   라. 푸사리움속

15 우리나라에서 허가되어 있는 발색제가 아닌 것은?

가. 질산칼륨   나. 질산나트륨

다. 아질산나트륨   라. 삼염화질소

16 다음 중 황 함유 아미노산은?

가. 메티오닌   나. 프로린

다. 글리신   라. 트레오닌

17 연제품 제조에서 어육단백질을 용해하며 탄력성을 주기 위해 꼭 첨가해야 하는 물질은?

가. 소금
나. 설탕
다. 전분
라. 소다

18 효소적 갈변 반응을 방지하기 이한 방법이 아닌 것은?

가. 가열하여 효소를 불활성화 시킨다.
나. 효소의 최적조건을 변화시키기 위해 pH를 낮춘다.
다. 아황산가스 처리를 한다.
라. 산화제를 첨가한다.

19 식품의 산성 및 알칼리성을 결정하는 기준 성분은?

가. 필수지방산 존재 여부
나. 필수아미노산 존재 유무
다. 구성 탄수화물
라. 구성 무기질

20 녹색 채소 조리시 중조($NaHCO_3$)를 가할 때 나타나는 결과에 대한 설명으로 틀린 것은?

가. 진한 녹색으로 변한다.
나. 비타민C가 파괴된다.
다. 페오피틴이 생성된다.
라. 조직이 연화된다.

21 유지의 산패를 차단하기 위해 상승제와 함께 사용하는 물질은?

가. 보존제
나. 발색제
다. 항상화제
라. 표백제

22 다음 냄새 성분 중 어류와 관계가 먼 것은?

가. 트리메틸아민
나. 암모니아
다. 피페리딘
라. 디아세틸

23 불포화지방산을 포화지방산으로 변화시키는 경화유에는 어떤 물질이 첨가되는가?

가. 산소
나. 수소
다. 질소
라. 칼슘

24 카로틴(carotene)은 동물 체내에서 어떤 비타민으로 변하는가?

가. 비타민D   나. 비타민B
다. 비타민A   라. 비타민C

25 효소에 대한 일반적인 설명으로 틀린 것은?

가. 기질 특이성이 있다.
나 .퇴적온도는 30~40℃정도이다.
다. 100℃에서도 활성은 그래도 유지된다.
라. 최적 ph는 효소마다 다르다.

26 다음 색소 중 동물성 색소는?

가. 헤모글로빈   나. 클로로필
다. 안토시안   라. 플라보노이드

27 일반적으로 비스킷 및 퇴김의 제품적정에 가장 적합한 밀가루는?

가. 박력분   나. 중력분
다. 강력분   라. 반강력분

28 효소적 갈변반응에 의해 색을 나타내는 식품은?

가. 분말 오렌지   나. 간장
다. 캐러멜   라. 홍차

29 어떤 식품의 수분활성도(Aw)가 0.960이고 수증기압이 1.39일 때 상대습도는 몇%인가?

가 .0.69%   나. 1.45%
다. 139%   라. 96%

30 붉은살 어류에 대한 일반적인 설명으로 맞는 것은?

가. 흰살 어류에 비해 지질 함량이 적다.

나. 흰살 어류에 비해 수분함량이 적다.

다. 해저 깊은 곳에 살면서 운동량이 적은 것이 특징이다.

라. 조기. 광어, 가자미 등이 해당된다.

31 다음 중 향신료와 그 성분이 잘못 연결된 것은?

가. 후추-차비신(chavicine) 　　　나. 생강-진저롤(gingerol)

다. 참기름-세사몰(sesamol) 　　　라. 겨자-캡사이신(capsaicin)

32 다음의 식단 구성 중 편중되어 있는 영양가의 식품군은?

완두콩밥/된장국/장조림/명란알 찜/두부조림/생선구이

가. 탄수화물군 　　　　　　　　나. 단백질군

다. 비타민/무기질군 　　　　　　라. 지방군

33 다음 중 어떤 무기질이 결핍되면 갑상선종이 발생 될 수 있는가?

가. 칼슘(Ca) 　　　　　　　　　나. 요오드(I)

다. 인(P) 　　　　　　　　　　　라. 마그네슘(Mg)

34 다음 중 조리기기와 그 용도의 연결이 옳은 것은?

가. 그라인더(grinder)-고기를 다질 때

나. 필러(peeler)-난백 거품을 낼 때

다. 슬라이서(slicer)-당근의 껍질을 벗길 때

라. 초퍼(chopper)-고기를 일정한 두께로 저밀 때

35 밀가루 반죽에 달걀을 넣었을 때의 달걀의 작용으로 틀린 것은?

가. 반죽에 공기를 주입하는 역할을 한다.

나. 팽창제의 역할을 해서 용적을 증가시킨다.

다. 단백질 연화 작용으로 반죽을 연하게 한다.

라. 영양, 조직 등에 도움을 준다.

36 밥짓기 과정의 설명으로 옳은 것은?

가. 쌀을 씻어서 2~3시간 푹 불리면 맛이 좋다.

나. 햅쌀은 묵은 쌀보다 물을 약간 적게 붓는다.

다. 쌀은 80~90℃에서 호화가 시작된다.

라. 묵은 쌀인 경우 쌀 중량의 약 2.5배 정도의 물을 붓는다.

37 생선을 조릴 때 어취를 제거하기 위하여 생강을 넣는다. 이때 생선을 미리 가열하여 열변성 시킨 후에 생강을 넣는 주된 이유는?

가. 생강을 미리 넣으면 다른 조미료가 침투되는 것을 방해하기 때문에

나. 열변성 되지 않은 어육단백질이 생강의 탈취작용을 방해하기 때문에

다. 생선의 비린내 성분이 지용성이기 때문에

라. 생강이 어육단백질이 응고를 방해하기 때문에

38 영양소와 해당 소화효소의 연결이 잘못된 것은?

가. 단백질–트립신(trypsin)

나. 탄수화물–아밀라제(amylase)

다. 지방–리파아제(lipase)

라. 설탕–말타아제(maltase)

39 다음 중 유지의 산패에 영향을 미치는 인자에 대한 설명으로 맞는 것은?

가. 저장 온도가 0℃이하가 되면 산패가 방지된다.

나. 광선은 산패를 촉진하나 그 중 자외선은 산패에 영향을 미치지 않는다.

다. 구리, 철은 산패를 촉진하나 납, 알루미늄은 산패에 영향을 미치지 않는다.

라. 유지의 불포화도가 높을수록 산패가 활발하게 일어난 다.

40 우유의 살균처리방법 중 다음과 같은 살균처리는?

71.1~75℃로 15~30초간 가열처리하는 방법

가. 저온살균법　　　　　　　　　　나. 초저온살균법

다. 고온단시간살균법　　　　　　　라. 초고온살균법

41 어떤 음식의 직접원가는 500원, 제조원가는800원 총원가는 1000원이다 . 이 음식의 판매관리비는?

가. 200원   나. 300원

다. 400원   라. 500원

42 위탁급식(전문급식업체)으로 운영되는 단체급식의 장점이 아닌 것은?

가. 과학적인 운영으로 운영비가 절약된다.

나. 영양관리, 위생관리가 철저하다.

다. 복잡한 노무관리의 직접적인 책임을 탈피할 수 있다.

라. 인건비와 대량 구입으로 식품원가를 절감 할 수 있다.

43 굵은 소금이라고도 하며, 오이지를 담글 때나 김장 배추를 절이는 용도로 사용하는 소금은?

가. 천일염   나. 재제염

다. 정제염   라. 꽃소금

44 전분의 호정화에 대한 설명으로 옳지 않은 것은?

가. 호정화란 화학적 변화가 일어난 것이다.

나. 호화된 전분보다 물에 녹기 쉽다.

다. 전분을 150~190℃에서 물을 붓고 가열 할 때 나타나는 변화이다

라. 호정화 되면 덱스트린이 생성된다.

45 달걀의 열응고성에 대한 설명 중 옳은 것은?

가. 식초는 응고를 지연시킨다.

나. 소금은 응고 온도를 낮추어 준다.

다. 설탕은 응고온도를 내려주어 응고물을 연하게 한다.

라. 온도가 높을수록 가열시간이 단축되어 응고물은 연해진다.

46 다음 원가요소에 따라 산출한 총원가로 옳은 것은?

직접재료비 : 250000	제조간접비 : 120000
직접노무비 : 100000	판매관리비 : 60000
직접경비 : 40000	이익 : 100000

가. 390000원
다. 570000원
나. 510000원
라. 610000원

47 다음 중 신선하지 않은 식품은?

가. 생선: 윤기가 있고 눈알이 약간 튀어나온 듯한 것
나. 고기: 육색이 선명하고 윤기 있는 것
다. 계란: 껍질이 반들반들하고 매끄러운 것
라. 오이: 가시가 있고 곧은 것

48 열원의 사용방법에 따라 직접 구이와 간접 구이로 분류할 때 직접 구이에 속하는 것은?

가. 오븐을 사용하는 방법
나. 숯불 위에서 굽는 방법
다. 프라이팬에 기름을 두르고 굽는 방법
라. 철판을 이용하여 굽는 방법

49 냉동어의 해동법으로 가장 좋은 방법은?

가. 저온에서 서서히 해동시킨다.
나. 얼린 상태로 조리한다.
다. 실온에서 해동시킨다.
라. 뜨거운 물속에 담가 빨리 해동시킨다.

50 1일 2500kcal를 섭취하는 성인 남자 100명이 있다. 총 열량의 60%를 쌀로 섭취한다면 하루에 쌀 약 몇 kg정도가 필요한가? (단, 쌀100g은 340kcal이다)

가. 12.70kg
다. 127.02kg
나. 44.12kg
라. 441.18kg

51 감각온도(체감온도)의 3요소에 속하지 않는 것은?

　가. 기온　　　　　　　　　　　　나. 기습

　다. 기압　　　　　　　　　　　　라. 기류

52 WTO가 규정한 건강의 정의는?

　가. 질병이 없고, 육체적으로 완전한 상태

　나. 육체적, 정신적으로 완전한 상태

　다. 육체적 완전과 사회적 안녕이 유지되는 상태

　라. 육체적, 정신적, 사회적 안녕의 완전한 상태

53 다음 중 돼지고기에 의해 감염될 수 있는 기생충은?1

　가. 선모충　　　　　　　　　　　나. 간흡충

　다. 편충　　　　　　　　　　　　라. 아니사키스충

54 하천수에 용존산소가 적다는 것은 무엇을 의미하는가?

　가. 유기물 등이 잔류하여 오염도가 높다.

　나. 물이 비교적 깨끗하다.

　다. 오염과 무관하다.

　라. 호기성 미생물과 어패류의 생존에 좋은 환경이다.

55 일반적으로 사용되는 소독약의 희석농도로 가장 부적합한 것은?

　가. 알코올 : 75%에탄올　　　　　나. 승홍수 : 0.01%의 수용액

　다. 크레졸 : 3~5%의 비누액　　　라. 석탄산 : 3~5%의 수용액

56 다음 중 잠복기가 가장 긴 전염병은?

　가. 한센병　　　　　　　　　　　나. 파라티푸스

　다. 콜레라　　　　　　　　　　　라. 디프테리아

57 전염병과 전염경로의 연결이 틀린 것은?

가. 성병-직접접촉 나. 폴리오-공기전염
다. 결핵-개달물 전염 라. 파상풍-토양전염

58 디피티(D.P.T)접종과 관계없는 질병은?

가. 디프테리아　　　　　　　　나. 콜레라
다. 백일해　　　　　　　　　　라. 파상풍

59 폐흡충 증의 제 1,2 중간숙주가 순서대로 옳게 나열된 것은?

가. 왜우렁이, 붕어　　　　　　나. 다슬기. 참게
다. 물벼룩, 가물치　　　　　　라. 왜우렁이, 송어

60 소독제의 살균력을 비교하기 위해서 이용되는 소독약은?

가. 석탄산　　　　　　　　　　나. 크레졸
다. 과산화수소　　　　　　　　라. 알코올

● 과년도 기출문제 01

01	다	02	나	03	가	04	다	05	라	06	가	07	라	08	라	09	다	10	가
11	나	12	가	13	다	14	나	15	라	16	가	17	가	18	라	19	라	20	다
21	다	22	라	23	나	24	다	25	다	26	콜	27	가	28	라	29	라	30	나
31	라	32	나	33	나	34	가	35	다	36	나	37	라	38	라	39	라	40	다
41	가	42	나	43	가	44	다	45	라	46	다	47	다	48	나	49	가	50	나
51	다	52	라	53	가	54	가	55	나	56	가	57	나	58	나	59	나	60	가

과년도 기출문제  02

01 식품공전에 규정되어 있는 표준온도는?

　가. 10℃　　　　　　　　　나. 15℃

　다. 20℃　　　　　　　　　라. 25℃

02 식품위생법령상 영업신고 대상 업종이 아닌 것은?

　가. 위탁급식영업　　　　　나. 식품냉동, 냉장업

　다. 즉석 판매제조, 가공업　라. 양곡가공업 중 도정업

03 식품위생법령상 주류를 판매할 수 없는 업종은?

　가. 휴게음식점영업　　　　나. 일반음식점영업

　다. 유흥주점영업　　　　　라. 단란주점영업

04 식품위생법규상 판매 등이 금지되고 가축 전체를 이용하지 못하는 질병은?

　가. 선모충증　　　　　　　나. 회충증

　다. 폐기종　　　　　　　　라. 방선균증

05 다음 중 식품위생법에서 다루고 있는 내용은?

　가. 먹는물 수질관리　　　　나. 전염병예방시설의 설치

　다. 식육의 원산지 표시　　라. 공중위생감시원의 자격

06 황색포도상구균 식중독의 일반적인 특성으로 옳은 것은?

　가. 설사변이 혈변의 형태이다.　　나. 급성위장염 증세가 나타난다.

　다. 잠복기가 길다.　　　　　　　라. 치사율이 높은 편이다.

07 다음 미생물 중 곰팡이가 아닌 것은?

가. 아스퍼질러스(Aspergillus) 속　　나. 페니실리움(Penicillium) 속
다. 클로스트리디움(Clostridium) 속　라. 리조푸스(Rhizopus) 속

08 다음 중 건조식품, 곡류 등에 가장 잘 번식하는 미생물은?

가. 효모　　　　　　　　나. 세균
다. 곰팡이　　　　　　　라. 바이러스

09 세균성 식중독의 전염 예방 대책이 아닌 것은?

가. 원인균의 식품오염을 방지한다.
나. 위염환자의 식품조리를 금한다.
다. 냉장, 냉동 보관하여 오염균의 발육, 증식을 방지한다.
라. 세균성 식중독에 관한 보건 교육을 철저히 실시한다.

10 식물과 그 유독성분이 잘못 연결된 것은?

가. 감자 - 솔라닌　　　　나. 청매 - 프시로신(psilocine)
다. 피마자 - 리신　　　　라. 독미나리 - 시큐톡신

11 식품의 부패 정도를 알아보는 시험 방법이 아닌 것은?

가. 유산균수 검사　　　　나. 관능 검사
다. 생균수 검사　　　　　라. 산도 검사

12 식품첨가물에 대한 설명으로 틀린 것은?

가. 보존료는 식품의 미생물에 의한 부패를 방지할 목적으로 사용된다.
나. 규소수지는 주로 산화방지제로 사용된다.
다. 산화형 표백제로서 식품에 사용이 허가된 것은 과산화벤조일이다.
라. 과황산암모늄은 소맥분 이외의 식품에 사용하여서는 안 된다.

13 복어독에 관한 설명으로 잘못된 것은?

가. 복어독은 햇볕에 약하다.

나. 난소, 간, 내장 등에 독이 많다.

다. 복어독은 테크로도톡신이다.

라. 복어독에 중독되었을 때에는 신속하게 위장 내의 독소를 제거하여야 한다.

14 다음 중 화학성 식중독의 원인이 아닌 것은?

가. 설상성 패류 중독

나. 환경오염에 기인하는 식품 유독성분 중독

다. 중금속에 의한 중독

라. 유해성 식품첨가물에 의한 중독

15 식품이 세균에 오염되는 것을 막기 위한 방법으로 바람직하지 않은 것은?

가. 식품취급 장소의 위생동물관리

나. 식품취급자의 마스크 착용

다. 식품취급자의 손을 역성비누로 소독

라. 식품의 철제 용기를 석탄산으로 소독

16 새우나 게 등의 갑각류에 함유되어 있으며 사후 가열되면 적색을 띠는 색소는?

가. 안토시아닌(anthocyanin) 나. 아스타산틴(astaxanthin)

다. 클로로필(chlorophyll) 라. 멜라닌(melanine)

17 동물에서 추출되는 천연 검질 물질로만 짝지어진 것은?

가. 팩틴 구아검 나. 한천, 알긴산 염

다. 젤라틴, 키틴 라. 가티검, 전분

18 아밀로펙틴에 대한 설명으로 틀린 것은?

가. 찹쌀은 아밀로펙틴으로만 구성되어 있다.

나. 기본단위는 포도당이다.

다. a-1,4결합과 a-1,6 결합으로 되어 있다.

라. 요오드와 반응하면 갈색을 띤다.

19 식품의 산성 및 알칼리성을 결정하는 기준 성분은?

가. 중성지방(triglyceride)

나. 유리지방산(free fatty acid)

다. 하이드로과산화물(hydroperoxide)

라. 알코올(alcohol)

20 육류의 사후경직 후 숙성 과정에서 나타나는 현상이 아닌 것은?

가. 근육의 경직상태 해제   나. 효소에 의한 단백질 분해

다. 아미노태질소 증가   라. 액토미오신의 합성

21 전통적인 식혜 제조방법에서 엿기름에 대한 설명이 잘못된 것은?

가. 엿기름의 효소는 수용성이므로 물에 담그면 용출된다.

나. 엿기름을 가루로 만들면 효소가 더 쉽게 용출된다.

다. 엿기름 가루를 물에 담가 두면서 주물러 주면 효소가 더 빠르게 용출된다.

라. 식혜 제조에 사용되는 엿기름의 농도가 낮을수록 당화 속도가 빨라진다.

22 단백질의 특성에 대한 설명으로 틀린 것은?

가. C, H, O, N, S, P 등의 원소로 이루어져 있다.

나. 단백질은 뷰렛에 의한 정색반응을 나타내지 않는다.

다. 조단백질은 일반적으로 질소의 양에 6.25를 곱한 값이다.

라. 아미노산은 분자 중에 아미노기와 카르복실기를 갖는다.

23 박력분에 대한 설명으로 맞는 것은?

가. 경질의 밀로 만든다.   나. 다목적으로 사용된다.

다. 탄력성과 점성이 약하다.   라. 마카로니, 식빵 제조에 알맞다.

24 다음 중 식품의 일반성분이 아닌 것은?

가. 수분   나. 효소

다. 탄수화물   라. 무기질

25 식품의 신맛에 대한 설명으로 옳은 것은?

　가. 신맛은 식욕을 증진시켜 주는 작용을 한다.

　나. 식품의 신맛의 정도는 수소이온농도와 반비례한다.

　다. 동일한 pH에서 무기산이 유기산보다 신맛이 더 강하다.

　라. 포도, 사과의 상쾌한 신맛 성분은 호박산(succinic acid)과 이노신산(inosinic acid)이다.

26 다음 중 레토르트식품의 가공과 관계가 없는 것은?

　가. 통조림　　　　　　　　　　나. 파우치

　다. 플라스틱 필름　　　　　　　라. 고압솥

27 다음 유지 중 건성유는?

　가. 참기름　　　　　　　　　　나. 면실유

　다. 아마인유　　　　　　　　　라. 올리브유

28 생선 육질이 쇠고기 육질보다 연한 것은 주로 어떤 성분의 차이에 의한 것인가?

　가. 미오신(myosin)　　　　　　나. 헤모글로빈(hemoglobin)

　다. 포도당(glucose)　　　　　　라. 콜라겐(Collagen)

29 마이야르(Maillard) 반응에 대한 설명으로 틀린 것은?

　가. 식품은 갈색화가 되고 독특한 풍미가 형성된다.

　나. 효소에 의해 일어난다.

　다. 당류와 아미노산이 함께 공존할 때 일어난다.

　라. 멜라노이딘 색소가 형성된다.

30 다음 중 비타민 D2의 전구물질로 프로비타민 D로 불리는 것은?

　가. 프로게스테론(progesterone)　　나. 에르고스테롤(ergosterol)

　다. 시토스테롤(sitosterol)　　　　라. 스티그마스테롤(stigmasterol)

31 튀김옷에 대한 설명 중 잘못된 것은?

가. 중력분에 10~30%의 전분을 혼합하면 박력분과 비슷한 효과를 얻을 수 있다.

나. 계란을 넣으면 글루텐 형성을 돕고 수분 방출을 막아 주므로 장시간 두고 먹을 수 있다.

다. 튀김옷에 0.2% 정도의 중조를 혼입하면 오랫동안 바삭한 상태를 유지할 수 있다.

라. 튀김옷을 반죽할 때 적게 저으면 글루텐 형성을 방지할 수 있다.

32 전자레인지를 이용한 조리에 대한 설명으로 틀린 것은?

가. 음식의 크기와 개수에 따라 조리시간이 결정된다.

나. 조리시간이 짧아 갈변현상이 거의 일어나지 않는다.

다. 법랑제, 금속제 용기 등을 사용할 수 있다.

라. 열전달이 신속하므로 조리시간이 단축된다.

33 다음 중 버터의 특성이 아닌 것은?

가. 독특한 맛과 향기를 가져 음식에 풍미를 준다.

나. 냄새를 빨리 흡수하므로 밀폐하여 저장하여야 한다.

다. 포화지방산과 불포화지방산을 모두 함유하고 있다.

라. 성분은 단백질이 80% 이상이다.

34 식품의 냉동에 대한 설명으로 틀린 것은?

가. 육류나 생선은 원형 그대로 혹은 부분으로 나누어 냉동한다.

나. 채소류는 블렌칭(blanching)한 후 냉동한다.

다. 식품을 냉동 보관하면 영양적인 손실이 적다.

라. −10℃ 이하에서 보존하면 장기간 보존해도 위생상 안전하다.

35 식초의 기능에 대한 설명으로 틀린 것은?

가. 생선에 사용하면 생선살이 단단해진다.

나. 붉은 비츠(beets)에 사용하면 선명한 적색이 된다.

다. 양파에 사용하면 황색이 된다.

라. 마요네즈 만들 때 사용하면 유화액을 안정시켜 준다.

36 신선한 생선의 특징이 아닌 것은?

가. 눈알이 밖으로 돌출된 것

나. 아가미의 빛깔이 선홍색인 것

다. 비늘이 잘 떨어지며 광택이 있는 것

라. 손가락으로 눌렀을 때 탄력성이 있는 것

37 단체급식에 대한 설명으로 틀린 것은?

가. 싼값에 제공되는 식사이므로 영양적 요구는 충족시키기 어렵다.

나. 식비의 경비 절감은 대체식품 등으로 가능하다.

다. 피급식자에게 식(食)에 대한 인식을 고양하고 영양지도를 한다.

라. 급식을 통해 연대감이나 정신적 안정을 갖는다.

38 푸른 색 채소의 색과 질감을 고려할 때 데치기의 가장 좋은 방법은?

가. 식소다를 넣어 오랫동안 데친 후 얼음물에 식힌다.

나. 공기와의 접촉으로 산화되어 색이 변하는 것을 막기 위해 뚜껑을 닫고 데친다.

다. 물을 적게 하여 데치는 시간을 단축시킨 후 얼음물에 식힌다.

라. 많은 양의 물에 소금을 약간 넣고 데친 후 얼음물에 식힌다.

39 다음, 당류 중 단맛이 가장 강한 것은?

가. 맥아당 나. 포도당

다. 과당 라. 유당

40 한국인 영양섭취기준(KDRIs)의 구성요소가 아닌 것은?

가. 평균필요량 나. 권장섭취량

다. 하한섭취량 라. 충분섭취량

41 식단의 형태 중 자유선택식단(카페테리아 식단)의 특징이 아닌 것은?

가. 피급식자가 기호에 따라 음식을 선택한다.

나. 적온급식설비와 개별식기의 사용은 필요하지 않다.

다. 셀프서비스가 전제되어야 한다.

라. 조리 생산성은 고정 메뉴식보다 낮다.

42 고등어 150g을 태지고기로 대체하려고 한다. 고등어의 단백질 함량을 고려했을 때 돼지고기는 약 몇g 필요한가? (단, 고등어 100g당 단백질 함량:20.2g, 지질:10.4g, 돼지고기 100g당 담백질 함량:18.5g, 지질:13.9g)

가. 137g
나. 152g
다. 164g
라. 178g

43 다음 중 두부의 응고제가 아닌 것은?

가. 염화마그네슘($MgCl_2$)
나. 황산칼슘($CaSO_4$)
다. 염화칼슘($CaCl_2$)
라. 탄산칼륨(K_2CO_3)

44 젤라틴과 한천에 관한 설명으로 틀린 것은?

가. 젤라틴은 동물성 급원이다.
나. 한천은 식물성 급원이다.
다. 젤라틴은 젤리, 양과자 등에서 응고제로 쓰인다.
라. 한천용액에 과즙을 첨가하면 단단하게 응고한다.

45 달걀을 삶았을 때 난황 주위에 일어나는 암녹색의 변색에 대한 설명으로 옳은 것은?

가. 100℃의 물에서 5분 이상 가열시 나타난다.
나. 신선한 달걀일수록 색이 진해진다.
다. 난황의 철과 난백의 황화수소가 결합하여 생성된다.
라. 낮은 온도에서 가열할 대 색이 더욱 진해진다.

46 미역국을 끓이는데 1인당 사용되는 재료와 필요량, 가격은 다음과 같다. 미역국 10인분을 끓이는데 필요한 재료비는? (단, 총 조미료의 가격 70원은 1인분 기준임)

재 료	필요량(g)	가격(원/100g당)
미 역	20	150
쇠고기	60	850
총 조미료	–	70(1인분)

가. 610원
나. 6100원
다. 870원
라. 8700원

47 작업장에서 발생하는 작업의 흐름에 따라 시설과 기기를 배치할 때 작업의 흐름이 순서대로 연결된 것은?

| ㄱ. 전처리 | ㄴ. 장식, 배식 | ㄷ. 식기세척, 수납 |
| ㄹ. 조리 | ㅁ. 식재료의 구매, 검수 | |

가. ㅁ - ㄱ - ㄹ - ㄴ - ㄷ
나. ㄱ - ㄴ - ㄷ - ㄹ - ㅁ
다. ㅁ - ㄹ - ㄴ - ㄱ - ㄷ
라. ㄷ - ㄱ - ㄹ - ㅁ - ㄴ

48 튀김유의 보관 방법으로 바람직하지 않은 것은?

가. 공기와의 접촉을 막는다.
나. 튀김찌꺼기를 여과해서 제거한 후 보관한다.
다. 광선의 접촉을 막는다.
라. 사용한 철제팬의 뚜껑을 덮어 보관한다.

49 조개류의 조리 시 독특한 국물 맛을 내는 주요 물질은?

가. 탄닌
나. 알코올
라. 구연산
라. 호박산

50 입고가 먼저된 것부터 순차적으로 출고하여 출고단가를 결정하는 방법은?

가. 선입선출법
나. 후입선출법
다. 이동평균법
라. 총평균법

51 다음 중 공중보건사업과 거리가 먼 것은?

가. 본건교육
나. 인구보건
다. 전염병치료
라. 보건행정

52 병원성 미생물의 발육과 그 작용을 저지 또는 정지시켜 부패나 발효를 방행하는 조작은?

가. 산화
나. 멸균
다. 방부
라. 응고

53 생물화학적 산소요구량(BOD)과 용존산소량(DO)의 일반적인 관계는?

　가. BOD가 높으면 DO도 높다.

　나. BOD가 높으면 DO는 낮다.

　다. BOD와 DO는 상관이 없다.

　라. BOD와 DO는 항상 같다.

54 돼지고기를 불충분하게 가열하여 섭취할 경우 감염되기 쉬운 기생충은?

　가. 간흡충　　　　　　　　　　나. 무구조충

　다. 폐흡충　　　　　　　　　　라. 유구조충

55 어패류 매게 기생충 질환의 가장 확실한 예방법은?

　가. 환경위생　　　　　　　　　나. 생식금지

　다. 보건교육　　　　　　　　　라. 개인위생

56 인수공통전염병으로 그 병원체가 바이러스(virus)인 것은?

　가. 발진열　　　　　　　　　　나. 탄저

　다. 광견병　　　　　　　　　　라. 결핵

57 이산화탄소(CO_2)를 실내 공기의 오탁지표로 사용하는 가장 주된 이유는?

　가. 유독성이 강하므로

　나. 실내 공기조성의 전반적인 상태를 알 수 있으므로

　다. 일산화탄소로 변화되므로

　라. 항상 산소량과 반비례하므로

58 다음 중 물, 기구, 용기 등의 소독에 가장 효과적인 자외선의 파장은?

　가. 50nm　　　　　　　　　　나. 150nm

　다. 260nm　　　　　　　　　　라. 410nm

59 다음 중 병원체가 세균인 질병은?

가. 폴리오

나. 백일해

다. 발진티푸스

라. 홍역

60 백신 등의 예방접종으로 형성되는 면역은?

가. 자연능동면역

나. 자연수동면역

다. 인공능동면역

라. 인공수동면역

과년도 기출문제 02

01	다	02	라	03	가	04	가	05	다	06	나	07	다	08	다	09	나	10	나
11	가	12	나	13	가	14	가	15	라	16	나	17	다	18	라	19	가	20	라
21	라	22	나	23	다	24	나	25	가	26	가	27	다	28	라	29	나	30	나
31	나	32	다	33	라	34	라	35	다	36	다	37	가	38	라	39	다	40	다
41	나	42	다	43	라	44	라	45	다	46	다	47	가	48	라	49	다	50	가
51	다	52	다	53	나	54	라	55	나	56	다	57	나	58	다	59	나	60	다

과년도 기출문제 ⓵3

01 식품위생 법규상 수입식품의 검사결과 부적합한 식품에 대해서 수입신고인이 취해야 하는 조치가 아닌 것은?

가. 수출국으로의 반송

나. 식용 외의 다른 용도로의 전환

다. 관할 보건소에서 재검사 실시

라. 다른 나라로의 반출

02 다음 중 영양사의 직무가 아닌 것은?

가. 식단 작성   나. 검식 및 배식관리

다. 식품 등의 수거 지원   라. 구매식품의 검수

03 식품 등의 공전을 작성하는 자는?

가. 보건환경연구원장   나. 국립검역소장

다. 식품의약품안정청장   라. 농림수산식품부장관

04 다음 중 산화방지를 위해 사용하는 식품첨가물은?

가. 아스파탐   나. 디부틸히드록시톨루엔

다. 이산화티타늄   라. 글리신

05 보건복지가족부형이 정하는 위생등급기준에 따라 위생관리 상태 등이 우수한 집단급식소를 우수업소 또는 모범업소로 지정할 수 없는 자는?

가. 식품의약품안정청장   나. 보건환경연구원장

다. 시장   라. 군수

06 포도상구균의 특징이 아닌 것은?

가. 감염형 식중독을 일으킨다.

나. 내열성 독소를 생성한다.

다. 손에 상처가 있을 경우 식품 오염 확률이 높다.

라.주 증상은 급성 위장염이다.

07 부패의 의미를 가장 잘 설명한 것은?

가. 비타민 식품이 광선에 의해 분해되는 상태

나. 단백질 식품이 미생물에 의해 분해되는 상태

다. 유지 식품이 산소에 의해 산화되는 상태

라. 탄수화물 식품이 발효에 의해 분해되는 상태

08 식품의 변질에 관계하는 세균의 발육을 억제하는 조건은?

가. 중성의 pH

나. 30 ~ 40℃의 온도

다. 10% 이하의 수분

라. 풍부한 아미노산

09 다음 중 살모넬라에 오염되기 쉬운 대표적인 식품은?

가. 과실류

나. 해초류

다. 난류

라. 통조림

10 다음 복어의 부위 중 독소 양이 가장 많은 것은?

가. 간장

나. 안구

다. 껍질

라. 근육

11 식품첨가물의 사용목적과 첨가물이 잘못 연결된 것은?

가. 착색료 : 철클로로필린 나트륨

나. 산미제 : 벤조피렌

다. 표백제 : 메타중아황산칼륨

라. 감미료 : 삭카린나트륨

12 감자의 발아부위와 녹색부위에 있는 자연독은?

　가. 에르고톡신　　　　　　　　　나. 무스카린

　다. 테트로도톡신　　　　　　　　라. 솔라닌

13 다음 중 항히스타민제 복용으로 치료되는 식중독은?

　가. 살모넬라 식중독　　　　　　　나. 알레르기성 식중독

　다. 병원성 대장균 식중독　　　　　라. 장염 비브리오 식중독

14 일반적으로 식중독을 방지하는데 기본적으로 가장 중요한 사항은?

　가. 취급자의 마스크 사용　　　　　나. 감염자의 예방접종

　다. 식품의 냉장과 냉동보관　　　　라. 위생복의 착용

15 과거에는 단무지, 면류 및 카레분 등에 사용하였으나 독성이 강하여 현재 사용이 금지된 색소는?

　가. 아우라민(염기성 황색 색소)　　나. 아마란스(식용 적색 제2호)

　다. 타트라진(식용 황색 제4호)　　라. 에리쓰로신(식용 적색 3호)

16 일반적으로 신선한 어패류의 수분활성도(Aw)는?

　가. 1.10 ～ 1.15　　　　　　　　나. 0.98 ～ 0.99

　다. 0.65 ～ 0.66　　　　　　　　라. 0.50 ～ 0.55

17 미생물을 이용하여 제조하는 식품이 아닌 것은?

　가. 김치　　　　　　　　　　　　나. 치즈

　다. 잼　　　　　　　　　　　　　라. 고추장

18 주로 동결건조로 제조되는 식품은?

　가. 설탕　　　　　　　　　　　　나. 당면

　다. 크림케이크　　　　　　　　　라. 분유

19 1g당 발생하는 열량이 가장 큰 것은?

가. 당질　　　　　　　　　　　　나. 단백질
다. 지방　　　　　　　　　　　　라. 알코올

20 김치에 대한 설명 중 틀린 것은?

가. 절임할 때의 소금물 농도는 10%가 적당하다.
나. 배추의 염도는 약 7% 정도가 적당하다.
다. 총산함량이 0.6 ~ 0.8%일 때 김치의 맛이 가장 좋다.
라. 산막효모는 김치의 연부에 관여하는 미생물이다.

21 연제품 제조에서 어육단백질을 용해하며 탄력성을 주기위해 꼭 첨가해야 하는 물질은?

가. 소금　　　　　　　　　　　　나. 설탕
다. 펙틴　　　　　　　　　　　　라. 글루타민산소다

22 다음 중 효소가 관여하여 갈변이 되는 것은?

가. 식빵　　　　　　　　　　　　나. 간장
다. 사과　　　　　　　　　　　　라. 캐러멜

23 다음 중 결합수의 특징이 아닌 것은?

가. 용질에 대해 용매로 작용하지 않는다.
나. 자유수보다 밀도가 크다.
다. 식품에서 미생물의 번식과 발아에 이용되지 못한다.
라. 대기 중에서 100℃ 로 가열하면 쉽게 수증기가 된다.

24 다음 중 단백질 함량이 가장 높은 것은?

가. 치즈　　　　　　　　　　　　나. 연유
다. 버터　　　　　　　　　　　　라. 요구르트

25 육류의 연화작용에 관계하지 않는 것은?

가. 파파야　　　　　　　　　나. 파인애플
다. 레닌　　　　　　　　　　라. 무화과

26 토마토의 붉은색을 나타내는 색소는?

가. 카로티노이드　　　　　　나. 클로로필
다. 안토시아닌　　　　　　　라. 탄닌

27 콩, 쇠고기, 달걀 중에 공통적으로 들어있는 주급원 영양소는?

가. 당질　　　　　　　　　　나. 단백질
다. 비타민　　　　　　　　　라. 무기질

28 옥수수의 필수아미노산 조성이 아래와 같을 때 옥수수의 제한아미노산과 단백가는?
(mg수 / 100g 단백질)

아미노산	옥수수중의함량	FAO제안필요량
루신	204	306
리신	540	270
메티오닌	216	144
트레오닌	90	180
트립토판	36	90

가. 루신, 67　　　　　　　　나. 리신, 50
다. 메티오닌, 150　　　　　라. 트립토판, 40

29 어패류와 육류에서 일어나는 자기소화의 원인은?

가. 식품 속에 존재하는 산에 의해 일어난다.
나. 식품 속에 존재하는 염류에 의해 일어난다.
다. 공기 중의 산소에 의해 일어난다.
라. 식품 속에 존재하는 효소에 의해 일어난다.

30 녹색채소를 수확 후에 방치 할 때 점차 그 색이 갈색으로 변하는 이유는?

가. 엽록소가 페오피틴으로 변했으므로
나. 엽록소의 수소가 구리로 치환되었으므로
다. 엽록소가 클로로필라이드로 변했으므로
라. 엽록소의 마그네슘이 구리로 치환되었으므로

31 향신료와 그 성분이 바르게 된 것은?

가. 생강 – 차비신
나. 겨자 – 알리신
다. 후추 – 시니그린
라. 고추 – 캡사이신

32 신 김치로 찌개를 조리할 때 잎의 조직이 단단해지는 주된 이유는?

가. 고춧가루가 조직에 침투되기 때문에
나. 김치에 함유된 산이 조직을 단단하게 하기 때문에
다. 세포간의 물질이 쉽게 용해될 수 없기 때문에
라. 함유된 단백질이 응고하기 때문에

33 냉동생선을 해동하는 방법으로 위생적이며 영양 손실이 가장 적은 경우는?

가. 18 ~ 22℃의 실온에 방치한다.
나. 40℃의 미지근한 물에 담가둔다.
다. 냉장고 속에서 해동한다.
라. 흐르는 물에 담가둔다.

34 다음 중 담즙의 기능이 아닌 것은?

가. 산의 중화작용
나. 유화작용
다. 당질의 소화
라. 약물 및 독소 등의 배설작용

35 식품에 따른 저장온도와 저장기간이 위생적으로 바람직하지 않은 것은?

가. 우유 : 2 ~ 4℃, 2 ~ 3일
나. 빵 : 5℃, 10일
다. 달걀 : 3℃, 2주
라. 소시지 : 4 ~ 7℃, 7 ~ 10일

36 생선조림에 대해서 잘못 설명한 것은?

가. 생선을 빨리 익히기 위해서 냄비뚜껑은 처음부터 닫아야 한다.

나. 생강이나 마늘은 비린내를 없애는데 좋다.

다. 가열시간이 너무 길면 어육에서 탈수작용이 일어나 맛이 없다.

라. 가시가 많은 생선을 조릴 때 식초를 약간 넣어 약한 불에서 졸이면 뼈째 먹을 수 있다.

37 기본 조리법에 대한 설명 중 틀린 것은?

가. 채소를 끓는 물에 짧게 데치면 기공을 닫아 색과 영양의 손실이 적다.

나. 로스팅(roasting)은 육류나 조육류의 큰 덩어리 고기를 통째로 오븐에 구워내는 조리
   방법을 말한다.

다. 감자, 뼈 등은 찬물에 뚜껑을 열고 끓여야 물을 흡수하여 골고루 익는다.

라. 튀김을 할 때 온도는 160 ~ 180℃ 가 적당하다.

38 수입쇠고기 두 근을 30,000원에 구입하여 50명의 식사를 공급하였다. 식단가격을
   2,500원으로 정한다면 식품의 원가율은 몇 %인가?

가. 83%   나. 42%

다. 24%   라. 12%

39 환자의 식단 작성 시 가장 먼저 고려해야 할 점은?

가. 유동식부터 주는 원칙을 고려

나. 비타민이 풍부한 식단 작성

다. 균형식, 특별식, 연식, 유동식 등의 식사형태의 결정

라. 양질의 단백질 공급을 위한 식단의 작성

40 식품을 구입, 조리, 배식하는 모든 과정부터 서빙까지 같은 장소에서 이루어지는 급식제
   도는?

가. 중앙공급식 급식제도   나. 예비조리식 급식제도

다. 조합식 급식제도   라. 전통적 급식제도

41 분리된 마요네즈를 재생시키는 방법으로 옳은 것은?

가. 분리된 마요네즈에 난황을 넣어 약하게 저어준다.

나. 새 난황 한 개에 분리된 마요네즈를 조금씩 넣어 힘차게 저어준다.

다. 식초를 넣으면서 계속 힘차게 저어준다.

라. 소금을 소량 넣으면서 힘차게 저어둔다.

42 채소 샐러드용 기름으로 적합하지 않은 것은?

가. 올리브유   나. 경화유

다. 콩기름   라. 유채유

43 철(Fe)에 대한 설명으로 옳은 것은?

가. 헤모글로빈의 구성 성분으로 신체의 각 조직에 산소를 운반한다.

나. 골격과 치아에 가장 많이 존재하는 무기질이다.

다. 부족 시에는 갑상선종이 생긴다.

라. 철의 필요량은 남녀에게 동일하다.

44 냉동실 사용 시 유의사항으로 맞은 것은?

가. 해동시킨 후 사용하고 남은 것은 다시 냉동보관하면 다음에 사용할 때에도 위생상 문제가 없다.

나. 액체류의 식품을 냉동 보관 시에는 냉기가 들어 갈 수 있게 밀폐시키지 않도록 한다.

다. 육류의 냉동보관 시에는 냉기가 들어갈 수 있게 밀폐시키지 않도록 한다.

라. 냉동실의 서리와 얼음 등은 더운물을 사용하여 단시간에 제거하도록 한다.

45 조리실의 설비에 관한 설명으로 맞는 것은?

가. 조리실 바닥의 물매는 청소 시 물이 빠지도록 1/10 정도로 해야 한다.

나. 조리시리의 바닥면적은 창면적의 1/2 ~ 1/5로 한다.

다. 배수관의 트랩 형태 중 찌꺼기가 많은 오수의 경우 곡선형이 효과적이다.

라. 환기설비인 후드(hood)의 경사각은 30°로, 후드의 형태는 4방 개방형이 가장 효율적이다.

46 가열조리 중 건열조리에 속하는 조리법은?

가. 찜 　　　　　　　　　　　나. 구이
다. 삶기 　　　　　　　　　　 라. 조림

47 어떤 음식의 직접원가는 500원, 제조원가는 800원, 총원가는 1,000원이다 이음식의 판매관리비는?

가. 200원 　　　　　　　　　　나. 300원
다. 400원 　　　　　　　　　　라. 500원

48 식품 감별 시 품질이 좋지 않은 것은?

가. 석이버섯은 봉우리가 작고 줄기가 단단한 것
나. 무는 가벼우며 어두운 빛깔을 띠는 것
다. 토란은 껍질을 벗겼을 때 흰색으로 단단하고 긴 것
라. 파는 굵기가 고르고 뿌리에 가까운 부분의 흰색이 긴 것

49 다음 중 조리를 하는 목적으로 적합하지 않은 것은?

가. 소화흡수율을 높여 영양효과를 증진
나. 식품 자체의 부족한 영양성분을 보충
다. 풍미, 외관을 향상시켜 기호성을 증진
라. 세균 등의 위해요소로부터 안전성 확보

50 잔치국수 100그릇을 만드는 재료내역이 아래 표와 같을 때 한 그릇의 재료비는 얼마인가? (단 폐기율은 0%로 가정하고 총양념비는 100그릇에 필요한 양념의 총액을 의미한다.)

	100 그릇의 양(g)	100g 당 가격(원)
건국수	8,000	200
쇠고기	5,000	1,400
애호박	5,000	80
달걀	7,000	90
총양념비	–	7,000(100그릇)

가. 1,000원 　　　　　　　　　나. 1,125원
다. 1,033원 　　　　　　　　　라. 1,200원

51 충란으로 감염되는 기생충은?

　가. 분선충　　　　　　　　　　나. 동양모양선충

　다. 십이지장충　　　　　　　　라. 편충

52 다음 중 법정전염병 제 1군에 속하는 것은?

　가. 일본뇌염　　　　　　　　　나. 성홍열

　다. 장티푸스　　　　　　　　　라. 성병

53 저지대에 쓰레기를 버린 후 복토하는 쓰레기 처리방법은?

　가. 소각법　　　　　　　　　　나. 퇴비화법

　다. 투기법　　　　　　　　　　라. 매립법

54 소독약의 살균력 측정 지표가 되는 소독제는?

　가. 석탄석　　　　　　　　　　나. 생석회

　다. 알코올　　　　　　　　　　라. 크레졸

55 공기 중에 먼지가 많으면 어떤 건강장해를 일으키는가?

　가. 진폐증　　　　　　　　　　나. 울열

　다. 저산소증　　　　　　　　　라. 레이노드씨병

56 다음 중 중간숙주 없이 감염이 가능한 기생충은?

　가. 아니사키스　　　　　　　　나. 회충

　다. 폐흡충　　　　　　　　　　라. 간흡충

57 하수 처리방법 중 혐기성 분해처리에 해당하는 것은?

　가. 부패조　　　　　　　　　　나. 활성오니법

　다. 살수여과법　　　　　　　　라. 산화지법

58 소화기계 질병의 가장 이상적인 관리 방법은?

　가. 풍부한 영양 섭취　　　　　　나. 외래 전염병 검역

　다. 환경위생 철저　　　　　　　　라. 보균자 관리

59 금속부식성이 강하고, 단백질과 결합하여 침전이 일어나므로 주의를 요하며 소독 시 0.1% 정도의 농도로 사용하는 소독약은?

　가. 석탄석　　　　　　　　　　　나. 승홍

　다. 크레졸　　　　　　　　　　　라. 알코올

60 신생아는 출생 후 어느 기간까지를 말하는가?

　가. 생후 7일 미만　　　　　　　나. 생후 10일 미만

　다. 생후 28일 미만　　　　　　라. 생후 365일 미만

과년도 기출문제 03

01 다	02 다	03 다	04 나	05 나	06 가	07 나	08 다	09 다	10 가
11 나	12 라	13 나	14 다	15 가	16 나	17 다	18 나	19 다	20 나
21 가	22 다	23 라	24 가	25 다	26 가	27 나	28 라	29 라	30 가
31 라	32 나	33 다	34 다	35 나	36 가	37 라	38 다	39 다	40 라
41 나	42 나	43 가	44 나	45 라	46 다	47 가	48 다	49 다	50 다
51 라	52 다	53 라	54 가	55 가	56 나	57 가	58 다	59 나	60 가

과년도 기출문제 04

01 식품위생법상 식품위생의 정의는?

가. 음식과 의약품에 관한 위생을 말한다.

나. 농산물, 기구 또는 용기. 포장의 위생을 말한다.

다. 식품 및 식품첨가물만을 대상으로 하는 위생을 말한다.

라. 식품, 식품첨가물, 기구 또는 용기. 포장을 대상으로 하는 음식에 관한 위생을 말한다.

02 아래는 식품 등의 표시기준상 통조림제품의 제조연월일표시 방법이다. ( )안에 알맞은 것을 순서대로 나열하면?

> 통조림제품에 있어서 연의 표시는 ( )만을, 10월, 11월, 12월의 월 표시는 각각 ( )로, 1일 내지 9일까지의 표시는 바로 앞에 0을 표시 할 수 있다.

가. 끝 숫자, O, N, D 나. 끝 숫자, M, N D

다. 앞 숫자, O, N, D 라. 앞 숫자, F, N, D

03 식품접객업 중 음주행위가 허용되지 않는 영업은?

가. 일반음식점영업 나. 단란주점영업

다. 휴게음식점영업 라. 유흥주점영업

04 다음 중 식품위생법상 판매가 금지된 식품이 아닌 것은?

가. 병원미생물에 의하여 오염되어 인체의 건강을 해할 우려가 있는 식품

나. 영업신고 또는 허가를 받지 않은 자가 제조한 식품

다. 안전성평가를 받아 식용으로 적합한유전자 재조합 식품

라. 썩었거나 상하였거나 설익은 것으로 인체의 건강을 해할 우려가 있는 식품

05 다음 중 무상 수거대상 식품에 해당하지 않는 것은?

가. 출입검사의 규정에 의하여 검사에 필요한 식품 등을 수거할 때

나. 유통 중인 부정. 불량식품 등을 수거할 때

다. 도소매 업소에서 판매하는 식품 등을 시험검사용으로 수거할 때

라. 수입식품 등을 검사할 목적으로 수거할 때

06 세균성식중독과 병원성소화기계전염병을 비교한 것으로 틀린 것은?

	세균성 식중독	병원성소화기계전염병
가.	식품은 원인물질 축적체	식품은 병원균 운반체
나.	2차 감염이 빈번함	2차 감염이 없음
다.	식품위생법으로 관리	전염병예방법으로 관리
라.	비교적 짧은 잠복기	비교적 긴 잠복기

07 엔테로톡신(enterotoxin)이 원인이 되는 식중독은?

가 살모넬라 식중독　　　　　　　나. 장염비브리오 식중독

다. 병원성대장균 식중독　　　　　라. 황색포도상구균 식중독

08 카드뮴(cd) 중독에 의해 발생되는 질병은?

가. 미나마타(Minamata)병　　　　나. 이타이이타이(Itai−itai)병

다. 스팔가눔병(Sparganosis)　　　라. 브루셀라(Brucellosis)병

09 집단식중독이 발생하였을 때의 조치사항으로 부적합한 것은?

가. 보건소 또는 해당관청에 신고한다.

나. 의사 처방전이 없더라도 항생물질을 즉시 복용시킨다.

다. 원인식을 조사한다.

라. 원인을 조사하기 위해 환자의 가검물을 보관한다.

10 미생물의 발육을 억제하여 식품의 부패나 변질을 방지할 목적으로 사용되는 것은?

가. 안식향산나트륨　　　　　　　나. 호박산나트륨

다. 글루타민나트륨　　　　　　　라. 실리콘수지

11 저장 중에 생긴 감자의 녹색 부위에 많이 들어 있는 독소는?

가. 리신(ricin)　　　　　　　　　나. 솔라닌(solanine)

다. 테물린(temuline)　　　　　　라. 아미그달린(amygdailn)

12 빵을 구울 때 기계에 달라붙지 않고 분할이 쉽도록 하기 위하여 사용하는 첨가물은?

　가. 조미료　　　　　　　　　　　나. 유화제
　다. 피막제　　　　　　　　　　　라. 이형제

13 식품의 위생적 장해와 가장 거리가 먼 것은?

　가. 기생충 및 오염물질에 의한 장해
　나. 식품에 함유된 중금속 물질에 의한 장해
　다. 세균성식중독에 의한 장해
　라. 영양결핍으로 인한 장해

14 다음 중 곰팡이 독소가 아닌 것은?

　가. 아플라톡신(atlatoxin)　　　　　나. 시트리닌(citrinin)
　다. 삭시톡신(saxitoxin)　　　　　라. 파툴린(patulin)

15 햄 등 육제품의 붉은색을 유지하기 위해 사용하는 첨가물은?

　가. 스테비오사이드　　　　　　　나. D-솔비톨
　다. 아질산나트륨　　　　　　　　라. 아우라민

16 훈연시 발생하는 연기성분에 해당하지 않는 것은?

　가. 페놀(phenol)　　　　　　　　나. 포름알데히드(formaldehyde)
　다. 개미산(formaic acid)　　　　라. 사포닌(saponin)

17 감자 100g이 72kcal의 열량을 낼 때, 감자 450g은 얼마의 열량을 공합 하는가?

　가. 234kcal　　　　　　　　　　나. 284kcal
　다. 324kcal　　　　　　　　　　라. 384kcal

18 다음 중 칼슘 급원 식품으로 가장 적합한 것은?

　가. 우유　　　　　　　　　　　　나. 감자
　다. 참기름　　　　　　　　　　　라. 쇠고기

19 중성지방의 구성 성분은?

가. 탄소와 질소

나. 아미노산

다. 지방산과 글리세롤

라. 포도당과 지방산

20 카제인(casein)은 어떤 단백질에 속하는가?

가. 당단백질

나. 지단백질

다. 유도단백질

라. 인단백질

21 전분의 노화 억제 방법이 아닌 것은?

가. 설탕 첨가

나. 유화제 첨가

다. 수분함량을 10% 이하로 유지

라. 0℃에서 보존

22 잼 또는 젤리를 만들 때 설탕의 양으로 가장 적합한 것은?

가. 20 ~ 25%

나. 40 ~ 45%

다. 60 ~ 65%

라. 80 ~ 85%

23 짠맛에 소량의유기산이 첨가되면 나타나는 현상은?

가. 떫은맛이 강해진다.

나. 신맛이 강해진다.

다. 단맛이 강해진다.

라. 짠맛이 강해진다.

24 유지의 산패에 영향을 미치는 인자와 거리가 먼 것은?

가. 온도

나. 광선

다. 수분

라. 기압

25 다음 중 비타민 B_{12}가 많이 함유되어 있는 급원 식품은?

가. 사과, 배, 귤

나. 소간, 난황, 어육

다. 미역, 김, 우뭇가사리

라. 당근, 오이, 양파

26 쇠고기 가공시 발색제를 넣었을 때 나타나는 선홍색 물질은?

가. 옥시미오글로빈(oxymyoglobin)

나. 니트로소미오글로빈(nitrosomyoglobin)

다. 미오글로빈(myoglobin)

라. 메트미오글로빈(metmyoglobin)

27 생선의 육질이 육류보다 연한 주 이유는?

가. 콜라겐과 엘라스틴의 함량이 적으므로

나. 미오신과 액틴의 함량이 많으므로

다. 포화지방산의 함량이 많으므로

라. 미오글로빈 함량이 적으므로

28 지방의 경화에 대한 설명으로 옳은 것은?

가. 물과 지방이 서로 섞여 있는 상태이다.

나. 불포화지방산에 수소를 첨가하는 것이다.

다. 기름을 7.2℃까지 냉각시켜서 지방을 여과하는 것이다.

라. 반죽 내에서 지방층을 형성하여 글루텐 형성을 막는 것이다.

29 육류의 결합조직을 장시간 물에 넣어 가열했을 때의 변화는?

가. 콜라겐이 젤라틴으로 된다.

나. 액틴이 젤라틴으로 된다.

다. 미오신이 콜라겐으로 된다.

라. 엘라스틴이 콜라겐으로 된다.

30 5대 영양소의 기능에 대한 설명으로 틀린 것은?

가. 새로운 조직이나 효소, 호르몬 등을 구성한다.

나. 노폐물을 운반한다.

다. 신체 대사에 필요한 열량을 공급한다.

라. 소화. 흡수 등의 대사를 조절한다.

31 밀가루를 반죽할 때 연화(쇼트닝)작용과 팽화작용의 효과를 얻기 위해 넣는 것은?

가. 소금   나. 지방

다. 달걀   라. 이스트

32 전분의 호화에 필요한 요소만으로 짝지어진 것은?

가. 물, 열   나. 물, 기름

다. 기름, 설탕   라. 열, 설탕

33 단백질과 탈취작용의 관계를 고려하여 돼지고기나 생선의 조리시 생강을 사용하는 가장 적합한 방법은?

가. 처음부터 생강을 함께 넣는다.

나. 생강을 먼저 끓여낸 후 고기를 넣는다.

다. 고기나 생선이 거의 익은 후에 생강을 넣는다.

라. 생강즙을 내어 물에 혼합한 후 고기를 넣고 끓인다.

34 침(타액)에 들어있는 소화효소의 작용은?

가. 전분을 맥아당으로 변화시킨다.

나. 단백질을 펩톤으로 분해시킨다.

다. 설탕을 포도당과 과당으로 분해시킨다.

라. 카제인을 응고시킨다.

35 신선한 달걀의 난화계수(yolk index)는 얼마 정도인가?

가. 0.14 ~ 0.17   나. 0.25 ~ 0.30

다. 0.36 ~ 0.44   라. 0.55 ~ 0.66

36 시금치나물을 조리할 때 1인당 80g이 필요하다면, 식수 인원 1500명에 적합한 시금치 발주량은? (단, 시금치 폐기율은 4%이다.)

가. 100kg   나. 110kg

다. 125kg   라. 132kg

37 재료소비량을 알아내는 방법과 거리가 먼 것은?

가. 계속기록법   나. 재고조사법

다. 선입선출법   라. 역계산법

38 각 식품의 보관요령으로 틀린 것은?

가. 냉동육은 해동, 동결을 반복하지 않도록 한다.

나. 건어물은 건조하고 서늘한 곳에 보관한다.

다. 달걀은 깨끗이 씻어 냉장 보관한다.

라. 두부는 찬물에 담갔다가 냉장시키거나 찬물에 담가 보관한다.

39 다음 중 버터의 특성이 아닌 것은?

가. 독특한 맛과 향기를 가져 음식에 풍미를 준다.

나. 냄새를 빨리 흡수하므로 밀폐하여 저장하여야한다.

다. 소화율이 높다.

라. 성분은 단백질이 80% 이상이다.

40 에너지 전달에 대한 설명으로 틀린 것은?

가. 물체가 열원에 직접적으로 접촉됨으로써 가열되는 것을 전도라고 한다.

나. 대류에 의한 열의 전달은 매개체를 통해서 일어난다.

다. 대부분의 음식은 복합적 방법에 의해 에너지가 전달되어 조리된다.

라. 열의 전달 속도는 대류가 가장 빨라 복사, 전도보다 효율적이다.

41 오징어에 대한 설명으로 틀린 것은?

가. 오징어는 가열하면 근육섬유와 콜라겐섬유 때문에 수축하거나 둥글게 말린다.

나. 오징어의 살이 붉은색을 띠는 것은 색소포에 의한 것으로 신선도와는 상관이 없다.

다. 신선한 오징어는 무색투명하며, 껍질에는 짙은 적갈색의 색소포가 있다.

라. 오징어의 근육은 평활근으로 색소를 가지지 않으므로 껍질을 벗긴 오징어는 가열하면 백색이 된다.

42 쓰거나 신 음식을 맛 본 후 금방 물을 마시면 물이 달게 느껴지는데 이는 어떤 원리에 의한 것인가?

가. 변조현상

나. 대비효과

다. 순응현상

라. 억제현상

43 각 식품을 냉장고에서 보관할 때 나타나는 현상의 연결이 틀린 것은?

가. 바나나 – 껍질이 검게 변한다.

나. 고구마 – 전분이 변해서 맛이 없어진다.

다. 식빵 – 딱딱해 진다.

라. 감자 – 솔라닌이 생성된다.

44 미역국을 끓일 때 1인분에 사용되는 재료와 필요량, 가격이 아래와 같다면 미역국10인분에 필요한 재료비는? (단, 총 조미료의 가격 70원은 1인분 기준임)

재료	필요량(g)	가격(원/100g당)
미역	20	150
쇠고기	60	850
총 조미료	–	70(1인분)

가. 610원

나. 6100원

다. 870원

라. 8700원

45 유지의 발연점이 낮아지는 원인이 아닌 것은?

가. 유리지방산의 함량이 낮은 경우

나. 튀김하는 그릇의 표면적이 넓은 경우

다. 기름에 이물질이 많이 들어 있는 경우

라. 오래 사용하여 기름이 지나치게 산패된 경우

46 어류의 지방함량에 대한 설명으로 옳은 것은?

가. 흰살생선은 5% 이하의 지방을 함유한다.

나. 흰살생선이 붉은살 생선보다 함량이 많다

다. 산란기 이후 함량이 많다.

라. 등쪽이 배쪽보다 함량이 많다.

47 찹쌀떡이 멥쌀떡보다 더 늦게 굳는 이유는?

가. ph가 낮기 때문이다.

나. 수분함량이 적기 때문에

다. 아밀로오스의 함량이 많기 때문에

라. 아밀로펙틴의 함량이 많기 때문에

48 건조된 갈조류 표면의 흰가루 성분으로 단맛을 나타내는 것은?

가. 만니톨   나. 알긴산

다. 클로로필   라. 피코시안

49 다음 중 조리실 바닥 재질의 조건으로 부적합한 것은?

가. 산, 알칼리, 열에 강해야 한다.

나. 습기와 기름이 스며들지 않아야 한다.

다. 공사비와 유지비가 저렴하여야 한다.

라. 요철이 많아 미끄러지지 않도록 해야 한다.

50 급식산업에 있어서 위해요소관리(HACCP)에 의한 중요 관리점(CCP)에 해당하지 않는 것은?

가. 교차오염 방지

나. 권장된 온도에서의 냉각

다. 생물학적 위해요소 분석

라. 권장된 온도에서의 조리와 재가열

51 WHO 보건헌장에 의한 건강의 정의는?

가. 질병이 걸리지 않은 상태

나. 육체적으로 편안하며 쾌적한 상태

다. 육체적, 정신적, 사회적 안녕의 완전한 상태

라. 허약하지 않고 심신이 쾌적하며 식욕이왕성한 상태

52 다음 중 병원체가 세균인 질병은?

　가. 폴리오　　　　　　　　　　나. 백일해

　다. 발진티푸스　　　　　　　　라. 홍역

53 동맥경화증의 원인물질이 아닌 것은?

　가. 트리글리세라이드　　　　　나. 유리지방산

　다. 콜레스테롤　　　　　　　　라. 글리시닌

54 광절열두조충의 제1중간 숙주와 제2중간 숙주를 옳게 짝지은 것은?

　가. 연어–송어　　　　　　　　나. 붕어–연어

　다. 물벼룩–송어　　　　　　　라. 참게–사람

55 다음 기생충 중 주로 채소를 통해 감염되는 것으로만 짝지어 진 것은?

　가. 회충, 민촌충　　　　　　　나. 회충, 편충

　다. 촌충, 광절열두조충　　　　라. 십이지장충, 간흡충

56 석탄산계수가 2이고, 석탄산의 희석배수가 40배인 경우 실제 소독약품의 희석배수는?

　가. 20배　　　　　　　　　　　나. 40배

　다. 80배　　　　　　　　　　　라. 160배

57 중독될 경우 소변에서 코프로포르피린(corproporphyrin)이 검출될 수 있는 중금속은?

　가. 철(Fe)　　　　　　　　　　나. 크롬(Cr)

　다. 납(Pb)　　　　　　　　　　라. 시안화합물(Cn)

58 다음 중 우리나라에서 발생하는 장티푸스의 가장 효과적인 관리 방법은?

　가. 환경위생 철저

　나. 공기정화

　다. 순화독소(toxoid) 접종

　라. 농약 사용 자제

59 살균소독제를 사용하여 조리 기구를 소독한 후 처리 방법으로 옳은 것은?

가. 마른 타월을 사용하여 닦아낸다.

나. 자연건조(air dry) 시킨다.

다. 표면의 수분을 완전히 마르지 않게 한다.

라. 최종 세척시 음용수로 헹구지 않고 세제를 탄 물로 헹군다.

60 다음의 상수처리 과정에서 가장 마지막 단계는?

가. 급수   나. 취수

다. 정수   라. 도수

過년도 기출문제 **04**

01	라	02	가	03	다	04	다	05	다	06	나	07	라	08	나	09	나	10	가
11	나	12	라	13	라	14	다	15	다	16	라	17	다	18	가	19	다	20	라
21	라	22	다	23	라	24	라	25	나	26	나	27	가	28	나	29	가	30	나
31	나	32	가	33	다	34	가	35	다	36	다	37	다	38	다	39	라	40	라
41	나	42	가	43	라	44	나	45	가	46	가	47	라	48	가	49	라	50	다
51	다	52	나	53	라	54	다	55	나	56	다	57	다	58	가	59	나	60	가

과년도 기출문제 05

01 식품위생법규상 우수업소의 지정기준으로 틀린 것은?

가. 건물은 작업에 필요한 공간을 확보하여야 하며, 환기가 잘 되어야 한다.

나. 원료처리실. 제조가공실. 포장실 등 작업장은 분리. 구획되어야 한다.

다. 작업장. 냉장시설. 냉동시설 등에는 온도를 측정할 수 있는 계기가 눈에 잘 보이지 않는 곳에 설치되어야 한다.

라. 작업장의 바닥·내벽 및 천장은 내부처리를 하여야 하며, 항상 청결하게 관리되어야 한다.

02 식품 등의 위생적 취급에 관한 기준으로 틀린 것은?

가. 식품 등을 취급하는 원료보관실. 제조가공실. 포장실 등의 내부는 항상 청결하게 관리하여 한다.

나. 식품 등의 원료 및 제품 중 부패. 변질이 되기 쉬운 것은 냉동·냉장시설에 보관. 관리하여야 한다.

다. 식품 등의 제조. 가공. 조리 또는 포장에 직접 종사하는 자는 위생모를 착용하는 등 개인위생관리를 철저히 하여야 한다.

라. 유통기한이 경화된 식품 등은 판매의 목적으로 전시하여 진열 보관하여도 된다.

03 식품접객업 중 단란주점영업을 허가하는 자는?

가. 시장. 군수. 구청장　　　　　　나. 시.도지사

다. 보건복지가족부장관　　　　　　라. 식품의약품 안전청장

04 집단급식소를 설치·운영하는 자는 조리한 식품의 매회 1인분 분량을 보건복지가족부령이 정하는 바에 따라 몇 시간 이상 보관해야 하는가?

가. 12시간　　　　　　　　　　　나. 24시간

다. 72시간　　　　　　　　　　　라. 1000시간

05 다음 중 조리사 면허를 받을 수 없는 사람은?

　가. 미성년자

　나. 마약중독자

　다. 비전염성 간염환자

　라. 조리사 면허를 취소처분을 받고 그 취소된 날부터 1년이 지난 자

06 칼슘(Ca)과 인(P)의 대사이상을 초래하여 골연화증을 유발하는 유해금속은?

　가. 철(Fe)　　　　　　　나. 카드뮴(Cd)

　다. 은(Ag)　　　　　　　라. 주석(Sn)

07 살모넬라 식중독 원인균의 주요 감염원은?

　가. 채소　　　　　　　　나. 바다생선

　다. 식육　　　　　　　　라. 과일

08 다음 중 국내에서 허가된 인공감미료는?

　가. 둘신(dulcin)

　나. 식카린나트륨(sodium saccharin)

　다. 사이클라민산나트륨(sodium cyclamate)

　라. 엘틸렌글리콜(ethylene glycol)

09 황색포도상균에 의한 식중독에 대한 설명으로 틀린 것은?

　가. 잠복기는 1~5시간 정도이다.

　나. 감염형식중독을 유발하며 사망률이 높다.

　다. 주요 증상은 구토, 설사, 복통 등이다.

　라. 장독소(enterotoxin)에 의한 독소형이다.

10 화학물질을 시험동물에 1회 또는 24시간 안에 반복 투여하거나, 흡입될 수 있는 화학물질을 24시간 안에 노출 시켰을 때 1일~2주 안에 나타나는 독성은?

　가. 급성독성　　　　　　나. 만성독성

　다. 아급성독성　　　　　라. 특수독성

11 일반적으로 식품 1g 중 생균수가 약 얼마 이상일 때 초기부패가 판정하는가?

가. 102개   나 .104

다.107개   라. 1015개

12 신선도가 저하된 꽁치, 고등어 등의 섭취로 인한 알레르기성 식중독의 원인 성분은?

가. 트리메틸아민(trimethylamine)   나. 히스타민(histamine)

다. 엔테로톡신(enterotoxin)   라. 시큐톡신(cicutoxin)

13 유동파라핀의 사용 용도는?

가. 껌기초제   나. 이형제

다. 소포제   라. 추출제

14 음식물과 함께 섭취된 미생물이 식품이나 체내에서 다량 증식하여 장관 점막에 위해를 끼침으로서 일어나는 식중독은?

가. 독소형 세균성 식중독   나. 감염형 세균성 식중독

다. 식물성 자연독 식중독   라. 동물성 자연독 식중독

15 장마철 후 저장쌀이 적홍색 또는 황색으로 착색된 현상에 대한 설명으로 틀린 것은?

가. 수분함량이 15% 이상 되는 조건에서 저장할 때 발생한다.

나. 기후조건 때문에 동남아시아 지역에서 발생하기 쉽다.

다. 저장된 쌀에 곰팡이류가 오염되어 그 대사산물에 의해 쌀이 황색으로 변한 것이다.

라. 황변미는 일적인 현상이므로 위생적으로 무해한다.

16 유화(emulsion)와 관련이 적은 식품은?

가. 버터   나. 마요네즈

다. 두부   라. 우유

17 생선의 신선도가 저하되었을 때의 변화로 틀린 것은?

가. 살이 물러지고 뼈와 쉽게 분리된다.

나. 표피의 비늘이 떨어지거나 잘 벗겨진다.

다. 아가미의 빛깔이 선홍색으로 단단하여 꽉 닫혀있다.

라. 휘발성 염기물질이 생성된다.

18 먹다 남은 찹쌀떡을 보관하려고 할때 노화가 가장 빨리 일어나는 보관 방법은?

가. 상온 보관   나. 온장고 보관

다. 냉동고 보관   라. 냉장고 보관

19 다음 영양소 중 열량소에 해당하지 않는 것은?

가. 비타민   나. 단백질

다. 지방   라. 탄수화물

20 캐러멜화(caramelization) 반응을 일으키는 것은?

가. 당류   나. 아미노산

다. 지방질   라. 비타민

21 가열에 의해 고유의 냄새성분이 생성되지 않는 것은?

가. 장어구이   나. 스테이크

다. 커피   라. 포도주

22 동물성 식품의 시간에 따른 변화 경로는?

가. 사후강진 → 자기소화 → 부패

나. 자기소화 → 사후강직 → 부패

다. 사후강직 → 부패 → 자기소화

라. 자기소화 → 부패 → 사후강직

23 다음중 이당류가 아닌 것은?

가. 설탕(sucrose) 나. 유당(lactose)

다. 과당(fructose) 라. 맥아당(maltose)

24 각 식품에 대한 설명 중 틀린 것은?

가. 쌀은 라이신, 트레오닌 등의 필수아미노산이 부족하다.

나. 당근은 비타민 A의 급원식품이다.

다. 우유는 단백질과 칼슘의 급원식품이다.

라. 육류는 알칼리성 식품이다.

25 하루 동안 섭취한 음식 중에 단백질 70g, 지질 35g, 당질 400g이 있었다면 이 때 얻을 수 있는 열량은?

가. 1995 kcal 나. 2095kcal

다. 2195kcal 라. 2295kcal

26 곡류의 특성에 관한 설명으로 틀린 것은?

가. 곡류의 호분층에는 단백질, 지질, 비타민, 무기질 ,효소 등이 풍부하다.

나. 멥쌀의 아밀로오스와 아밀로펙틴의 비율은 보통 80:20이다

다. 밀가루로 면을 만들었을 때 잘 늘어나는 이유는 글루텐성분의 특성 때문이다.

라. 맥아는 보리의 싹을 틔운 것으로서 맥주제조에 이용된다.

27 박력분에 대한 설명으로 맞는 것은?

가. 경질의 밀로 만든다.

나. 다목적으로 사용된다.

다. 탄력성과 점성이 약하다.

라. 마카로니, 식빵 제조에 알맞다.

28 아밀로펙틴에 대한 설명으로 틀린 것은?

가. 찹쌀은 아밀로펙틴으로만 구성되어 잇다.

나. 기본단위는 포도당이다.

다. a-1,4 결합과 a-1,6 결합으로 되어 있다.

라. 요오드와 반응하면 갈색을 띤다.

29 식소다(baking soda)를 넣어 만든 빵의 색깔이 누렇게 되는 이유는?

가. 밀가루의 플라본 색소가 산에 의해서 변색된다.

나. 밀가루의 플라본 색소가 알칼리에 의해서 변색된다.

다. 밀가루의 안토시아닌 색소가 가열에 의해서 변색된다.

라. 밀가루의 안토시아닌 색소가 시간이 지나면서 퇴색된다.

30 식품구성탑 중 5층에 해당하는 식품은?

가. 채소류, 과일류   나. 곡류, 전분류

다. 유지, 견과, 당류   라. 고기, 생선, 계란, 콩류

31 전분의 호정화(dextrinization)가 일어난 예로 적합하지 않은 것은?

가. 누룽지   나. 토스트

다. 미숫가루   라. 묵

32 식품과 주요 특수성분간의 연결이 옳은 것은?

가. 마늘 : 알리신   나. 무 : 진저론

다. 후추 : 메틸메르캅탄   라. 고추 : 차비신

33 집단급식소에 해당하지 않는 것은?

가. 군부대의 급식소   나. 양로원의 급식소

다. 초등학교의 급식소   라. 호텔의 이벤트 급식소

34 다음 중 신선한 달걀의 특징에 해당하는 것은?

가. 껍질이 매끈하고 윤기가 흐른다.

나. 식염수에 넣었더니 가라앉는다.

다. 깨뜨렸더니 난백이 넓게 퍼진다.

라. 노른자의 점도가 낮고 묽다.

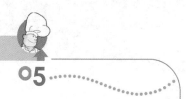

35 다음 원가요소에 따라 산출한 총 원가는?

• 직접재료비:250000원	• 제조간접비:120000원
• 직접노무비:100000원	• 판매관리비 :60000원
• 직접경비: 40000원	• 이익:100000원

가. 390000원　　　　　　　　　　나. 510000원

다. 570000원　　　　　　　　　　라. 610000원

36 미역에 대한 설명으로 틀린 것은?

가. 칼슘과 요오드가 많이 함유되어 있다.

나. 알칼리성 식품이다.

다. 갈조식물이다.

라. 점액질 물질인 알긴산은 중요한 열량급원이다.

37 식품의 풍미를 증진시키는 방법으로 적합하지 않은 것은?

가. 부드러운 채소 조리시 그 맛을 제대로 유지하려면 조리시간을 단축해야 한다.

나. 빵을 갈색이 나게 잘 구우려면 건열로 갈색반응이 일어날 때까지 충분히 구워야 한다.

다. 사태나 양지머리와 같은 질긴 고기의 국물을 맛있게 맛을 내기 위해서는 약한 불에 서서히 끓인다.

라. 빵은 증기로 찌거나 전자 오븐으로 시간을 단축시켜 조리한다.

38 안토시아닌 색소가 함유된 채소를 알칼리 용액에서 가열하면 어떻게 변색하는가?

가. 붉은색　　　　　　　　　　　나. 황갈색

다. 무색　　　　　　　　　　　　라. 청색

39 식품의 냉동에 대한 설명 중 틀린 것은?

가. 완두는 씻어서 소금물에 살짝 데쳐 식힌 후 냉동시키면 선명한 녹색을 유지할 수 있다.

나. 조리된 케이크, 빵, 떡 등은 부드러운 상태에서 밀봉하여 냉동 저장하였다가 상온에서 그대로 녹이면 거의 원상태로 돌아간다.

다. 파이껍질반죽, 쿠키반죽 등과 같은 반조리된 식품은 밀봉하여 냉동 저장하였다가 다시 사용할 수 없다.

라. 사과 등의 과일은 정량의 설탕이나 설탕시럽을 사용하여 냉동하면 향기나 질감의 손상을 어느 정도 막을 수 있다.

40 식단의 형태 중 자유선택식단(카페테리아 식단)의 특징이 아닌 것은?

가. 피급식자가 기호에 따라 음식을 선택한다.

나. 적온급식설비와 개별식기의 사용은 필요하지 않다.

다. 셀프서비스가 전제되어야 한다.

라. 조리 생산성은 고정 메뉴식보다 낮다.

41 시금치를 데칠 때 색을 보존하기 위한 조리방법으로 옳은 것은?

가. 뚜껑을 열고 다량의 조리수를 사용한다.

나. 뚜껑을 열고 소량의 조리수를 사용한다.

다. 뚜껑을 덮고 다량의 조리수를 사용한다.

라. 뚜껑을 덮고 소량의 조리수를 사용한다.

42 식초의 기능에 대한 설명으로 틀린 것은?

가. 생선에 사용하면 생선살이 단단해진다.

나. 붉은 비츠(beets)에 사용하면 선명한 적색이 된다.

다. 양파에 사용하면 황색이 된다.

라. 마요네즈 만들 때 사용하면 유화액을 안정시켜 준다.

43 식품 조리의 목적으로 부적합한 것은?

가. 영양소의 함량 증가　　　　　　나. 풍미향상

다. 식욕증진　　　　　　　　　　　라. 소화되기 쉬운 형태로 변화

44 달걀을 삶았을 때 난황 주위에 일어나는 암록색의 변색에 대한 설명으로 옳은 것은?

가. 100℃의 물에서 5분 이상 가열시 나타난다.

나. 신선한 달걀일수록 색이 진해진다.

다. 난황의 철과 난백의 황화수소가 결합하여 생성된다.

라. 낮은 온도에서 가열할 때 색이 더욱 진해진다.

45 조리장의 설비 및 관리에 대한 설명 중 틀린 것은?

가. 조리장 내에는 배수시설이 잘 되어야 한다.
나. 하수구에는 덮개를 설치한다.
다. 폐기물 용기는 목재 재질을 사용한다.
라. 폐기물 용기는 덮개가 있어야 한다.

46 우리 몸 안에서 수분의 작용을 바르게 설명한 것은?

가. 영양소를 운반하는 작용을 한다.
나. 5대 영양소에 속하는 영양소이다.
다. 높은 열량을 공급하여 추위를 막을 수 있다.
라. 호르몬의 주요 구성성분이다.

47 마요네즈를 만들 때 유화제 역할을 하는 것은?

가. 식초   나. 샐러드유
다. 설탕   라. 난황

48 튀김에 대한 설명으로 맞는 것은?

가. 기름의 온도를 일정하게 유지하게 위해 가능한 적은 양의 기름을 사용한다.
나. 기름은 비열이 낮기 때문에 온도가 쉽게 변화된다.
다. 튀김에 사용했던 기름은 철로 된 튀김용 그릇에 담아 그대로 보관한다.
라. 튀김시 직경이 넓고, 얇은 용기를 사용하면 온도변화가 작다.

49 취식자 1인당 취식면적을 1.3㎡, 식기회수 공간을 취사면적의 10%로 할 때, 1회 350인을 수용하는 식당의 면적은?

가. 500.5㎡   나. 455.5㎡
다. 485.5㎡   라. 525.5㎡

50 오징어 12kg을 25000원에 구입하였다. 모두 손질한 후의 폐기율이 35%였다면 실사용량의 kg당 단가는 얼마인가?

가. 5556원   나. 3205원
다. 2083원   라. 714원

51 순화독소(toxoid)를 사용하는 예방접종으로 면역이 되는 질병은?

가. 파상풍　　　　　　　　　　　나. 콜레라

다. 폴리오　　　　　　　　　　　라. 백일해

52 B형 간염에 대한 설명 중 틀린 것은?

가. 제2군 전염병이다.

나. 후기에는 황달증상이 나타난다.

다. 감염된 사람의 혈액에 의해 전염된다.

라. 세균성 감염이다.

53 중간숙주가 제1중간숙주와 제2중간숙주로 두 가지인 기생충은?

가. 요충　　　　　　　　　　　　나. 간디스토마

다. 회충　　　　　　　　　　　　라. 아메바성 이질

54 먹는물의 수질기준으로 틀린 것은?

가. 색도는 7도 이상이어야 한다.

나. 냄새와 맛은 소독으로 인한 냄새와 맛 이외의 냄새와 맛이 있어서는 안 된다.

다. 대장균·분원성 대장균군은 100ml에서 검출되지 않아야 한다.(단, 샘물먹는샘물 및 먹는 해양심층수 제외)

라. 수소이온의 농도는 pH5.8이상 8.5이하이어야 한다.

55 어패류 매개 기생충 질환의 가장 확실한 예방법은?

가. 환경위생 관리　　　　　　　　나. 생식금지

다. 보건교육　　　　　　　　　　라. 개인위생 철저

56 세계보건기구(WHO)의 주요 기능이 아닌 것은?

가. 국제적인 보건사업의 지휘 및 조정

나. 회원국에 대한 기술지원 및 자료공급

다. 개인의 정신질환 치료 및 정신보건 향상

라. 전문가 파견에 의한 기술자문 활동

57 아래에서 설명하는 소독법은?

> 　드라이오븐을 이용하여 유리기구, 주사침, 유지, 글리세린, 분말 등에 주로 사용하며 보통170℃에서 1~2시간 처리한다.

가. 자비소독법　　　　　　　　　　나. 고압증기멸균법
다. 건열멸균법　　　　　　　　　　라. 유통증기멸균법

58 소독약과 유효한 농도의 연결이 적합하지 않은 것은?

가. 알코올 － 5%　　　　　　　　　나. 과산화수소 － 3%
다. 석탄산 － 3%　　　　　　　　　라. 승홍수 － 0.1%

59 하천수의 용존산소량이 적을 때의 원인으로 가장 적합한 것은?

가. 하천수의 온도가 하강하였다.
나. 가정하수, 공장폐수 등에 의해 오염되었다.
다. 중금속의 오염이 심각하였다.
라. 비가 내린지 얼마 안 되었다.

60 심한 설사로 인하여 탈수 증상을 나타내는 전염병은?

가. 콜레라　　　　　　　　　　　　나. 백일해
다. 결핵　　　　　　　　　　　　　라. 홍역

○ 과년도 기출문제 **05**

01	다	02	라	03	가	04	다	05	나	06	나	07	다	08	나	09	나	10	가
11	다	12	나	13	나	14	나	15	라	16	다	17	다	18	라	19	가	20	가
21	라	22	가	23	다	24	라	25	다	26	나	27	다	28	라	29	나	30	다
31	라	32	가	33	라	34	나	35	다	36	라	37	다	38	다	39	다	40	나
41	가	42	다	43	가	44	나	45	다	46	가	47	라	48	나	49	가	50	나
51	가	52	라	53	나	54	가	55	나	56	다	57	다	58	가	59	나	60	가

과년도 기출문제 › 06

01 다음 중 보존료가 아닌 것은?

가. 안식향산(Benzoicacid)

나. 소르빈산(Sorbic acid)

다. 프로피온산(Propionic acid)

라. 구아닐산(Guanylic acid)

02 식품등의 표시기준상 과자류에 포함되지 않는 것은?

가. 캔디류

나. 츄잉껌

다. 유바

라. 빙과류

03 그 질병으로 인하여 죽은 동물의 고기·뼈·젖·장기 또는 혈액을 식품으로 판매하거나 판매할 목적으로 채취·수입·가공·사용·조리·저장 또는 운반하거나 진열하지 못하는 질병과 관련이 없는 것은?

가. 리스테리아병

나. 살모넬라병

다. 선모충증

라. 아니사키스

04 다음 중 식품위생법령상 위해평가대상이 아닌 것은?

가. 국내·외 연구·검사기관에서 인체의 건강을 해할 우려가 있는 원료 또는 성분 등을 검출한 식품 등

나. 바람직하지 않은 식습관 등에 의해 건강을 해할 우려가 있는 식품 등

다. 국제식품규격위원회 등 국제기구 또는 외국의 정부가 인체의 건강을 해할 우려가 있다 고 인정하여 판매 등을 금지하거나 제한한 식품 등

라. 새로운 원료·성분 또는 기술을 사용하여 생산·제조·조합 되거나 안정성에 대한 기 준 및 규격이 정하여지지 아니하여 인체의 건강을 해할 우려가 있는 식품 등

05 5'-이노신산나트륨, 5'-구아닐산나트륨, L-글루탐산나트륨의 주요 용도는 ?

가. 표백제　　　　　　　　　　　나. 조미료

다. 보존료　　　　　　　　　　　라. 산화방지제

06 다음 세균성식중독 중 독소형은?

가. 살모넬라 식중독　　　　　　　나. 장염비브리오 식중독

다. 알르레기성 식중독　　　　　　라. 포도상구균 식중독

07 감자의 싹과 녹색부위에서 생성되는 독성 물질은?

가. 솔라닌(Solanine)　　　　　　나. 리신(Ricin)

다. 시큐톡신(Cicutoxin)　　　　라. 아미그달린(Amygdalin)

08 굴을 먹고 식중독에 걸렸을 때 관계되는 독성물질은?

가. 시큐톡신(Cicutoxin)　　　　나. 베네루핀(Venerupin)

다. 테트라민(Tetramine)　　　　라. 테무린(Temuline)

09 식품의 부패시 생성되는 물질과 거리가 먼 것은?

가. 암모니아(Ammonia)　　　　나. 트리메틸아민(Trimethylamine)

다. 글리코겐(Glycogen)　　　　라. 아민(Amine)

10 곰팡이 독소(Mycotoxin)에 대한 설명으로 틀린 것은?

가. 곰팡이가 생산하는 2차 대사산물로 사람과 가축에 질병이나 이상생리작용을 유발하는 물질이다.

나. 온도 24-35℃, 수분7% 이상의 환경조건에서는 발생하지 않는다.

다. 곡류, 견과류와 곰팡이가 번식하기 쉬운 식품에서 주로 발생한다.

라. 아플라톡신(Aflatoxin)은 간암을 유발하는 곰팡이 독소이다.

11 다음 식품 첨가물 중 주요 목적이 다른 것은?

가. 과산화벤조일　　　　　　　　나. 과황산암모늄

다. 이산화염소　　　　　　　　　라. 아질산나트륨

12 일반 가열 조리법으로 예방하기 가장 어려운 식중독은?

가. 살모넬라에 의한 식중독

나. 웰치균에 의한 식중독

다. 포도상구균에 의한 식중독

라. 병원성 대장균에 의한 식중독

13 화학 물질을 조금씩 장기간에 걸쳐 실험동물에게 투여했을때 장기나 기관에 어떠한 장해나 중독이 일어나는가를 알아보는 시험으로, 최대무작용량을 구할 수 있는 것은?

가. 급성독성시험

나. 만성독성시험

다. 안전독성시험

라. 아급성독성시험

14 중국에서 멜라민 오염 식품에 의해 유아가 사망한 이유는?

가. 강력한 발암물질이기 때문이다.

나. 유아의 간에 축적되어 간독성을 나타내기 때문이다.

다. 배설되지 않고 생체 내에 전량이 잔류하기 때문이다.

라. 분유를 주식으로 하는 유아가 고농도의 멜라민에 노출되었기 때문이다.

15 식육 및 어육제품의 가공시 첨가되는 아질산과 이급아민이 반응하여 생기는 발암물질은?

가. 벤조피렌(Benxopyrene)

나. PCB(Polychlorinated Biphenyl)

다. 니트로사민(N-nitrosamine)

라. 말론알데히드(Malonaldehyde)

16 냉장의 목적과 가장 거리가 먼 것은?

가. 미생물의 사멸

나. 신선도 유지

다. 미생물의 증식억제

라. 자기소화 지연 및 억제

17 꽁치 160g의 단백질 양은? (단, 꽁치 100g당 단백질 양:24.9g)

가. 28.7g

나. 34.6g

다. 39.8g

라. 43.2g

18 경단백질로서 가열에 의해 젤라틴으로 변하는 것은?

가. 케라틴(Keratin)
나. 콜라겐(Collagen)
다. 엘라스틴(Elastin)
라. 히스톤(Histone)

19 과실 중 밀감이 쉽게 갈변되는 않는 가장 주된 이유는?

가. 비타민 A의 함량이 많으므로
나. Cu, Fe 등의 금속이온이 많으므로
다. 섬유소 함량이 많으므로
라. 비타민 C의 함량이 많으므로

20 고추의 매운맛 성분은?

가. 무스카린(Muscarine)
나. 캡사이신(Capsaicin)
다. 뉴린(Neurine)
라. 몰핀(Morphine)

21 다음 식품의 분류 중 곡류에 속하지 않는 것은?

가. 보리
나. 조
다. 완두
라. 수수

22 곡류에 관한 설명으로 옳은 것은?

가. 강력분은 글루텐의 함량이 13% 이상으로 케이크 제조에 알맞다.
나. 박력분은 클루텐의 함량이 10% 이하로 과자, 비스킷 제조에 알맞다.
다. 보리의 고유한 단백질은 오리제닌(Oryzenin)이다.
라. 압맥·할맥은 소화율을 저하시킨다.

23 고구마 등의 전분으로 만든 얇고 부드러운 전분피로 냉채 등에 이용되는 것은?

가. 양장피
나. 해파리
다. 한천
라. 무

24 난황에 들어 있으며, 마요네즈 제조시 유화제 역할을 하는 성분은?

가. 레시틴　　　　　　　　　　　　나. 오브알부민

다. 글로불린　　　　　　　　　　　다. 갈락토오스

25 철과 마그네슘을 함유하는 색소를 순서대로 나열한 것은?

가. 안토시아닌, 플라보노이드　　　나. 카로티노이드, 미오글로빈

다. 클로로필, 안토시아닌　　　　　라. 미오글로빈, 클로로필

26 생선의 자기소화 원인은?

가. 세균의 작용　　　　　　　　　　나. 단백질 분해효소

다. 염류　　　　　　　　　　　　　　라. 질소

27 감칠맛 성분과 소재식품의 연결이 잘못된 것은?

가. 베타인(Betaine)-오징어, 새우

나. 크레아티닌(Creatinine)-어류, 육류

다. 카노신(Carnosine)-육류, 어류

라. 타우린(Taurine)-버섯, 죽순

28 가공 육제품의 내포장재인 케이싱(Casing)에 대한 설명으로 옳은 것은?

가. 가식성 콜라겐(Collagen) 케이싱은 동물의 콜라겐을 가공하여 튜브상으로 제조된 인조 케이싱이다.

나. 셀룰로오스(Cellulose) 케이싱은 목재의 펄프와 목화의 식물성 셀룰로오스를 가공하여 다양한 크기로 만든 것으로 천연의 가식성 케이싱이다.

다. 파이브로스(Fibrous) 케이싱은 비교적 큰 직경의 육제품에 이용되는 것으로 셀룰로오스를 주재료로 가공한 천연의 케이싱이다.

라. 플라스틱(Plastic) 케이싱은 훈연제품에 이용되는 가식성 케이싱이다.

29 곡물의 저장 과정에서 변화에 대한 설명으로 옳은 것은?

　가. 곡류는 저장시 호흡작용을 하지 않는다.

　나. 곡물 저장때 벌레에 의한 피해는 거의 없다.

　다. 쌀의 변질에 가장 관계가 깊은 것은 곰팡이이다.

　라. 수분과 온도는 저장에 큰 영향을 주지 못한다.

30 함유된 주요 영양소가 바르게 짝지어진 것은?

　가. 뱅어포−당질, 비타민 B_1 　　　　나. 밀가루−지방, 지용성 비타민

　다. 사골−칼슘, 비타민 B_2 　　　　라. 두부−지방, 철분

31 식품을 삶는 방법에 대한 설명으로 틀린 것은?

　가. 연근을 엷은 식초물에 삶으면 하얗게 삶아 진다.

　나. 가지를 백반이나 철분이 녹아있는 물에 삶으면 색이 안정된다.

　다. 완두콩은 황산구리를 적당량 넣은 물에 삶으면 푸른빛이 고정된다.

　라. 시금치를 저온에서 오래 삶으면 비타민 C의 손실이 적다.

32 끓이는 조리법의 단점은?

　가. 식품의 중심부까지 열이 전도되기 어려워 조직이 단단한 식품의 가열이 어렵다.

　나. 영양분의 손실이 비교적 많고 식품의 모양이 변형되기 쉽다.

　다. 식품의 수용성분이 국물 속으로 유출되지 않는다.

　라. 가열 중 재료식품에 조미료의 충분한 침투가 어렵다.

33 계란 후라이를 하기 위해 후라이 팬에 계란을 깨뜨려 놓았을 때 다음 중 가장 신선한 달걀은?

　가. 난황이 터져 나왔다.

　나. 난백이 넓게 퍼졌다.

　다. 난황은 둥글고 주위에 농후난백이 많았다.

　라. 작은 혈액덩어리가 있었다.

34 녹색채소를 데칠 때 색을 선명하게 하기 위한 조리방법으로 부적합 한 것은?

가. 휘발성 유기산을 휘발시키기 위해 뚜껑을 열고 끓는 물에 데친다.

나. 산을 희석시키기 위해 조리수를 다량 사용하여 데친다.

다. 섬유소가 알맞게 연해지면 가열을 중지하고 냉수에 헹군다.

라. 조리수의 양을 최소로 하여 색소의 유출을 막는다.

35 다음 중 어떤 무기질이 결핍되면 갑상선종이 발생 될 수 있는가?

가. 칼슘(Ca) 나. 요오드(I)

다. 인(P) 라. 마그네슘(Mg)

36 비타민 B_2가 부족하면 어떤 증상이 생기는가?

가. 구각염 나. 괴혈병

나. 야맹증 라. 각기병

37 급식재료의 소비량을 계산하는 방법이 아닌 것은?

가. 선입선출법 나. 재고조사법

다. 계속기록법 라. 역계산법

38 다음 중 집단급식소에 속하지 않는 것은?

가. 초등학교의 급식시설 나. 병원의 구내식당

다. 기숙사의 구내식당 라. 대중음식점

39 다음 자료로 계산한 제조원가는 얼마인가?

• 직접재료비	₩180000	• 간접재료비	₩50000
• 직접노무비	₩100000	• 간접노무비	₩30000
• 직접경비	₩10000	• 간접경비	₩100000
• 판매관리비	₩120000		

가. ₩ 590000 나. ₩ 470000

다. ₩ 410000 라. ₩ 290000

40 가공식품, 반제품, 급식 원재료 및 조미료 등 급식에 소요되는 모든 재료에 대한 비용은?

　가. 관리비　　　　　　　　　　　　나. 급식재료비

　다. 소모품비　　　　　　　　　　　라. 노무비

41 다음 중 배식하기 전 음식이 식지 않도록 보관하는 온장고내의 유지 온도로 가장 적합한 것은?

　가. 15~20℃　　　　　　　　　　　나. 35~40℃

　다. 65~70℃　　　　　　　　　　　라. 105~110℃

42 냉동식품과 관계가 없는 내용은?

　가. 전처리를 하고 품온이 −18℃ 이하가 되도록 급속동결하여 포장한 식품

　나. 유통시에 낭비가 없는 인스턴트성 식품

　다. 수확기나 어획기에 관계없이 항상 구입할 수 있는 식품

　라. 일반적으로 온도가 10℃ 정도 상승해도 품질의 변화가 없는 식품

43 구이에 의한 식품의 변화 중 틀린 것은?

　가. 살이 단단해 진다.

　나. 기름이 녹아 나온다.

　다. 수용성 성분의 유출이 매우 크다.

　라. 식욕을 돋구는 맛있는 냄새가 난다.

44 구매한 식품의 재고관리시 적용되는 방법 중 최근에 구입한 식품부터 사용하는 것으로 가장 오래된 물품이 재고로 남게 되는 것은?

　가. 선입선출법(First-In, First-Out)

　나. 후입선출법(Last-In, First-Out)

　다. 총 평균법

　라. 최소-최대관리법

45 생선조리 방법으로 적합하지 않은 것은?

가. 탕을 끓일 경우 국물을 먼저 끓인 후에 생선을 넣는다.

나. 생강은 처음부터 넣어야 어취 제거에 효과적이다.

다. 생선조림은 간장을 먼저 살짝 끓이다가 생선을 넣는다.

라. 생선 표면을 물로 씻으면 어취가 많이 감소된다.

46 유지의 산패에 영향을 미치는 인자에 대한 설명으로 맞는 것은?

가. 저장 온도가 0℃이하가 되면 산패가 방지된다.

나. 광선은 산패를 촉진하나 그 중 자외선은 산패에 영향을 미치지 않는다.

다. 구리, 철은 산패를 촉진하나 납, 알루미늄은 산패에 영향을 미치지 않는다.

라. 유지의 불포화도가 높을수록 산패가 활발하게 일어난다.

47 1일 총 급여 열량 2000Kcal 중 탄수화물 섭취 비율을 65%로 한다면, 하루 세끼를 먹을 경우 한끼당 쌀 섭취량은 약 얼마인가? (단, 쌀 100g 당 371kcal)

가. 98g

나. 107g

다. 117g

라. 125g

48 아래의 조건에서 1회에 750명을 수용하는 식당의 면적을 구하면?

> 피급식자 1인당 필요면적은 1.0㎡이며, 식기회수공간은 필요면적의 10%, 통로의 폭은 1.0~1.5m이다.

가. 750㎡

나. 760㎡

다. 825㎡

라. 835㎡

49 가정에서 식품의 급속냉동방법으로 부적절한 것은?

가. 충분히 식혀 냉동한다.

나. 식품의 두께를 얇게 하여 냉동한다.

다. 열전도율이 낮은 용기에 넣어 냉동한다.

라. 식품 사이에 적절한 간격을 두고 냉동한다.

50 다음 중 급식설비시 1인당 사용수 양이 가장 많은 곳은?

가. 학교급식

나. 병원급식

다. 기숙사급식

라. 사업체급식

51 물로 전파되는 수인성전염병에 속하지 않는 것은?

가. 장티푸스

나. 홍역

다. 세균성이질

라. 콜레라

52 각 환경요소에 대한 연결이 잘못된 것은?

가. 이산화탄소(CO_2)의 서한량 : 5%

나. 실내의 쾌감습도 : 40~70%

다. 일산화탄소(CO)의 서한량 : 0.1%

라. 실내 쾌감기류 : 0.2~0.3 m/sec

53 수인성전염병의 유행 특성에 대한 설명으로 옳지 않은 것은?

가. 연령과 직업에 따른 이환율에 차이가 있다.

나. 2~3일 내에 환자발생이 폭발적이다.

다. 환자발생은 급수지역에 한정되어 있다.

라. 계절에 직접적인 관계없이 발생한다.

54 위생해충과 이들이 전파하는 질병과의 관계가 잘못 연결된 것은?

가. 바퀴-사상충

나. 모기-말라리아

다. 쥐-유행성출혈열

라. 파리-장티푸스

55 오염된 토양에서 맨발로 작업할 경우 감염될 수 있는 기생충은?

가. 회충

나. 간흡충

다. 폐흡충

라. 구충

56 D.P.T 예방접종과 관계없는 전염병은?

가. 파상풍　　　　　　　　　　　나. 백일해

다. 페스트　　　　　　　　　　　라. 디프테리아

57 다음 전염병 중 생후 가장 먼저 예방접종을 실시하는 것은?

가. 백일해　　　　　　　　　　　나. 파상풍

다. 홍역　　　　　　　　　　　　라. 결핵

58 간디스토마는 제2중간숙주인 민물고기 내에서 어떤 형태로 존재하다가 인체에 감염을 일으키는가?

가. 피낭유충(Metacercaria)　　　나. 레디아(Redia)

다. 유모유충(Miracidium)　　　　라. 포자유충(Sporocyst)

59 고열장해로 인한 직업병이 아닌 것은?

가. 열경련　　　　　　　　　　　나. 일사병

다. 열쇠약　　　　　　　　　　　라. 참호족

60 다음 중 자외선을 이용한 살균 시 가장 유효한 파장은?

가. 250~260 nm　　　　　　　　나. 350~360 nm

다. 450~460 nm　　　　　　　　라. 550~560 nm

과년도 기출문제 06

01	라	02	다	03	라	04	나	05	나	06	라	07	가	08	나	09	다	10	나
11	라	12	다	13	나	14	라	15	다	16	가	17	다	18	나	19	라	20	나
21	다	22	나	23	가	24	가	25	라	26	나	27	라	28	가	29	다	30	다
31	라	32	나	33	다	34	라	35	나	36	가	37	가	38	라	39	나	40	나
41	다	42	라	43	다	44	나	45	나	46	라	47	다	48	다	49	다	50	나
51	나	52	가	53	가	54	가	55	라	56	다	57	라	58	가	59	라	60	가

과년도 기출문제 07

01 식품을 구입하였는데 포장에 아래와 같은 표시가 있었다. 어떤 종류의 식품 표시인가?

가. 방사선조사식품
나. 녹색신고식품
다. 자진회수식품
라. 유기가공식품

02 식품위생법령상 영업허가 대상인 업종은?

가. 일반음식점영업
나. 식품조사처리업
다. 식품소분.판매업
라. 즉석판매제조.가공업

03 식품접객업소의 조리판매 등에 대한 기준 및 규격에 의한 조리용 칼, 도마, 식기류의 미생물 규격은? (단, 사용 중의 것은 제외한다.)

가. 살모넬라 음성, 대장균 양성
나. 살모넬라 음성, 대장균 음성
다. 황색포도상구균 양성, 대장균 음성
라. 황색포도상구균 음성, 대장균 양성

04 다음 중 식품위생법에서 다루는 내용은?

가. 영양사의 면허 결격사유
나. 디프테리아 예방
다. 공중이용시설의 위생관리
라. 가축전염병의 검역 절차

05 식품위생감시원의 직무가 아닌 것은?

가. 식품 등의 위생적 취급기준의 이행지도
나. 수입. 판매 또는 사용 등이 금지된 식품 등의 취급여부에 관한 단속
다. 시설기준의 적합여부의 확인. 검사
라. 식품 등의 기준 및 규격에 관한 사항 작성

06 클로스트리디움 보툴리늄(Clostridium botulinum) 식중독에 대한 설명으로 옳은 것은?

가. 독소는 독성이 강한 단백질 성분으로 열에 강하다.

나. 주요 증상은 현기증, 두통, 신경장애, 호흡곤란이다.

다. 발병시기는 음식물 섭취후 3~5시간 이내이다.

라. 균은 아포를 형성하지 않는다.

07 삭카린나트륨을 사용할 수 없는 식품은?

가. 된장　　　　　　　　　　　　나. 김치류

다. 어육가공품　　　　　　　　　라. 뻥튀기

08 다음 중 위해요소중점관리기준(HACCP)을 수행하는 단계에 있어서 가장 먼저 실시하는 것은?

가. 중점관리점 규명　　　　　　　나. 관리기준의 설정

다. 기록유지방법의 설정　　　　　라. 식품의 위해요소를 분석

09 식품위생 대책에 대한 설명으로 틀린 것은?

가. 한번 가열. 조리된 식품은 저장시 미생물의 오염 염려가 없다.

나. 젖은 행주에는 공기 중의 세균이나 곰팡이가 오염되어 온도가 높아지면 미생물이 증식하기 쉬우므로 사용 중 에도 건조한 상태를 유지하도록 한다.

다. 식품 찌꺼기는 위생해충의 서식에 이용될 수 있으므로 철저히 처리한다.

라. 식품취급자의 손은 식중독과 경구전염병균의 침입경로가 되므로 손의 수세 및 소독에 유의한다.

10 식품과 자연독의 연결이 틀린 것은?

가. 독버섯 – 무스카린(muscarine)

나. 감자 – 솔라닌(solanine)

다. 살구씨 – 파세오루나틴(phaseolunatin)

라. 목화씨 – 고시폴(gossyqol)

11 오래된 과일이나 산성 채소 통조림에서 유래되는 화학성 식중독의 원인물질은?

가. 칼슘   나. 주석
다. 철분   라. 아연

12 다음 중 미생물에 의한 식품의 부패원인과 가장 관계가 깊은 것은?

가. 습도   나. 냄새
다. 색도   라. 광택

13 장염 비브리오균 식중독에 대한 예방법이 아닌 것은?

가. 비브리오 중독 유행기에는 어패류를 생식하지 않는다.
나. 저온저장하여 균의 증식을 억제한다.
다. 식품을 먹기 전에 충분히 가열한다.
라. 쥐, 바퀴벌레, 파리가 매개체이므로 해충을 구제한다.

14 식품첨가물의 사용이 잘못된 경우는?

가. 값이 싸고 색이 아름다우며 사용상 편리하여 과자를 만들 대 아우라민(auramine)을
   사용하였다.
나. 허용된 첨가물이라도 과용하면 식중독이 유발될 수 있으므로 사용량을 잘 지켜 사용하
   였다.
다. 롱가릿은 밀가루 또는 물엿의 표백작용이 있으나 독성물질의 잔류 때문에 사용하지
   않았다.
라. 보존료로서 식품첨가물로 지정되어 있는 것은 사용기준이 정해져 있으므로 이를 잘
   지켜 사용하였다.

15 식품 위생의 대상에 해당되지 않는 것은?

가. 영양제   나. 비빔밥
다. 과자봉지   라. 합성착색료

16 육류 조리시의 향미성분과 관계가 먼 것은?

가. 핵산분해물질   나. 유기산
다. 유리아미노산   라. 전분

17 전화당의 구성 성분과 그 비율로 옳은 것은?

가. 포도당 : 과당이 3:1인 당　　　나. 포도당 : 맥아당이 2:1인 당

다. 포도당 : 과당이 1:1인 당　　　라. 포도당 : 자당이 1:2인 당

18 비타민 A의 전구물질로 당근, 호박, 고구마, 시금치에 많이 들어 있는 성분은?

가. 안토시아닌　　　　　　　　　나. 카로틴

다. 리코펜　　　　　　　　　　　라. 에르고스테롤

19 버터의 수분함량이 17% 라면 버터 15g 은 몇 칼로리(kcal)정도의 열량을 내는가?

가. 10kcal　　　　　　　　　　　나. 112kcal

다. 210kcal　　　　　　　　　　　라. 315kcal

20 보리를 할맥도정하는 이유가 아닌 것은?

가. 소화율을 증가시키기 위해　　　나. 조리를 간편하게 하기 위해

다. 수분 흡수를 빠르게 하기 위해　라. 부스러짐을 방지하기 위해

21 밀가루를 물로 반죽하여 면을 만들 때 반죽의 점성에 관계하는 주성분은?

가. 글로불린(globuiln)　　　　　　나. 글루텐(gluten)

다. 아밀로펙틴(amylopectin)　　　라. 텍스트린(dextrin)

22 유지의 산패도를 나타내는 값으로 짝지어진 것은?

가. 비누화가, 요오드가　　　　　　나. 요오드가, 아세틸가

다. 과산화물가, 비누화가　　　　　라. 산가, 과산화물가

23 전분에 대한 설명으로 틀린 것은?

가. 찬물에 쉽게 녹지 않는다.

나. 달지는 않으나 온화한 맛을 준다.

다. 동물 체내에 저장되는 탄수화물로 열량을 공급한다.

라. 가열하면 팽윤되어 점성을 갖는다.

24 완전 단백질(complete protein)이란?

　가. 필수아미노산과 불필수아미노산을 모두 함유한 단백질

　나. 함유황아미노산을 다량 함유한 단백질

　다. 성장을 돕지는 못하나 생병을 유지시키는 단백질

　라. 정상적인 성장을 돕는 필수아미노산이 충분히 함유된 단백질.

25 식품의 조리. 가공시 발생하는 갈변현상 중 효소가 관계하는 것은?

　가. 페놀성 물질의 산화.축합에 의한 멜라닌(Melanin)형성 반응

　나. 마이야르(Maillard) 반응

　다. 캐러멜화(Caramelization) 반응

　라. 아스코르빈산(Ascorbic acid) 산화 반응

26 영양소와 그 기능의 연결이 틀린 것은?

　가. 유당(젖당) – 정장 작용　　　　나. 셀룰로오스 – 변비 예방

　다. 비타민 K – 혈액응고　　　　　라. 칼슘 – 헤모글로빈 구성성분

27 다음 중 근원섬유를 구성하는 단백질은?

　가. 헤모글로빈　　　　　　　　　나. 콜라겐

　다. 미오신　　　　　　　　　　　라. 엘라스틴

28 지방의 산패를 촉진시키는 요인이 아닌 것은?

　가. 효소　　　　　　　　　　　　나. 자외선

　다. 금속　　　　　　　　　　　　라. 토코페롤

29 육류를 연화시키는 방법으로 적합하지 않은 것은?

　가. 생파인애플즙에 재워 놓는다.

　나. 칼등으로 두드린다.

　다. 소금을 적당히 사용한다.

　라. 끓여서 식힌 배즙에 재워놓는다.

30 어취의 성분인 트리메틸아민(TMA : trimethylamine)에 대한 설명 중 맞는 것은?

가. 어취는 트리메틸아민의 함량과 반비례한다.

나. 지용성이므로 물에 씻어도 없어지지 않는다.

다. 주로 해수어의 비린내 성분이다.

라. 트리메틸아민 옥사이드(Trimethylamine oxide)가 산화되어 생성된다.

31 다음 중 급식 부문의 간접원가에 속하지 않는 것은?

가. 외주가공비   나. 보험료

다. 연구연수비   라. 감가상각비

32 채소를 데치는 요령으로 적합하지 않은 것은?

가. 1~2% 식염을 첨가하면 채소가 부드러워지고 푸른색을 유지할 수 있다.

나. 연근을 데칠 때 식초를 3~5% 첨가하면 조직이 단단해져서 씹을 때의 질감이 좋아진다.

다. 죽순을 쌀뜨물에 삶으면 불미 성분이 제거된다.

라. 고구마를 삶을 때 설탕을 넣으면 잘 부스러지지 않는다.

33 신선한 생선의 특징이 아닌 것은?

가. 눈알이 밖으로 돌출된 것

나. 아가미의 빛깔이 선홍색인 것

다. 비늘이 잘 떨어지며 광택이 있는 것

라. 손가락으로 눌렀을 때 탄력성이 있는 것

34 한국인의 영양섭취기준에 의한 성인의 탄수화물 섭취량은 전체 열량의 몇 %정도인가?

가. 20~35%   나. 55~70%

다. 75~90%   라. 90~100%

35 4가지 기본적인 맛이 아닌 것은?

가. 단맛   나. 신맛

다. 떫은맛   라. 쓴맛

36 식단 작성시 무기질과 비타민을 공급하려면 다음 중 어떤 식품으로 구성하는 것이 가장 좋은가?

가. 곡류, 감자류 나. 채소류, 과일류

다. 유지류, 어패류 라. 육류

37 국이 짜게 되었을 때 국물의 짠맛을 감소시킬 수 있는 방법으로 타당한 것은?

가. 달걀흰자를 거품 내어 끓을 때 넣어 준다.

나. 잘 저은 젤라틴 용액을 끓을 때 넣어 준다.

다. 2% 설탕용액이나 술을 넣어 준다.

라. 건조된 월계수 잎을 끓을 때 넣어 준다.

38 성인병 예방을 위한 급식에서 식단 작성을 할 때 가장 고려해야 할 점은?

가. 전체적인 영양의 균형을 생각하여 식단을 작성하며 소금이나 지나친 동물성 지방의 섭취를 제한한다.

나. 맛을 좋게 하기 위하여 시중에서 파는 천연 또는 화학조미료를 사용하도록 한다.

다. 영양에 중점을 두어 맛있고 변화가 풍부한 식단을 작성하며, 특히 기호에 중점을 둔다.

라. 계절식품과 지역적 배려에 신경을 쓰며, 새로운 메뉴 개발에 노력한다.

39 육류를 가열 조리할 때 일어나는 변화로 맞는 것은?

가. 보수성의 증가

나. 단백질의 변패

다. 육단백질의 응고

라. 미오글로빈이 옥시미오글로빈으로 변화

40 예비조리식 급식제도의 일반적인 장점은?

가. 다량 구입으로 비용을 절감할 수 있다.

나. 음식을 데우는 기기가 있으면 덜 숙련된 조리사를 이용할 수 있다.

다. 가스, 전기, 물 사용에 대한 관리비가 다른 제도에 비해서 적게 든다.

라. 음식의 저장이 필요 없으므로 분배비용을 최소화할 수 있다.

41 단체급식시설의 작업장별 관리에 대한 설명으로 잘못된 것은?

가. 개수대는 생선용과 채소용을 구분하는 것이 식중독균의 교차오염을 방지하는데 효과적이다.

나. 가열, 조리하는 곳에는 환기장치가 필요하다.

다. 식품보관 창고에 식품을 보관시 바닥과 벽에 식품이 직접 닿지 않게 하여 오염을 방지한다.

라. 자외선등은 모든 기구와 식품내부의 완전살균에 매우 효과적이다.

42 냉동된 육.어류의 해동방법으로 가장 바람직한 것은?

가. 5~10℃에서 자연 해동　　　　　나. 0℃ 이하 저온해동

다. 전자렌인지 고주파 해동　　　　　라. 비닐팩에 넣어 온탕해동

43 꽃게탕을 하면 꽃게 껍질은 붉은색으로 변하는데, 이 현상과 관련된 꽃게에 함유된 색소는?

가. 루테인(lutein)　　　　　　　　나. 멜라닌(melanin)

다. 아스타잔틴(astaxanthin)　　　　라. 구아닌(guanine)

44 어떤 제품의 원가구성이 다음과 같을 때 제조원가는?

이익	20000원	제조간접비	15000원
판매관리비	17000원	직접재료비	10000원
직접노무비	23000원	직접경비	15000원

가. 40000원　　　　　　　　　　　나. 63000원

다. 80000원　　　　　　　　　　　라. 100000원

45 열원의 사용방법에 따라 직접구이와 간접구이로 분류할 때 직접구이에 속하는 것은?

가. 오븐을 사용하는 방법

나. 프라이팬에 기름을 두르고 굽는 방법

다. 숯불 위에서 굽는 방법

라. 철판을 이용하여 굽는 방법

46 식초의 기능에 대한 설명으로 틀린 것은?

가. 다시마를 연하게 한다.

나. 우엉, 연근 등의 산화를 촉진시킨다.

다. 고구마를 삶을 때 넣으면 고구마색을 아름답게 한다.

라. 고사리, 고비 등의 점질물질을 제거한다.

47 주방 설비 구역 중 특히 다음과 같은 점에 유의하여 설비해야 하는 곳은?

> – 물을 많이 사용하므로 급/배수 시설이 중요하다.
> – 흙이나 오물, 쓰레기 등의 처리가 용이해야한다
> – 냉장 보관시설이 잘 되어야 한다.

가. 가열조리 구역　　　　　　　　나. 식기세척 구역

다. 육류처리 구역　　　　　　　　라. 채소/과일처리 구역

48 튀김옷에 대한 설명으로 잘못된 것은?

가. 글루텐의 함량이 많은 강력분을 사용하면 튀김내부에서 수분이 증발되지 못하므로 바삭하게 튀겨지지 않는다.

나. 달걀을 넣으면 달걀단백질이 열응고 됨으로서 수분을 방출하므로 튀김이 바삭하게 튀겨진다.

다. 식소다를 소량 넣으면 가열 중 이산화탄소를 발생함과 동시에 수분도 방출되어 튀김이 바삭해진다.

라. 튀김옷에 사용하는 물의 온도는 30℃ 전후로 해야 튀김옷의 점도를 높여 내용물을 잘 감싸고 바삭해진다.

49 육류의 연한 정도와 관계가 가장 적은 것은?

가. 조리온도와 시간　　　　　　　나. 고기의 부위

다. 고기의 냄새　　　　　　　　　라. 결체조직의 양

50 식이 중 소금을 제한하는 질병과 거리가 먼 것은?

가. 심장병　　　　　　　　　　　나. 통풍

다. 고혈압　　　　　　　　　　　라. 신장병

51 자외선의 작용과 거리가 먼 것은?

　　가. 구루병의 예방　　　　　　　　나. 혈암강하작용

　　다. 피부암 유발　　　　　　　　　라. 안구진탕증 유발

52 개나 고양이 등과 같은 애완동물의 침을 통해서 사람에게 감염될 수 있는 인수공동전염
　　병은?

　　가. 결핵　　　　　　　　　　　　나. 탄저

　　다. 야토병　　　　　　　　　　　라. 톡소프라스마증

53 미나마타(Minamata)병의 원인이 되는 오염유형과 물질의 연결이 옳은 것은?

　　가. 수질오염 – 수은　　　　　　　나. 수질오염 – 카드뮴

　　다. 방사능오염 – 구리　　　　　　라. 방사능오염 – 아연

54 다음 물질 중 소독의 효과가 가장 낮은 것은?

　　가. 석탄산　　　　　　　　　　　나. 중성세제

　　다. 크레졸　　　　　　　　　　　라. 알코올

55 전염병 환자가 회복 후에 형성되는 면역은?

　　가. 자연 능동면역　　　　　　　　나. 자연 수동면역

　　다. 인공 능동면역　　　　　　　　라. 선천성 면역

56 작업환경 조건에 따른 질병의 연결이 맞는 것은?

　　가. 고기압 – 고산병　　　　　　　나. 저기압 – 잠함병

　　다. 조리장 – 열쇠약　　　　　　　라. 채석장 – 소화불량

57 평균수명에서 질병이나 부상으로 인하여 활동하지 못하는 기간을 뺀 수명은?

　　가. 기대수명　　　　　　　　　　나. 건강수명

　　다. 비례수명　　　　　　　　　　라. 자연수명

58 먹는 물 소독시 염소 소독으로 사멸되지 않는 병원체로 전파되는 전염병은?

가. 세균성이질　　　　　　　　　나. 콜레라
다. 장티푸스　　　　　　　　　　라. 전염성간염

59 간흡충의 제2중간 숙주는?

가. 다슬기　　　　　　　　　　　나. 가재
다. 고등어　　　　　　　　　　　라. 붕어

60 전염병과 발생원인의 연결이 틀린 것은?

가. 임질 – 직접감염
나. 장티푸스 – 파리
다. 일본뇌염 – 큐렉스속 모기
라. 유행성 출혈열 – 중국얼룩날개모기

과년도 기출문제 07

01	가	02	나	03	나	04	가	05	라	06	나	07	가	08	라	09	가	10	다
11	나	12	가	13	라	14	가	15	가	16	라	17	다	18	나	19	나	20	라
21	나	22	라	23	다	24	라	25	가	26	라	27	다	28	라	29	라	30	다
31	가	32	라	33	다	34	나	35	다	36	나	37	가	38	가	39	다	40	나
41	라	42	가	43	다	44	나	45	다	46	나	47	나	48	라	49	다	50	나
51	라	52	라	53	가	54	나	55	가	56	다	57	나	58	라	59	라	60	라

과년도 기출문제  08

01 부적절하게 조리된 햄버거 등을 섭취하여 식중독을 일으키는 0157:H7 균은 다음 중 무엇에 속하는가?

가. 살모넬라균   나. 리스테리아균

다. 대장균   라. 비브리오균

02 다음 중 일반적으로 복어의 독성분인 테트로도톡신이 가장 많은 부위는?

가. 근육   나. 피부

다. 난소   라. 껍질

03 감염형 세균성 식중독에 해당하는 것은?

가. 살모넬라 식중독

나. 수은 식중독

다. 클로스트리디움 보툴리눔 식중독

라. 아플라톡신 식중독

04 보존성에 대한 설명으로 틀린 것은?

가. 수확 혹은 가공된 식품이 식용으로서 적합한 품질과 위생 상태를 유지하는 성질을 말한다.

나. 유통과정, 소매점의 상품관리에 의해서는 보존기간이 변동될 수 없다.

다. 장기저장이 가능한 통·병조림이라도 온도나 광선의 영향에 의해 품질변화가 일어난다.

라. 신선식품은 보존성이 짧은 것이 많아 상품의 온도 관리에 따라 그 보존기간이 크게 달라진다.

05 다음 미생물 중 곰팡이가 아닌 것은?

가. 아스퍼질러스(Aspergillus) 속

나. 페니실리움(Penicillium) 속

다. 클로스트리디움(Clostridium) 속

라. 리조푸스(Rhizopus) 속

06 식품의 위생적인 준비를 위한 조리장의 관리로 부적합한 것은?

　가. 조리장의 위생해충은 약제사용을 1회만 실시하면 영구적으로 박멸된다.

　나. 조리장에 음식물과 음식물 찌꺼기를 함부로 방치하지 않는다.

　다. 조리장의 출입구에 신발을 소독할 수 있는 시설을 갖춘다.

　라. 조리사의 손을 소독할 수 있도록 손소독기를 갖춘다.

07 주로 부패한 감자에 생성되어 중독을 일으키는 물질은?

　가. 셉신(sepsine)　　　　　　나. 아미그달린(amygdalin)

　다. 시큐톡신(cicutoxin)　　　　라. 마이코톡신(mycotoxin)

08 식품 중 멜라민에 대한 설명으로 틀린 것은?

　가. 잔류허용 기준상 모든 식품 및 식품첨가물에서 불검출 되어야 한다.

　나. 생체 내 반감기는 약 3시간으로 대부분 신장을 통해 뇨로 배설된다.

　다. 반수치사량 (LD50)은 3.2g/kg 이상으로 독성이 낮다.

　라. 많은 양의 멜라민을 오랫동안 섭취할 경우 방광결석 및 신장결석 등을 유발한다.

09 cholinestrerase 의 작용을 억제하여 마비 등 신경독성을 나타내는 농약류는?

　가. DDT　　　　　　　　　나. BHC

　다. Propoxar　　　　　　　라. Parathion

10 식품첨가물의 사용제한 기준이 아닌 것은?

　가. 사용할 수 있는 식품의 종류 제한

　나. 식품에 대한 사용량 제한

　다. 사용 방법에 대한 제한

　라. 사용 장소에 대한 제한

11 다음 중 판매 등이 금지되는 병육에 해당하지 않는 것은?

　가. 리스테리아병에 걸린 가축의 고기

　나. 조류인플루엔자에 걸린 가축의 고기

　다. 소해면상뇌증(BSE)에 걸린 가축의 고기

　라. 거세한 가축의 고기

12 식품 등의 표시기준을 수록한 식품 등의 공전을 작성·보급하여야 하는 자는?

가. 식품의약품안전청장　　　　　　　나. 보건소장

다. 시·도지사　　　　　　　　　　　라. 식품위생감시원

13 일반음식점의 영업신고는 누구에게 하는가?

가. 동 사무소장　　　　　　　　　　나. 시장·군수·구청장

다. 식품의약품안전청장　　　　　　　라. 보건소장

14 식품위생법상 식품을 제조·가공 또는 보존함에 있어 식품에 첨가, 혼합, 침윤 기타의 방법으로 사용되는 물질(기구 및 용기·포장의 살균·소독의 목적에 사용되어 간접적으로 식품에 이행될 수 있는 물질을 포함한다)이라 함은 무엇에 대한 정의인가?

가. 식품　　　　　　　　　　　　　나. 식품첨가물

다. 화학적 합성품　　　　　　　　　라. 기구

15 식품 등의 표시기준상 "유통기한"의 정의는?

가. 해당식품의 품질이 유지될 수 있는 기한을 말한다.

나. 해당식품의 섭취가 허용되는 기한을 말한다.

다. 제품의 출고일로부터 대리점으로의 유통이 허용되는 기한을 말하다.

라. 제품의 제조일로부터 소비자에게 판매가 허용되는 기한을 말한다.

16 지방 산패 촉진인자가 아닌 것은?

가. 빛　　　　　　　　　　　　　　나. 지방분해효소

다. 비타민 E　　　　　　　　　　　라. 산소

17 식품의 분류에 대한 설명으로 틀린 것은?

가. 식품은 수분과 고형물로 나눌 수 있다.

나. 고형물은 유기질과 무기질로 나누어진다.

다. 유기질은 조단백질, 조 지방, 탄수화물, 비타민으로 나누어진다.

라. 조단백질은 조섬유와 당질로 나누어진다.

18 다음 식품 성분 중 지방질은?

가. 프로라민 (prolamin) 　　　　　나. 글리코겐 (glycogen)

다. 카라기난 (carrageenan) 　　　　라. 레시틴 (lecithin)

19 영양섭취기준 중 권장섭취량을 구하는 식은?

가. 평균필요량+표준편차×2

나. 평균필요량+표준편차

다. 평균필요량+충분섭취량×2

라. 평균필요량+충분섭취량

20 발효식품이 아닌 것은?

가. 두유 　　　　　　　　　　　나. 김치

다. 된장 　　　　　　　　　　　라. 맥주

21 다음 중 물에 녹는 비타민은?

가. 레티놀 (retinol) 　　　　　나. 토코페롤 (tocopherol)

다. 리보플라빈 (riboflavin) 　　라. 칼시페롤 (calciferol)

22 비타민에 관한 설명 중 틀린 것은?

가. 카로틴은 프로비타민 A이다.

나. 비타민 E는 토코페롤이라고도 한다.

다. 비타민 B_{12}는 코발트(Co)를 함유한다.

라. 비타민 C가 결핍되면 각기병이 발생한다.

23 전통적인 식혜 제조방법에서 엿기름에 대한 설명이 잘못된 것은?

가. 엿기름의 효소는 수용성이므로 물에 담그면 용출된다.

나. 엿기름을 가루로 만들면 효소가 더 쉽게 용출된다.

다. 엿기름가루를 물에 담가 두면서 주물러 주면 효소가 더 빠르게 용출된다.

라. 식혜 제조에 사용되는 엿기름의 농도가 낮을수록 당화 속도가 빨라진다.

24 다음 중 화학 조미료는?

가. 구연산

나. HAP (hydrolyzed animal protein)

다. 글루탐산나트륨

라. 효모

25 다음 중 동물성 색소는?

가. 클로로필

나. 안토시안

다. 미오글로빈

라. 플라보노이드

26 100℃ 내외의 온도에서 2~4시간 동안 훈연하는 방법은?

가. 냉훈법

나. 온훈법

다. 배훈법

라. 전기훈연법

27 조리방법에 대한 설명 중 틀린 것은?

가. 무 초절이 쌈을 할 때 얇게 썬 무를 식소다 물에 담가두면 무의 색소성분이 알칼리에
   의해 더욱 희게 유지된다.

나. 양파를 썬 후 강한 향을 없애기 위해 식초를 뿌려 효소작용을 억제시켰다.

다. 사골의 핏물을 우려내기 위해 찬물에 담가 혈색소인 수용성 헤모글로빈을 용출시켰다.

라. 모양을 내어 썬 양송이에 레몬즙을 뿌려 색이 변하는 것을 억제시켰다.

28 젓갈의 부패를 방지하기 위한 방법이 아닌 것은?

가. 고농도의 소금을 사용한다.

나. 방습, 차광포장을 한다.

다. 합성보존료를 사용한다.

라. 수분활성도를 증가시킨다.

29 기름을 오랫동안 저장하여 산소, 빛, 열에 노출되었을 때 색깔, 맛, 냄새 등이 변하게 되
는 현상은?

가. 발효

나. 부패

다. 산패

라. 변질

30 다음 중 유도지질 (derived lipids) 은?

가. 왁스 (wax)

나. 인지질 (phospholipid)

다. 지방산 (fatty acid)

라. 단백지질 (proteolipid)

31 체온유지 등을 위한 에너지 형성에 관계하는 영양소는?

가. 탄수화물, 지방, 단백질

나. 물, 비타민, 무기질

다. 무기질, 탄수화물, 물

라. 비타민, 지방, 단백질

32 두류의 조리 시 두류의 연화시키는 방법으로 틀린 것은?

가. 1% 정도의 식염용액에 담갔다가 그 용액으로 가열한다.

나. 초산용액에 담근 후 칼슘, 마그네슘 이온을 첨가한다.

다. 약알칼리성의 중조수에 담갔다가 그 용액으로 가열한다.

라. 습열조리시 연수를 사용한다.

33 다음 중 필수 지방산이 아닌 것은?

가. 리놀레산 (linoleic acid)

나. 스테아르산 (stearic acid)

다. 리놀렌산 (linolenic acid)

라. 아라키돈산 (arachidonic acid)

34 아래의 조건에서 당질 함량을 기준으로 감자 140g을 보리쌀로 대치하면 보리쌀은 약 g 되는가?

- 감자 100g의 당질 함량 14.4g
- 보리쌀 100g의 당질 함량 68.4g

가. 29.5g

나. 37.6g

다. 46.3g

라. 54.7g

35 조리기기와 사용 용도의 연결이 적절하지 않은 것은?

가. 살라만더 – 볶음하기
나. 전자레인지 – 냉동식품의 해동
다. 블랜더 – 불린 콩 갈기
라. 압력솥 – 갈비찜 하기

36 우유에 들어있는 비타민 중에서 함유량이 적어 강화우유에 사용되는 지용성 비타민은?

가. 비타민 D　　　　　　　　나. 비타민 C
다. 비타민 B_1　　　　　　　라. 비타민 E

37 다음 중 고정비에 해당되는 것은?

가. 노무비　　　　　　　　　나. 연료비
다. 수도비　　　　　　　　　라. 광열비

38 어류의 변질 현상에 대한 설명으로 틀린 것은?

가. 휘발성 물질의 양이 증가한다.
나. 세균에 의한 탈탄산반응으로 아민이 생성된다.
다. 아가미가 선명한 적색이다.
라. 트리메틸아민의 양이 증가한다.

39 재료의 소비액을 산출하는 계산식은?

가. 재료 구입량 × 재료 소비단가　　나. 재료 소비량 × 재료 구입단가
다. 재료 소비량 × 재료 소비단가　　라. 재료 구입량 × 재료 구입단가

40 단체급식에 대한 설명으로 옳은 것은?

가. 학교, 병원, 기숙사, 대중식당에서 특정다수인에게 계속적으로 음식을 공급하는 거.
나. 학교, 병원 공자, 사업자에서 특정다수인에게 계속적으로 음식을 공급하는 것
다. 학교, 병원 등에서 불특정다수인에게 계속적으로 음식을 공급하는 것
라. 사회복지시설, 고아원 등에서 불특정다수인에게 계속적으로 음식을 공급하는 것

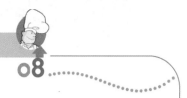

41 아래에서 설명하는 조미료는?

> • 수란을 뜰 때 끓는 물에 이것을 넣고 달걀을 넣으면 난백의 응고를 돕는다.
> • 작은 생선을 사용할 때 이것을 소량 가하면 뼈가 부드러워진다.
> • 기름기 많은 재료에 이것을 사용하면 맛이 부드럽고 산뜻해진다.

가. 설탕　　　　　　　　　　　나. 후추
다. 식초　　　　　　　　　　　라. 소금

42 침수 조리에 대한 설명으로 틀린 것은?

가. 곡류, 두류 등은 조리 전에 충분히 침수시켜 조미료의 침투를 용이하고 조리시간을 단축시킨다.

나. 불필요한 성분을 용출시킬 수 있다.

다. 간장, 술, 식초, 조미액, 기름 등에 담가 필요한 성분을 침투시켜 맛을 좋게 해준다.

라. 당장법, 염장법 등은 보존성을 높일 수 있고, 식품을 장시간 담가둘수록 영양성분이 많이 침투되어 좋다.

43 과일, 채소류의 저장법으로 적합하지 않은 것은?

가. 냉장법

나. 호일포장 상온저장법

다. ICF (Ice Coating Film) 저장법

라. 피막제 이용법

44 급속냉동법의 특징이 아닌 적은?

가. 단백질의 변질이 적다.

나. 식품의 원상 유지가 어느 정도 가능하다.

다. 비타민의 손실을 줄인다.

라. 식품과 얼음의 분리가 심하게 나타난다.

45 다음 중 조리를 하는 목적으로 적합하지 않은 것은?

가. 소화흡수율을 높여 영양효과를 증진
나. 식품 자체의 부족한 영양성분을 보충
다. 풍미, 외관을 향상시켜 기호 성을 증진
라. 세균 등의 위해요소로부터 안전성 확보

46 식단 작성의 순서가 바르게 연결된 것은?

A. 영양필요량 산출	B. 식품량 산출
C. 3식 영양배분	D. 식단표 작성

가. B - C - A - D   나. D - A - B - C
다. A - B - C - D   라. C - D - A - B

47 우유를 응고시키는 요인과 거리가 먼 것은?

가. 가열   나. 레닌(rennin)
다. 산   라. 당류

48 다음 중 단맛의 강도가 가장 강한 당류는?

가. 설탕   나. 젖당
다. 포도당   라. 과당

49 지방에 대한 설명으로 틀린 것은?

가. 에너지가 높고 포만감을 준다.
나. 모든 동물성 지방은 고체이다.
다. 기름으로 식품을 가열하면 풍미를 향상시킨다.
라. 지용성 비타민의 흡수를 좋게 한다.

50 급식인원이 1000명인 단체급식소에서 점심급식으로 닭조림을 하려고 한다. 닭조림에 들어가는 닭 1인 분량은 50g이며 닭의 폐기 율이 15%일 때 발주량은 약 얼마인가?

가. 50Kg   나. 60Kg
다. 70Kg   라. 80Kg

51 우리나라의 보건정책 방향과 거리가 먼 것은?

가. 출산 및 자녀양육을 위한 사회적 기반 조성

나. 국민건강증진을 위한 사후적 보건 서비스 강화

다. 아동. 장애인 등 취약계층 지원 강화

라. 미래사회 변화에 대응한 사회 투자적 서비스 확대

52 하천 수에 대한 설명 중 틀린 것은?

가. 하천수의 구성성분은 계절, 배수지역의 지형에 따라 다르다.

나. 홍수 시에는 하천 유량의 대부분이 표면수로 되어 있다.

다. 건기에는 지하수가 많으며 경도가 높아진다.

라. 최대 유량과 최소 유량 사이의 기간 동안에도 수질의 변화는 거의 없다.

53 정수과정의 응집에 대한 효과와 거리가 먼 것은?

가. 침전 잔 유물 제거

나 세균수 감소

다. 이미 제거

라. 공기 공급

54 전염병예방법상 제 2군전염병에 해당하는 것은?

가. 결핵

나. 파상풍

다. 콜레라

라. 파라티푸스

55 석탄산수(페놀)에 대한 설명으로 틀린 것은?

가. 염산을 첨가하면 소독효과가 높아진다.

나. 바이러스와 아포에 약하다.

다. 햇볕을 받으면 갈색으로 변하고 소독력이 없어진다.

라. 음료수의 소독에는 적합하지 않다.

56 인공조명시 고려해야 할 사항으로 틀린 것은?

가. 작업하기 충분한 조명도를 유지해야 한다.

나. 균등한 조명도를 유지해야 한다.

다. 조명시 유해가스가 발생하지 않아야 한다.

라. 가급적 직접조명이 되도록 해야 한다.

57 폐흡충 증의 제 1, 2 중간숙주가 순서대로 옳게 나열된 것은?

가. 왜우렁이, 붕어 　　　　　　　나. 다슬기, 참게

다. 물벼룩, 가물치 　　　　　　　라. 왜우렁이, 송어

58 분자식은 KMnO₄ 이며, 산화력에 의한 소독효과를 가지는 것은?

가. 크레졸 　　　　　　　나. 석탄산

다. 과망간산칼륨 　　　　　　　라. 알코올

59 수질의 분변오염 지표 균은?

가. 장염비브리오균 　　　　　　　나. 대장균

다. 살모넬라균 　　　　　　　라. 웰치균

60 다음 중 이타이이타이병의 유발물질은?

가. 수은(Hg) 　　　　　　　나. 납(Pb)

다. 칼슘(Ca) 　　　　　　　라. 카드뮴(Cd)

⬤ 과년도 기출문제 08

01	다	02	다	03	가	04	나	05	다	06	가	07	가	08	가	09	라	10	라
11	라	12	가	13	나	14	나	15	라	16	다	17	라	18	가	19	라	20	가
21	다	22	라	23	라	24	다	25	다	26	다	27	다	28	가	29	라	30	다
31	가	32	나	33	나	34	가	35	가	36	다	37	가	38	가	39	다	40	나
41	다	42	라	43	라	44	나	45	라	46	나	47	다	48	라	49	나	50	나
51	나	52	라	53	라	54	나	55	다	56	라	57	나	58	다	59	나	60	라

과년도 기출문제  09

01 다음 중 복어중독의 독성분(tetrodotoxin)이 가장 많이 들어 있는 부분은?

가. 껍질

나. 난소

다. 지느러미

라. 근육

02 어패류의 생식시 주로 나타나며, 수양성 설사증상을 일으키는 식중독의 원인균은?

가. 살모넬라균

나. 장염 비브리오균

다. 포도상 구균

라. 클로스트리디움 보툴리늄균

03 후천성 면역결핍의 바이러스 감염경로가 아닌 것은?

가. 혈액

나. 성행위

다. 모자감염

라. 경구감염

04 주요용도와 식품첨가물의 연결이 옳은 것은?

가. 삼이산화철 – 발색제

나. 이산화티타늄 – 표백제

다. 명반 – 피막제

라. 호박산 – 산도조절제

05 사시, 동공확대, 언어장해 등의 특유의 신경 마비증상을 나타내며 비교적 높은 치사율을 보이는 식중독 원인균은?

가. 클로스트리움 보툴리늄균

나. 포도상 구균

다. 병원성 대장균

라. 셀레우스균

06 만성중독의 경우 반상치, 골경화증, 체중감소, 빈혈 등을 나타내는 물질은?

가. 붕산

나. 불소

다. 승홍

라. 포르말린

07 우유의 살균방법으로 130~ 150℃에서 0.5~5초간 가열하는 것은?

　가. 저온살균법　　　　　　　　　나. 고압증기멸균법

　다. 고온단시간살균법　　　　　　라. 초고온순간살균법

08 생선 및 육류의 초기부패 판정시 지표가 되는 물질에 해당되지 않는 것은?

　가. 휘발성염기질소(VBN)　　　　나. 암모니아(ammonia)

　다. 트리메틸아민(trimethylamine)　라. 아크로레인(acrolein)

09 클로스트리디움 보튤리늄 식중독을 일으키는 주된 원인식품은?

　가. 통조림 식품　　　　　　　　나. 채소류

　다. 과일류　　　　　　　　　　　라. 곡류

10 사용이 허가된 발색제는?

　가. 폴리 아크릴산 나트륨　　　　나. 알긴산 프로필렌글리콜

　다. 카르복시 메틸 스타치 나트륨　라. 아질산나트륨

11 식품위생법령상 영업허가를 받아야 하는 업종은?

　가. 식품제조 · 가공업　　　　　　나. 즉석판매제조 · 가공업

　다. 일반음식점영업　　　　　　　라. 단란주점영업

12 식품위생법령상 영업의 허가 또는 신고와 관련하여 아래의 경우와 같은 분류에 속하는
것은? (단, 각 내용은 해당 법령에 의함.)

> • 양곡가공업 중 도정업을 하는 경우
> • 수산물 가공업 등록을 받아 당해 영업을 하는 경우
> • 주류 제조의 면허를 받아 주류를 제조하는 경우

　가. 수산물의 냉동 · 냉장을 제외하고 식품을 얼리거나 차게 하여 보존하는 경우

　나. 휴게음식점영업과 제과점영업

　다. 식품첨가물이나 다른 원료를 사용하지 아니하고 농 · 임 · 수산물을 단순히 자르거나
　　　껍질을 벗겨 가공하되, 위생상 위해발생의 우려가 없고 식품의 상태를 관능으로 확인
　　　할 수 있도록 가공하는 경우

　라. 방사선을 쬐어 식품의 보전 성을 높이는 경우

13 식품위생법에 의한 식중독에 해당하지 않는 경우는?

가. 금속조각에 의하여 이가 부러짐

나. 도시락을 먹고 세균성장염에 걸림

다. 포도상구균독소에 중독됨

라. 아플라톡신에 중독됨

14 식품 등의 표시기준상 영양성분별 세부표시방법에 의거하여 콜레스테롤의 함량을 "0"으로 표시할 수 있는 기준은?

가. 성분이 검출되지 않은 경우　　　나. 2㎎ 미만일 때

다. 5㎎ 미만일때　　　　　　　　　라. 10㎎ 미만일 때

15 식품위생법령상 쇠고기, 돼지고기, 닭고기의 원산지 및 종류를 표시해야 하는 대통령령으로 정하는 조리방법이 아닌 것은?

가. 볶음　　　　　　　　　　　　　나. 구이

다. 찜　　　　　　　　　　　　　　라. 육회

16 다음 중 전화당의 구성 성분과 그 비율로 옳은 것은?

가. 포도당: 과당이 1:1인 당

나. 포도당: 맥아당이 2:1인 당

다. 포도당: 과당이 3:1인 당

라. 포도당: 자당이 4:1인 당

17 먹다 남은 찹쌀떡을 보관하려고 할 때 노화가 가장 빨리 일어나는 보관 방법은?

가. 상온보관　　　　　　　　　　　나. 온장고 보관

다. 냉동고 보관　　　　　　　　　　라. 냉장고 보관

18 단백질의 변성 요인 중 그 효과가 가장 적은 것은?

가. 가열　　　　　　　　　　　　　나. 산

다. 건조　　　　　　　　　　　　　라. 산소

19 육가공시 햄류에 사용하는 훈연법의 장점이 아닌 것은?

　가. 특유한 향미를 부여한다.

　나. 저장성을 향상시킨다.

　다. 색이 선명해지고 고정된다.

　라. 양이 증가한다.

20 50g의 달걀을 접시에 깨뜨려 놓았더니 난황 높이는 1.5cm, 난황 직경은 4cm였다. 이 달걀의 난황계수는?

　가. 0.188　　　　　　　　　　나. 0.232

　다. 0.336　　　　　　　　　　라. 0.375

21 쇠고기를 가열하였을 때 생성되는 근육색소는?

　가. 헤모글로빈(hemoglobin)

　나. 미오글로빈(myoglobin)

　다. 옥시헤모글로빈(oxyhemoglobin)

　라. 메트미오글로빈(metmyoglobin)

22 사과를 깎아 방치했을 때 나타나는 갈변현상과 관계없는 것은?

　가. 산화효소　　　　　　　　　나. 산소

　다. 페놀류　　　　　　　　　　라. 섬유소

23 설탕용액에 미량의 소금을 가하여 단맛이 증가하는 현상은?

　가. 맛의 상쇄　　　　　　　　　나. 맛의 변조

　다. 맛의 대비　　　　　　　　　라. 맛의 발현

24 카로티노이드(carotenid) 색소와 소재식품의 연결이 틀린 것은?

　가. 베타카로틴(β-carotene) – 당근, 녹황색 채소

　나. 라이코펜(lycopene) – 토마토, 수박

　다. 아스타크산틴(astaxanthin) – 감, 옥수수, 난황

　라. 푸코크산틴(fucoxanthin) – 다시마, 미역

25 오징어 훈제공정에 포함되지 않는 방법은?

가. 수세　　　　　　　　　　　나. 영지

다. 여과　　　　　　　　　　　라. 훈연

26 무기염류에 의한 단백질 변성을 이용한 식품은?

가. 곰탕　　　　　　　　　　　나. 버터

다. 두부　　　　　　　　　　　라. 요구르트

27 밀가루에 중조를 넣으면 황색으로 변하는 원리는?

가. 효소적 갈변　　　　　　　　나. 비효소적 갈변

다. 알칼리에 의한 변색　　　　　라. 산에 의한 변색

28 다음 중 난황에 들어 있으며 마요네즈 제조시 유화제 역할을 하는 성분은?

가. 글로불린　　　　　　　　　나. 갈락토오스

다. 레시틴　　　　　　　　　　라. 오브알부민

29 양질의 칼슘이 가장 많이 들어 있은 식품끼리 짝지어진 것은?

가. 곡류, 서류　　　　　　　　　나. 돼지고기, 쇠고기

다. 우유, 건 멸치　　　　　　　라. 달걀, 오리 알

30 비타민에 대한 설명 중 틀린 것은?

가. 카로틴은 프로비타민 A이다.

나. 비타민 E는 토코페롤이라고 한다.

다. 비타민 B_{12} 망간(Mn)을 함유한다.

라. 비타민 C기 결핍되면 괴혈병이 발생한다.

31 조미료의 침투속도와 채소의 색을 고려할 때 조미료 사용 순서가 가장 합리적인 것은?

가. 소금 → 설탕 → 식초

나. 설탕 → 소금 → 식초

다. 소금 → 식초 → 설탕

라. 식초 → 소금 → 설탕

32 된장이 숙성된 후 얼마 안 되어 산패가 일어나 신맛이 생기거나 색이 진하게 되는 이유가 아닌 것은?

가. 프로테아제 생산

나. Fe^{2+} 또는 Cu^{2+}가 많은 물 사용

다. 수분 과다

라. 염분 부족

33 당근 구입단가는 kg당 1300원이다. 10kg구매 시 표준수율이 86%이라면, 당근 1인분(80g)의 원가는 얼마인가?

가. 51원

나. 121원

다. 151원

라. 181원

34 1인분 사용량이 120g이며 폐기 율이 55%인 닭고기로 200인분의 음식을 만들려고 할 때 발주량은 약 얼마인가?

가. 44kg

나. 53kg

다. 75kg

라. 91kg

35 식물성 액체 유를 경화 처리한 고체 기름은?

가. 버터

나. 라드

다. 쇼트닝

라. 마요네즈

36 조리작업장의 위치선정 조건으로 적합하지 않은 것은?

가. 보온을 위해 지하인 곳

나. 통풍이 잘 되며 밝고 청결한 곳

다. 음식의 운반과 배선이 편리한 곳

라. 재료의 반입과 오물의 반출이 쉬운 곳

37 생선을 조리하는 방법에 대한 설명으로 틀린 것은?

가. 생강과 술은 비린내를 없애는 용도로 사용한다.

나. 처음 가열할 때 수분간은 뚜껑을 약간 열어 비린내를 휘발시킨다.

다. 모양을 유지하고 맛 성분이 밖으로 유출되지 않도록 양념간장이 끓을 때 생선을 넣기도 한다.

라. 선도가 약간 저하된 생선은 조미를 비교적 약하게 하여 뚜껑을 덮고 짧은 시간 내에 끓인다.

38 침(타액)에 들어 잇는 소화효소의 작용은?

가. 전분을 맥아당으로 변화시킨다.

나. 단백질을 펩톤으로 분해시킨다.

다. 설탕을 포도당과 과당으로 분해시킨다.

라. 카제인을 응고시킨다.

39 발생형태를 기준으로 했을 때의 원가 분류는?

가. 재료비, 노무비, 경비 　　　　 나. 개별비, 공통비

다. 직접비, 간접비 　　　　　　　 라. 고정비, 변동비

40 우리나라의전통적인 향신료가 아닌 것은?

가. 겨자 　　　　　　　　　　　 나. 생강

다. 고추 　　　　　　　　　　　 라. 팔각

41 경영형태별로 단체급식을 분류할 때 직영방식의 장점은?

가. 인건비가 감소된다.

나. 시설설비 투자액이 적다.

다. 영양관리와 위생관리가 철저하다.

라. 이윤의 추구가 극대화된다.

42 국수를 삶는 방법으로 부적합한 것은?

가. 끓는 물에 넣는 국수의 양이 지나치게 많아서는 안 된다.

나. 국수 무게의 6~7배 정도의 물에서 삶는다.

다. 국수를 넣은 후 물이 다시 끓기 시작하면 찬물을 넣는다.

라. 국수가 다 익으면 많은 양의 냉수에서 천천히 식힌다.

43 쌀의 조리에 관한 설명으로 옳은 것은?

가. 쌀을 너무 문질러 씻으면 지용성 비타민의 손실이 크다.

나. pH 3~4의 산성물을 사용해야 밥맛이 좋아진다.

다. 수세한 쌀은 3시간 이상 물에 담가 놓아야 흡수량이 적당하다.

라. 묵은 쌀로 밥을 할 대는 햅쌀보다 밥물 량을 더 많이 한다.

44 동식물 조직에서 지방을 추출하여 채유하는 방법이 아닌 것은?

가. 압착법　　　　　　　　　　　나. 추출법

다. 보일링처리법　　　　　　　　라. 건열처리법

45 수분 70g, 당질 40g, 섬유질 7g, 단백질 5g, 무기질 4g 지방 2g이 들어있는 식품의 열량은?

가. 141kcal　　　　　　　　　　나. 144kcal

다. 165kcal　　　　　　　　　　라. 198kcal

46 외식산업의 특성에 대한 설명으로 틀린 것은?

가. 소자본의 시장참여가 용이하다.

나. 유통과 제조업인 동시에 서비스산업이다.

다. 내방 고객의 수요예측이 용이하다.

라. 사회, 문화 환경의 변화가 소비자 기호를 변화시킨다.

09

47 미역국을 끓일 때 1인분에 사용되는 재료와 필요량, 가격이 아래와 같다면 미역국 10인분에 필요한 재료비는? (단, 총 조미료의 가격 70원은 1인분 기준임)

재료	필요량(g)	가격(원/100g당)
미역	20	150
쇠고기	60	850
총 조미료	–	70(1인분)

가. 610원

나. 6100원

다. 870원

라. 8700원

48 각 식품을 냉장고에서 보관할 때 나타나는 현상의 연결이 틀린 것은?

가. 바나나 – 껍질이 검게 변한다.

나. 고구마 – 전분이 변해서 맛이 없어진다.

다. 식빵 – 딱딱해진다.

라. 감자 – 솔라닌이 생성된다.

49 마요네즈를 제조시 분리되는 이유와 거리가 먼 것은?

가. 노른자를 풀고 나서 기름을 한 방울씩 떨어뜨렸다.

나. 초기의 유화액 형성이 불완전하다.

다. 유화제에 비해 기름의 비율이 너무 높다.

라. 기름을 너무 빨리 넣는다.

50 다음과 같은 자료에서 계산한 제조원가는?

- 직접재료비 : 32000원
- 직접노무비 : 68000원
- 직접경비 : 10500원
- 제조 간접비 : 20000원
- 판매경비 : 10000원
- 일반관리비 : 5000원

가. 130500원

나. 140500원

다. 145500원

라. 155500원

51 음식물 섭취와 관계가 없는 기생충은?

가. 회충

나. 사상충

다. 과절열두조충

라. 요충

52 다음 중 DPT 예방접종과 관계가 없는 전염병은?

가. 페스트

나. 디프테리아

다. 백일해

라. 파상풍

53 역성비누에 ( )틀린 것은?

가. 양이온 계면활성제

나. 살균제, 소독제 등으로 사용된다.

다. 자극성 및 독성이 없다.

라. 무미, 무해하나 침투력이 약하다.

54 어패류 매개 기생충 질환의 가장 확실한 예방법은?

가. 환경위생 관리

나. 생식 금지

다. 보건교육

라. 개인위생 철저

55 자연계에 버려지면 쉽게 분해되지 않으므로 식품 등에 오염되어 인체에 축적독성을 나타내는 원인과 거리가 먼 것은?

가. 수은오염

나. 잔류성이 큰 유기염소제 농약 오염

다. 방사선 물질에 의한 오염

라. 콜레라와 같은 병원 미생물 오염

56 병원성 미생물의 발육과 그 작용을 저지 또는 정지시켜 부패나 발효를 방지하는 조작은?

가. 산화

나. 열균

다. 방부

라. 응고

57 생균을 이용하여 인공능동면역이 되며, 면역획득에 있어서 영구면역성인 질병은?

가. 세균성 이질

나. 폐렴

라. 홍역

라. 임질

58 세계보건기구(WHO)의 주요 기능이 아닌 것은?

가. 국제적인 보건사업의 지휘 및 조정
나. 회원국에 대한 기술지원 및 자료 공급
다. 세계식량계획 설립
라. 유행성 질병 및 전염병 대책 후원

59 인수공통전염병으로 그 병원체가 바이러스(virus)인 것은?

가. 발진열
나. 탄저
다. 광견병
라. 결핵

60 자외선에 의한 인체 건강장해가 아닌 것은?

가. 설안염
나 피부암
다. 폐기종
리. 백내장

과년도 기출문제 09

01	나	02	나	03	라	04	라	05	가	06	나	07	라	08	라	09	가	10	라
11	라	12	다	13	가	14	나	15	가	16	가	17	라	18	라	19	라	20	라
21	라	22	라	23	다	24	다	25	다	26	다	27	다	28	다	29	다	30	다
31	나	32	가	33	나	34	나	35	다	36	가	37	라	38	가	39	다	40	라
41	다	42	라	43	라	44	나	45	라	46	다	47	나	48	라	49	가	50	가
51	나	52	가	53	라	54	나	55	라	56	다	57	다	58	다	59	다	60	다

과년도 기출문제 10

01 다음 중 일반적으로 사망률이 가장 높은 식중독은?

　가. 살모넬라 식중독

　나. 장염비브리오 식중독

　다. 클로스트리디움 보툴리늄 식중독

　라. 포도상구균 식중독

02 식품첨가물의 사용목적이 아닌 것은?

　가. 식품의 기호성 증대　　　　나. 식품의 유해성 입증

　다. 식품의 부패와 변질을 방지　　라. 식품의 제조 및 품질개량

03 식품의 부패과정에서 생성되는 불쾌한 냄새물질과 거리가 먼 것은?

　가. 암모니아　　　　　　　　나. 포르말린

　다. 황화수소　　　　　　　　라. 인돌

04 세균성식중독 중 감염형이 아닌 것은?

　가. 살모넬라 식중독　　　　　나. 황색포도상구균 식중독

　다. 장염 비브리오 식중독　　　라. 병원성대장균 식중독

05 웰치균에 대한 설명으로 옳은 것은?

　가. 아포는 60℃에서 10분 가열하면 사멸한다.

　나. 혐기성 균주이다.

　다. 냉장온도에서 잘 발육한다.

　라. 당질식품에서 주로 발생한다.

06 아플라톡신(aflatoxin)에 대한 설명으로 틀린 것은?

가. 기질수분 16%이상, 상태습도 80~85%이상에서 생성한다.

나. 탄수화물이 풍부한 곡물에서 많이 발생한다.

다. 열에 비교적 약하여 100℃에서 쉽게 불활성화 된다.

라. 강산이나 강알칼리에서 쉽게 분해되어 불활성화 된다.

07 다음 식품첨가물 중 영양강화제는?

가. 비타민류 , 아미노산류 　　나. 검류 , 락톤류

다. 에테르류 , 에스테르류 　　라. 지방산류 , 페놀류

08 화학물질에 의한 식중독으로 일반 중독증상과 시신경의 염증으로 실명의 원인이 되는 물질은?

가. 납 　　나. 수은

다. 메틸알코올 　　라. 청산

09 식중독 발생시 즉시 취해야 할 행정적 조치는?

가. 식중독 발생신고 　　나. 원인식품의 폐기처분

다. 연막 소독 　　라. 역학 조사

10 식품의 보존료가 아닌 것은?

가. 데히드로초산(dehydroacetic acid)

나. 소르빈산(sorbic acid)

다. 안식향산(benzoic acid)

라. 아스파탐(aspartam)

11 유기가공식품의 세부표시기준으로 틀린 것은?

가. 당해 식품에 사용하는 용기·포장은 재활용이 가능하고, 생물에 의해 분해되지 않는 재질이어야 한다.

나. 동일 원재료에 대하여 유기농산물과 비유기농산물을 혼합하여 사용하여서는 아니 된다.

다. 방사선 조사 처리된 원재료를 사용하여서는 아니 된다.

라. 유전자재조합 식품 또는 식품첨가물을 사용하거나 검출 되어서는 아니 된다.

12 음식류를 조리 · 판매하는 영업으로서 식사와 함께 부수적으로 음주행위가 허용되는 영업은?

가. 휴게음식점영업　　　　　　　　나. 단란주점영업

다. 유흥주점영업　　　　　　　　　라. 일반음식점영업

13 식품의 표시 · 광고에 대한 설명 중 옳은 것은?

가. 허위표시 · 과대광고의 범위에는 용기 · 포장만 해당되며 인터넷을 활용한 제조방법 · 품질 · 영양가에 대한 정도는 해당되지 않는다.

나. 자사제품과 직간접적으로 관련하여 각종 협회, 학회, 단체의 감사장 또는 상장, 체험기 등을 활용하여 "인증" · "보증" 또는 "추천"을 받았다는 내용을 사용하는 광고는 가능하다.

다. 질병의 치료에 효능이 있다는 내용의 표시 · 광고는 허위표시 · 과대광고에 해당하지 않는다.

라. 인체의 건전한 성장 및 발달과 건강한 활동을 유지하는데 도움을 준다는 표현은 허위표시 · 과대광고에 해당하지 않는다.

14 식품위생법령상 조리사를 두어야 하는 영업자 및 운영자가 아닌 것은?

가. 국가 및 지방자치단체의 집단급식소 운영자.

나. 면적 100㎡ 이상의 일반음식점 영업자

다. 학교, 병원 및 사회복지시설의 집단급식소 운영자

라. 복어를 조리 · 판매하는 영업자

15 HACCP 인증 단체급식업소(집단급식소, 식품접객업소, 도시락류 포함)에서 조리한 식품은 소독된 보존식 전용 용기 또는 멸균 비닐봉지에 매회 1인분 분량을 담아 몇 ℃이하에서 얼마 이상의 시간동안 보관하여야 하는가?

가. 4℃ 이하, 48시간 이상　　　　나. 0℃ 이하, 100시간 이상

다. -10℃ 이하, 200시간 이상　　라. -18℃ 이하, 144시간 이상

16 다음 중 5탄당은?

가. 갈락토오스(galactose)　　　　나. 만오오스(mannose)

다. 크실로오스(xylose)　　　　　라. 프럭토오스(fructose)

17 식품을 저온 처리할 때 단백질에서 나타나는 변화가 아닌 것은?

가. 가수분해
나. 탈수현상
다. 생물학적 활성 파괴
라. 용해도 증가

18 가자미식해의 가공원리는?

가. 건조법
나. 당장법
다. 냉동법
라. 염장법

19 우유의 가공에 관한 설명으로 틀린 것은?

가. 크림의 주성분은 우유의 지방성분이다.
나. 분유는 전유, 탈지유, 반탈지유 등을 건조시켜 분말화 한 것이다.
다. 저온 살균법은 61.6 ~ 65.6 ℃에서 30분간 가열하는 것이다.
라. 무당연유는 살균과정을 거치지 않고, 유당연유만 살균과정을 거친다.

20 알코올 1g당 열량산출 기준은?

가. 0 kcal
나. 4 kcal
다. 7 kcal
라. 9 kcal

21 효소적 갈변반응에 의해 색을 나타내는 식품은?

가. 분말 오렌지
나. 간장
다. 캐러멜
라. 홍차

22 미숫가루를 만들 때 건열로 가열하면 전분이 열분해되어 덱스트린이 만들어진다. 이 열분해과정을 무엇이라고 하는가?

가. 호화
나. 노화
다. 호정화
라. 전화

23 다음 중 단당류인 것은?

가. 포도당
나. 유당
다. 맥아당
라. 전분

24 달걀에서 시간이 지남에 따라 나타나는 변화가 아닌 것은?

　가. 호흡작용을 통해 알칼리성으로 된다.

　나. 흰자의 점성이 커져 끈적끈적해진다.

　다. 흰자에서 황화수소가 검출된다.

　라. 주위의 냄새를 흡수한다.

25 수확한 후 호흡작용이 특이하게 상승되므로 미리 수확하여 저장하면서 호흡작용을 인공적으로 조절할 수 있는 과일류와 가장 거리가 먼 것은?

　가. 아보카도　　　　　　　　　　나. 사과

　다. 바나나　　　　　　　　　　　라. 레몬

26 마가린, 쇼트닝, 튀김유 등은 식물성 유지에 무엇을 첨가하여 만드는가?

　가. 염소　　　　　　　　　　　　나. 산소

　다. 탄소　　　　　　　　　　　　라. 수소

27 자유수와 결합수의 설명으로 맞는 것은?

　가. 결합수는 용매로서 작용한다.

　나. 자유수는 4℃에서 비중이 제일 크다.

　다. 자유수는 표면장력과 점성이 작다.

　라. 결합수는 자유수보다 밀도가 작다.

28 게, 가재, 새우 등의 껍질에 다량 함유된 키틴(chitin)의 구성 성분은?

　가. 다당류　　　　　　　　　　　나. 단백질

　다. 지방질　　　　　　　　　　　라. 무기질

29 동물성 식품(육류)의 대표적인 색소 성분은?

　가. 미오글로빈(myoglobin)　　　　나. 페오피틴(Pheophytin)

　다. 안토그산틴(Anthoxanthin)　　　라. 안토시아닌(Anthocyanin)

30 효소적 갈변 반응을 방지하기 위한 방법이 아닌 것은?

　가. 가열하여 효소를 불활성화 시킨다.

　나. 효소의 최적조건을 변화시키기 위해 ph를 낮춘다.

　다. 아황산가스 처리를 한다.

　라. 산화제를 첨가한다.

31 냉동식품에 대한 보관료 비용이 아래와 같을 때 당월소비액은? (단, 당원선급액과 전월 미지급액은 고려하지 않는다.)

　-당월지급액 : 60000원

　-전월선급액 : 10000원

　-당월미지급액 : 30000원

　가. 70000원　　　　　　　　　　　나. 80000원

　다. 90000원　　　　　　　　　　　라. 100000원

32 어류를 가열조리 할 때 일어나는 변화와 거리가 먼 것은?

　가. 결합조직 단백질인 콜라겐의 수축 및 용해

　나. 근육섬유 단백질의 응고수축

　다. 열응착성 약화

　라. 지방의 용출

33 조리에 사용하는 냉동식품의 특성이 아닌 것은?

　가. 완만 동결하여 조직이 좋다.

　나. 장기간 보존이 가능하다.

　다. 저장 중 영양가 손실이 적다.

　라. 비교적 신선한 풍미가 유지된다.

34 체내 산·알칼리 평형유지에 관여하며 가공치즈나 피클에 많이 함유된 영양소는?

　가. 철분　　　　　　　　　　　　　나. 나트륨

　다. 황　　　　　　　　　　　　　　라. 마그네슘

35 냉동 중 육질의 변화가 아닌 것은?

가. 육내의 수분이 동결되어 체적 팽창이 이루어진다.

나. 건조에 의한 감량이 발생한다.

다. 고기 단백질이 변성되어 고기의 맛을 떨어뜨린다.

라. 단백질 용해도가 증가된다.

36 식품을 구입할 때 식품감별이 잘못된 것은?

가. 과일이나 채소는 색깔이 고운 것이 좋다.

나. 육류는 고유의 선명한 색을 가지며, 탄력성이 있는 것이 좋다.

다. 어육 연제품은 표면에 점액질의 액즙이 없는 것이 좋다.

라. 토란은 겉이 마르지 않고, 갈랐을 때 점액질이 없는 것이 좋다.

37 과일의 갈변을 방지하는 방법으로 바람직하지 않은 것은?

가. 레몬즙, 오렌지즙에 담가둔다.

나. 희석된 소금물에 담가둔다.

다. −10℃ 온도에서 동결시킨다.

라. 설탕물에 담가둔다.

38 조리용 소도구의 용도가 옳은 것은?

가. 믹서 (Mixer) – 재료를 다질 때 사용

나. 휘퍼 (Whipper) – 감자 껍질을 벗길 때 사용

다. 필러 (Peeler) – 골고루 섞거나 반죽할 때 사용

라. 그라인더 (Grinder) – 쇠고기를 갈 때 사용

39 마요네즈 제조시 안정된 마요네즈를 형성하는 경우는?

가. 기름을 빠르게 많이 넣을 때

나. 달걀 흰자만 사용할 때

다. 약간 더운 기름을 사용할 때

라. 유화제 첨가량에 비하여 기름의 양이 많을 때

40 총고객수 900명, 좌석수 300석, 1좌석당 바닥면적 1.5㎡일 때, 필요한 식당의 면적은?

가. 300㎡   나. 350㎡
다. 400㎡   라. 450㎡

41 10월 한달 간 과일통조림의 구입현황이 아래와 같고, 재고량이 모두 13캔인 경우 선입 선출법에 따른 재고금액은?

날 짜	구입량(캔)	구입단가(원)
10/1	20	1000
10/10	15	1050
10/20	25	1150
10/25	10	1200

가. 14500   나. 150000원
다. 15450원   라. 160000원

42 총비용과 총수익(판매액)이 일치하여 이익도 손실도 발생되지 않는 기점은?

가. 매상선점   나. 가격결정점
다. 손익분기점   라. 한계이익점

43 다음 중 열량산출에서 가장 격심한 활동에 속하는 것은?

가. 모내기, 등산   나. 빨래, 마루닦이
다. 다림질, 운전   라. 요리하기, 바느질

44 젓갈제조 방법 중 큰 생선이나 지방이 많은 생선을 서서이 절이고자 할 때 생선을 일단 얼렸다가 절이는 방법은?

가. 습염법   나. 혼합법
다. 냉염법   라. 냉동염법

45 작업장에서 발생하는 작업의 흐름에 따라 시설과 기기를 배치할 때 작업의 흐름이 순서대로 연결된 것은?

㉠ 전처리	㉡ 장식 · 배식
㉢ 식기세척 · 수납	㉣ 조리
㉤ 식재료의 구매 · 검수	

가. ㉤ – ㉠ – ㉣ – ㉡ – ㉢   나. ㉠ – ㉡ – ㉢ – ㉣ – ㉤

다. ㉤ – ㉣ – ㉡ – ㉠ – ㉢   라. ㉢ – ㉠ – ㉣ – ㉤ – ㉡

46 아미노카르보닐화 반응, 캐러멜화 반응, 전분의 호정화가 일어나는 온도의 범위는?

가. 20~50℃   나. 50~100℃

다. 100~200℃   라. 200~300℃

47 단체급식의 문제점 중 심리면에 대한 설명이 아닌 것은?

가. 조리종사자의 실수로 독물이나 세균이 급식에 흡입되어 대규모의 식중독사고가 일어날 수 있다.

나. 피급식자의 선택의 여지가 없을 때 불만이 생길 수 있다.

다. 일정한 양을 공급하므로 충분하지 않게 느낄 수 있다.

라. 분위기가 산만하고 지저분하면 섭취율이 저하된다.

48 안토시아닌 색소가 함유된 채소를 알칼리 용액에서 가열하면 어떻게 변색하는가?

가. 붉은색   나. 황갈색

다. 무색   라. 청색

49 밀가루 반죽시 지방의 연화작용에 대한 설명으로 틀린 것은?

가. 포화지방산으로 구성된 지방이 불포화지방산보다 효과적이다.

나. 기름의 온도가 높을수록 쇼트닝 효과가 커진다.

다. 반죽횟수 및 시간과 반비례한다.

라. 난황이 많을수록 쇼트닝 작용이 감소된다.

50 다음 중 효소적 갈변반응이 나타나는 것은?

가. 캐러멜 소스   나. 간장

다. 장어구이   라. 사과쥬스

51 눈 보호를 위해 가장 좋은 인공조명 방식은?

가. 직접조명   나. 간접조명

다. 반직접조명   라. 전반확산조명

52 다음 중 음료수 소독에 가장 적합한 것은?

가. 생석회   나. 알코올

다. 염소   라. 승홍수

53 채소류를 매개로 감염될 수 있는 기생충이 아닌 것은?

가. 회충   나. 아니사키스

다. 구충   라. 편충

54 기생충과 중간숙주와의 연결이 틀린 것은?

가. 간흡충 – 쇠우렁, 참붕어

나. 요꼬가와흡충 – 다슬기, 은어

다. 폐흡충 – 다슬기, 게

라. 광절열두조충 – 돼지고기, 쇠고기

55 분변소독에 가장 접합한 것은?

가. 생석회   나. 약용비누

다. 과산화수소   라. 표백분

56 초기 청력장애시 직업성 난청을 조기 발견할 수 있는 주파수는?

가. 1000Hz   나. 2000Hz

다. 3000Hz   라. 4000Hz

57 일산화탄소(CO)에 대한 설명으로 틀린 것은?

　가. 무색, 무취이다.

　나. 물체의 불완전연소시 발생한다.

　다. 자극성이 없는 기체이다.

　라. 이상 고기압에서 발생하는 잠함병과 관련이 있다.

58 다음 중 공중보건상 전염병 관리가 가장 어려운 것은?

　가. 동물 병원소　　　　　　　　나. 환자

　다. 건강 보균자　　　　　　　　라. 토양 및 물

59 질병을 매개하는 위생해충과 그 질병의 연결이 틀린 것은?

　가. 모기 – 사상충증, 말라리아

　나. 파리 – 장티푸스, 콜레라

　다. 진드기 – 유행성출혈열, 쯔쯔가무시증

　라. 이 – 페스트, 재귀열

60 병원체가 바이러스(Virus)인 전염병은?

　가. 결핵　　　　　　　　　　　　나. 회충

　다. 발진티푸스　　　　　　　　　라. 일본뇌염

과년도 기출문제 10

01	다	02	나	03	나	04	나	05	나	06	다	07	가	08	다	09	가	10	라
11	가	12	라	13	라	14	나	15	라	16	다	17	라	18	라	19	라	20	다
21	라	22	다	23	가	24	나	25	라	26	라	27	나	28	가	29	가	30	라
31	라	32	다	33	가	34	나	35	라	36	라	37	다	38	라	39	다	40	라
41	다	42	다	43	가	44	라	45	가	46	다	47	가	48	라	49	다	50	라
51	나	52	다	53	나	54	라	55	가	56	라	57	라	58	다	59	라	60	라

과년도 기출문제 11

01 밀폐된 포장식품 중에서 식중독이 발생했다면 주로 어떤 균에 의해서인가?

　가. 살모넬라균　　　　　　　　　나. 대장균

　다. 아리조나균　　　　　　　　　라. 클로스트리디움 보툴리늄균

02 독성분인 테트로도톡신(Tetrodotoxin)을 갖고 있는 것은?

　가. 조개　　　　　　　　　　　　나. 버섯

　다. 복어　　　　　　　　　　　　라. 감자

03 쌀뜨물 같은 설사를 유발하는 경구전염병의 원인균은?

　가. 살모넬라균　　　　　　　　　나. 포도상 구균

　다. 장염 비브리오균　　　　　　　라. 콜레라균

04 HACCP에 대한 설명으로 틀린 것은?

　가. 어떤 위해를 미리 예측하여 그 위해요인을 사전에 파악하는 것 이다.

　나. 위해 방지를 위한 사전 예방적 식품안전관리체계를 말한다.

　다. 미국, 일본, 유럽연합, 국제기구(Codex, WHO) 등 에서도 모든 식품에 HACCP을 적 용할 것을 권장하고 있다.

　라. HACCP 12절차의 첫 번째 단계는 위해요소 분석이다.

05 집단 식중독 발생 시 처치사항으로 잘못된 것은?

　가. 원인 식을 조사한다.

　나. 구토물 등의 원인균 검출에 필요하므로 버리지 않는다.

　다. 해당 기관에 즉시 신고한다.

　라. 소화제를 복용시킨다.

06 노로 바이러스 식중독의 예방 및 확산방지 방법으로 틀린 것은?

가. 오염지역에서 채취한 어패류는 85℃에서 1분 이상 가열하여 섭취한다.

나. 항바이러스 백신을 접종한다.

다. 오염이 의심되는 지하수의 사용을 자제한다.

라. 가열 조리한 음식물은 맨 손으로 만지지 않도록 한다.

07 다음 중 식품첨가물과 주요용도의 연결이 바르게 된 것은?

가. 안식향산 – 착색제

나. 토코페롤 – 표백제

다. 질소나트륨 – 산화방지제

라. 피로인산칼륨 – 품질개량제

08 영양 요구 성으로 유기물이 없으면 생육하지 않는 종류의 균은?

가. 무기 영양균

나. 자력 영양균

다. 종속 영양균

라. 독립 영양균

09 카드륨이나 수은 등의 중금속 오염 가능성이 가장 큰 식품은?

가. 육류

나. 어패류

다. 식용유

라. 통조림

10 섭조개 속에 들어 있으며 특히 신경계통의 마비증상을 일으키는 독성분은?

가. 무스카린

나. 시큐톡신

다. 베네루핀

라. 삭시톡신

11 식품위생 법규상 우수업소의 지정기준으로 틀린 것은?

가. 건물은 작업에 필요한 공간을 확보하여야 하며, 환기가 잘 되어야 한다.

나. 원료처리실·제조가공실·포장실 등 작업장은 분리·구획되어야 한다.

다. 작업장·냉장시설·냉동시설 등에는 온도를 측정 할 수 있는 계기가 눈에 잘 보이지 않는 곳에 설치되어야 한다.

라. 작업장의 바닥·내벽 및 천장은 내수처리를 하여야 하며, 항상 청결하게 관리되어야 한다.

12 쇠고기 등급에서 육질등급의 판단 기준이 아닌 것은?

가. 등지방 두께   나. 근내지방도

다. 육색   라. 지방색

13 아래는 식품위생법의 일부를 발췌한 내용이다. 밑줄 친 조리방법에 해당하지 않는 것은?

> 제12조 (육류 및 쌀·김치류의 원산지 등 표시)
> ① 제35조 제1항 제 3호의 식품접객업 중 대통령령으로 정하는 영업을 영위하는 자 또는 제88조의 집단급식소를 설치·운영하는 자는 쇠고기·돼지고기·닭고기를 대통령령으로 <u>정하는 조리방법</u>으로 조리하여 판매·제공하는 경우에는 공정한 거래 질서 확립과 생산자 및 소비자 보호 등을 위하여 육류의 원산지 및 종류를 표시하여야 한다.

가. 구이   나. 탕

다. 찌개   라. 튀김

14 식품위생법상 기구로 분류되지 않는 것은?

가. 도마   나. 수저

다. 탈곡기   라. 도시락 통

15 식품 등의 표시기준상 열람표시에서 몇 kcal미만을 "0"으로 표시할 수 있는가?

가. 2 kcal   나. 5 kcal

다. 7 kcal   라. 10kcal

16 다음 중 가열조리에 의해 가장 파괴되기 쉬운 비타민은?

가. 비타민 C   나. 비타민 B_6

다. 비타민 A   라. 비타민 D

17 온도가 미각에 영향을 미치는 현상에 대한 설명으로 틀린 것은?

가. 온도가 상승함에 따라 단맛에 대한 반응이 증가한다.

나. 쓴맛은 온도가 높을수록 강하게 느껴진다.

다. 신맛은 온도 변화에 거의 영향을 받지 않는다.

라. 짠맛은 온도가 높을수록 최소강량이 늘어난다.

18 일반적인 잼의 설탕 함량은?

가. 15~25%   나. 35~45%

다. 60~70%   라. 90~100%

19 우유 100g 중에 당질 5g, 단백질 3.5g, 지방 3.7g 이 함유되어 있다면 이 때 얻어지는 열량은?

가. 약 47 kcal   나. 약 67 kcal

다. 약 87 kcal   라. 약 107 kcal

20 18:2 지방산에 대한 설명으로 옳은 것은?

가. 토코페롤과 같은 항산화성이 있다.

나. 이중결합이 2개 있는 불포화지방산이다.

다. 탄소수가 20개이며, 리놀렌산이다.

라. 체내에서 생성되므로 음식으로 섭취하지 않아도 된다.

21 (   )에 알맞은 용어가 순서대로 나열된 것은?

> 당면은 감자, 고구마, 녹두 가루에 첨가물을 혼합, 성형하여 (   )한 후 건조, 냉각하여 (   )시킨 것으로 반드시 열을 가해 (   )하여 먹는다.

가. α화 – β화 – α화   나. α화 – α화 – β화

다. β화 – β화 – α화   라. β화 – α화 – β화

22 단백질의 특성에 대한 설명으로 틀린 것은?

가. C, H, O, N, S, P 등의 원소로 이루어져 있다.

나. 단백질은 뷰렛에 의한 정색반응을 나타내지 않는다.

다. 조단백질은 일반적으로 질소의 양에 6.25를 곱한 값이다.

라. 아미노산은 분자 중에 아미노기와 카르복실기를 갖는다.

23 어패류의 주된 비린 냄새 성분은?

가. 아세트알데히드(acetaldehyde)

나. 부티르산(butyric acid)

다. 트리메틸아민(trimethylamine)

라. 투라매탈아민옥사이드(trimethylamine oxide)

24 샌드위치를 만들고 남은 식빵을 냉장고에 보관할 때 식빵이 딱딱해지는 원인물질과 그 현상은?

가. 단백질 – 젤화　　　　　　　　　나. 지방 – 산화

다. 전분 – 노화　　　　　　　　　　라. 전분 – 호화

25 영양 결핍 증상과 원인이 되는 영양소의 연결이 틀린 것은?

가. 빈혈 – 엽산　　　　　　　　　　나. 구순구각염 – 비타민 B_{12}

다. 야맹증 – 비타민 A　　　　　　　라 괴혈병 – 비타민 C

26 식초를 넣은 물에 레드 캐비지를 담그면 선명한 적색으로 변하는데, 주된 원인 물질은?

가. 탄닌　　　　　　　　　　　　　나. 클로로필

다. 멜라닌　　　　　　　　　　　　라. 안토시아닌

27 인산을 함유하는 복합지방질로서 유화제로 사용되는 것은?

가. 레시틴　　　　　　　　　　　　나. 글로세롤

다. 스테롤　　　　　　　　　　　　라. 글리콜

28 건성유에 대한 설명으로 옳은 것은?

가. 고도의 불포화지방산 함량이 많은 기름이다.

나. 포화지방산 함량이 낮은 기름이다.

다. 공기 중에 방치해도 피막이 형성되지 않은 기름이다.

라. 대표적인 건성유는 올리브유와 낙화생유가 있다.

29 젓갈의 미생물 번식 방지를 위한 방법으로 틀린 것은?

가. 수분활성도를 높인다.

나. 보존료를 사용한다.

다. 방습포장을 한다.

라. 수증기 투과성이 적은 포장 재료를 사용한다.

30 달걀 저장 중에 일어나는 변화로 옳은 것은?

가. pH 저하 　　　　　　나. 중량 감소

다. 난화계수 증가 　　　　라. 수양난백 감소

31 다음 자료의 의하여 제조원가를 산출하면?

• 직접재료비	60000원	• 직접임금	100000원
• 소모품비	10000원	• 통신비	5000원
• 판매원급료	50000원		

가. 175000원 　　　　　　나. 210000원

다. 215000원 　　　　　　라. 225000원

32 밀가루 제품에서 팽창제의 역할을 하지 않는 것은?

가. 소금

나. 달걀

다. 이스트

라. 베이킹파우더

33 영양소와 그 소화효소가 바르게 연결된 것은?

가. 단백질 – 리파아제

나. 탄수화물 – 아밀라아제

다. 지방 – 펩신

라. 유당 – 트립신

11

34 식품의 관능적 요소를 겉모양, 향미, 텍스처로 구분할 때 겉모양(시각)에 해당하지 않는 것은?

가. 색채　　　　　　　　　　　　나. 점성
다. 외피결합　　　　　　　　　　라. 점조성

35 달걀의 신선도를 판정하는 방법으로 틀린 것은?

가. 신선한 달걀의 난황계수는 0.36~0.44이며 0.25 이하인 것은 오래된 것이다.
나. 산란 직후의 달걀의 비중은 1.04 정도이며 난 각의 두께에 따라 좌우되기는 하지만 비중 1.028에서 떠오르는 것은 오래된 것으로 판정한다.
다. 투시검란 경우는 기실이 작고 난황의 색이 선명하며, 운동성이 없는 것이 신선하다.
라. 난 각이 거칠고 매끄럽지 않으며 흔들어서 소리가 나지 않는 것이 신선하다.

36 1일 총 매출액이 1,200,000원, 식재료비가 780,000원인 경우의 식재료비 비율은?

가. 55%　　　　　　　　　　　　나. 60%
다. 65%　　　　　　　　　　　　라. 70%

37 겨자를 갤 때 매운맛을 가장 강하게 느낄 수 있는 온도는?

가. 20~25℃　　　　　　　　　　나. 30~35℃
다. 40~45℃　　　　　　　　　　라. 50~55℃

38 단시간에 조리되므로 영양소의 손실이 가장 적은 조리방법은?

가. 튀김　　　　　　　　　　　　나. 볶음
다. 구이　　　　　　　　　　　　라. 조림

39 발연점을 고려했을 때 튀김용으로 강장 적합한 기름은?

가. 쇼트닝(유화제 첨가)　　　　　나. 참기름
다. 대두유　　　　　　　　　　　라. 피마자유

40 오징어에 대한 설명으로 틀린 것은?

가. 가열하면 근육섬유와 콜라겐섬유 때문에 수축하거나 둥글게 말린다.

나. 살이 붉은색을 띠는 것은 색소포에 의한 것으로 신선도와는 상관이 없다.

다. 신선한 오징어는 무색투명하며, 껍질에는 짙은 적갈색의 색소포가 있다.

라. 오징어의 근육은 평활 근으로 색소를 가지지 않으므로 껍질을 벗긴 오징어는 가열하면 백색이 된다.

41 식품 감별시 품질이 좋지 않는 것은?

가. 석이버섯은 봉우리가 작고 줄기가 단단한 것

나. 무는 가벼우며 어두운 빛깔을 띠는 것

다. 토란은 껍질을 벗겼을 때 희색으로 단단하고 끈적끈적한 감이 강한 것

라. 파는 굵기가 고르고 뿌리에 가까운 부분의 흰색이 긴 것

42 다음 유화상태 식품 중 유중 수적형 식품은?

가. 우유 　　　　　　　　　　나. 생크림

다. 마가린 　　　　　　　　　라. 마요네즈

43 전체식수가 3,000명이고 식수변동률은 1.1, 식기 파손율을 1.07로 하였을 때 식기의 필요량은?

가. 3,541개 　　　　　　　　나. 3,531개

다. 3,541개 　　　　　　　　라. 3,551개

44 푸른 채소를 데칠 때 색을 선명하게 유지시키며 비타민 C의 산화도 억제해 주는 것은?

가. 소금 　　　　　　　　　　나. 설탕

다. 기름 　　　　　　　　　　라. 식초

45 원가분석과 관련된 식으로 틀린 것은?

가. 메뉴품목별비율(%)= (품목별 메뉴가격 / 품목별 식재료비)*100

나. 감가상각비= (잔존가격 – 구입가격) / 내용연수

다. 인건비비율(%)= (총매출액 / 인건비)*100

라. 식재료비비율(%)= (총 재료비 / 식재료비)*100

46 영양 권장량에 대한 설명으로 틀린 것은?

가. 권장량의 값은 다양한 가정을 전제로 하여 제정된다.

나. 권장량은 필요량보다 높다.

다. 권장량은 식생활 자료를 기초로 하여 구해진 값이다.

라. 보충제를 통하여 섭취시 흡수율이나 대사상의 문제점도 고려한 값이다.

47 곰국이나 스톡을 조리하는 방법으로 은근하게 오랫동안 끓이는 조리법은?

가. 포우칭(poaching)   나. 스티밍(steaming)

다. 블랜칭(blanching)   라. 시머링(simmering)

48 쇠고기의 부위별 용도의 연결이 적합하지 않은 것은?

가. 앞다리 – 불고기, 육회, 구이   나. 설도 – 스테이크, 샤브샤브

다. 목심 – 불고기, 국거리   라. 우둔 – 산적, 장조림, 육포

49 냉동식품의 해동에 관한 설명으로 틀린 것은?

가. 비닐봉지에 넣어 50℃ 이상의 물속에서 빨리 해동시키는 것이 이상적인 방법이다.

나. 생선의 냉동품은 반 정도 해동하여 조리하는 것이 안전하다.

다. 냉동식품을 완전해동하지 않고 직접 가열하면 효소나 미생물에 의한 변질의 염려가 적다.

라. 일단 해동된 식품은 더 쉽게 변질되므로 필요한 양만큼만 해동하여 사용한다.

50 다음 중 비교적 가식부율이 높은 식품으로만 나열된 것은?

가. 고구마, 동태, 파인애플   나. 닭고기, 감자, 수박

다. 대두, 두부, 숙주나물   라. 고추, 대구, 게

51 전염병의 예방대책 중 특히 전염경로에 대한 대책은?

가. 환자를 치료한다.   나. 예방 주사를 접종한다.

다. 면역혈청을 주사한다.   라. 손을 소독한다.

52 다음 중 만성전염병은?

가. 장티푸스　　　　　　　　　　　나. 폴리오

다. 결핵　　　　　　　　　　　　　라. 백일해

53 우유의 초고온순간살균법에 가장 적합한 가열 온도와 시간은?

가. 200℃　　　　　　　　　　　　나. 162℃에서 5초간

다. 150℃에서 5초간　　　　　　　　라. 132℃에서 2초간

54 우리나라의 4대 보험에 해당하지 않는 것은?

가. 생명보험　　　　　　　　　　　나. 고용보험

다. 산재보험　　　　　　　　　　　라. 국민연금

55 폐흡충 증의 제2중간숙주는?

가. 잉어　　　　　　　　　　　　　나. 연어

다. 게　　　　　　　　　　　　　　라. 송어

56 다수인이 밀집한 장소에서 발생하며 화학적 조성이나 물리적 조성의 큰 변화를 일으켜 불쾌감, 두통, 권태, 현기증, 구토 등의 생리적 이상을 일으키는 현상은?

가. 빈혈　　　　　　　　　　　　　나. 일산화탄소 중독

다. 분압 현상　　　　　　　　　　　라. 군집독

57 감각온도(체감온도)의 측정에 작용하지 않는 인자는?

가. 기온　　　　　　　　　　　　　나. 기압

다. 기습　　　　　　　　　　　　　라. 기류

58 먹는 물과 관련된 용어의 정의로 틀린 것은?

가. 수처리제: 물을 정수 또는 소독하거나 먹는 물 공급시설의 산화방지 등을 위하여 첨가하는 제제

나. 먹는 샘물: 해양심층수를 먹는데 적합하도록 화학적으로 처리하는 등의 방법으로 제조한 물

다. 먹는 물: 먹는 데에 통상 사용하는 자연 상태의 물. 자연 상태의 물을 먹기에 적합하도록 처리한 수돗물, 먹는 샘물, 먹는 해양심층수 등을 말한다.

라. 샘물: 암반대수등 안의 지하수 또는 용천수 등 수질의 안전성을 계속 유지할 수 있는 자연 상태의 깨끗한 물을 먹는 용도로 사용할 원수

59 국소진동으로 인한 질병 및 직업병의 예방대책이 아닌 것은?

가. 보건교육 　　　　　　나. 완충장치
다. 방열복 착용 　　　　　라. 작업시간 단축

60 전염병의 예방대책과 거리가 먼 것은?

가. 병원소의 제거 　　　　나. 환자의 격리
다. 식품의 저온보존 　　　라. 예방 접종

과년도 기출문제 **11**

01	라	02	다	03	라	04	라	05	라	06	나	07	라	08	다	09	나	10	라
11	다	12	가	13	다	14	다	15	나	16	가	17	나	18	다	19	나	20	나
21	가	22	나	23	다	24	다	25	나	26	라	27	가	28	가	29	가	30	나
31	가	32	가	33	나	34	나	35	다	36	다	37	다	38	다	39	다	40	나
41	나	42	다	43	라	44	가	45	다	46	라	47	라	48	나	49	가	50	다
51	라	52	다	53	라	54	가	55	나	56	라	57	나	58	나	59	다	60	다

과년도 기출문제 12

01 클로스트리디움 보툴리늄의 어떤 균형에 의해 식중독이 발생될 수 있는가?

가. C형 나. D형
다. E형 라. G형

02 식품 중에 존재하는 색소단백질과 결합함으로써 식품의 색을 보다 선명하게 하거나 안정화시키는 첨가물은?

가. 질산나트륨(sodium nitrate)
나. 동클로로필린나트륨(sodium chlorophyll)
다. 삼이산화철(iron sesquixide)
라. 이산화티타늄(titanium dioxide)

03 살균이 불충분한 저산성 통조림 식품에 의해 발생되는 세균성 식중독의 원인균은?

가. 포도상 구균 나. 젖산균
다. 클로스트리디움 보툴리늄 라. 병원성 대장균

04 식품첨가물의 사용 목적과 거리가 먼 것은?

가. 식품의 상품가치 향상
나. 영양 강화
다. 보존성 향상
라. 질병의 치료

05 납중독에 대한 설명으로 틀린 것은?

가. 대부분 만성중독이다.
나. 뼈에 축척되거나 골수에 대해 독성을 나타내므로 혈액 장애를 일으킬 수 있다.
다. 손과 발의 각화증 등을 일으킨다.
라. 잇몸의 가장자리가 흑자색으로 착색된다.

06 식품의 산패에 관한 설명으로 잘못된 것은?

　가. 식품에 들어있는 지방질이 산화되는 현상이다.

　나. 맛, 냄새가 변한다.

　다. 유지가 가수분해 되어 일어나기도 한다.

　라. 부패와 반응 기질이 같다.

07 다음 진균독소 중 간암을 일으키는 것은?

　가. 시트리닌(citrinin)

　나. 아플라톡신(aflatoxin)

　다. 스포리데스민(sporidesmin)

　라. 에르고톡신(ergotoxin)

08 조리작업자 및 배식자의 손 소독에 가장 적합한 것은?

　가. 역성비누　　　　　　　　나. 생석회

　다. 경성세제　　　　　　　　라. 승홍수

09 여성이 임신 중에 감염될 경우 유산과 불임을 포함하여 태아에 이상을 유발할 수 있는 인수공통전염병과 관계되는 기생충은?

　가. 회충　　　　　　　　　　나. 십이지장충

　다. 간디스토마　　　　　　　라. 톡소플라스마

10 다음 중 식품위생과 관련된 미생물이 아닌 것은?

　가. 세균　　　　　　　　　　나. 곰팡이

　다. 효모　　　　　　　　　　라. 기생충

11 다음 중 조리사 또는 영양사의 면허를 발급 받을 수 있는 자는?

　가. 정신질환자(전문의가 적합하다고 인정하는 자 제외)

　나. 2군 전염병환자(B형 간염환자 제외)

　다. 마약중독자

　라. 파산선고자

12 영업허가를 받거나 신고를 하지 않아도 되는 경우는?

가. 주로 주류를 조리 · 판매하는 영업으로서 손님이 노래를 부르는 행위가 허용되는 영업을 하려는 경우

나. 보건복지부령이 정하는 식품 또는 식품첨가물의 완제품을 나누어 유통을 목적으로 재포장 · 판매 하려는 경우

다. 방사선을 쬐어 식품 보존성을 물리적으로 높이려는 경우

라. 식품첨가물이나 다른 원료를 사용하지 아니하고 농산물을 단순히 껍질을 벗겨 가공하려는 경우

13 다음의 정의에 해당하는 것은?

> 식품의 원료관리, 제조·가공·조리·유통의 모든 과정에서 위해한 물질이 식품에 섞이거나 식품이 오염되는 것을 방지하기 위하여 각 과정을 중점적으로 관리하는 기준

가. 위해요소중점관리기준(HACCP) 나. 식품 Recall 제도
다. 식품 CODEX 기준 라. ISO 인증제도

14 일반음식점영업 중 모범업소를 지정할 수 있는 권한을 가진 자는?

가. 시장 나. 경찰서장
다. 보건소장 라. 세무서장

15 식품위생법으로 정의한 "기구"에 해당하는 것은?

가. 식품의 보존을 위해 첨가하는 물질
나. 식품의 조리 등에 사용하는 물건
다. 농업의 농기구
라. 수산업의 어구

16 두부제조의 주체가 되는 성분은?

가. 레시틴 나. 글리시닌
다. 자당 라. 키틴

17 난황에 함유되어 있는 색소는?

가. 클로로필

나. 안토시아닌

다. 카로티노이드

라. 플라보노이드

18 영양소와 급원식품의 연결이 옳은 것은?

가. 동물성 단백질 – 두부, 쇠고기

나. 비타민 A – 당근, 미역

다. 필수지방산 – 대두유, 버터

라. 칼슘 – 우유, 뱅어포

19 생선의 육질이 육류보다 연한 주된 이유는?

가. 콜라겐과 엘라스틴의 함량이 적으므로

나. 미오신과 액틴의 함량이 많으므로

다. 포화지방산의 함량이 많으므로

라. 미오글로빈 함량이 적으므로

20 시금치를 오래 삶으면 갈색이 되는데 이 때 변화되는 색소는 무엇인가?

가. 클로로필

나. 카로티노이드

다. 플라보노이드

라. 안토크산틴

21 클로로필에 대한 설명으로 틀린 것은?

가. 산을 가해주면 pheophytin이 생성된다.

나. chlorophyllase가 작용하면 chlorophyllide가 된다.

다. 수용성 색소이다.

라. 엽록체 안에 들어있다.

22 식품이 나타내는 수증기압이 0.75기압이고, 그 온도에서 순수한 물의 수증기압이 1.5기압일 때 식품의 수분활성도(Aw)는?

가. 0.5

나. 0.6

다. 0.7

라. 0.8

23 아이스크림 제조시 사용되는 안정제는?

　가. 전화당　　　　　　　　　나. 바닐라

　다. 레시틴　　　　　　　　　라. 젤라틴

24 장기간의 식품보존방법과 가장 관계가 먼 것은?

　가. 소금 절임(염장)　　　　　나. 건조

　다. 설탕절임(당장)　　　　　라. 찜 요리

25 생강을 식초에 절이면 적색으로 변하는데 이 현상에 관계되는 물질은?

　가. 안토시안　　　　　　　　나. 세사몰

　다. 진제론　　　　　　　　　라. 아밀라아제

26 생선의 신선도가 저하될 때 나타나는 현상이 아닌 것은?

　가. 근육이 뼈에 밀착되어 잘 떨어지지 않는다.

　나. 아민류가 많이 생성된다.

　다. 어육이 약알칼리성이다.

　라. 복부가 물렁하고 부드럽다.

27 한천에 대한 설명으로 틀린 것은?

　가. 겔은 고온에서 잘 견디므로 안정제로 사용된다.

　나. 홍조류의 세포벽 성분인 점질성의 복합다당류를 추출하여 만든다.

　다. 30℃부근에서 굳어져 겔화된다.

　라. 일단 겔화되면 100℃이하에서는 녹지 않는다.

28 젓갈의 숙성에 대한 설명으로 틀린 것은?

　가. 농도가 묽으면 부패하기 쉽다.

　나. 새우젓의 용염 량은 60% 정도가 적당하다.

　다. 자기소화 효소작용에 의한 것이다.

　라. 세균에 의한 작용도 많다.

29 알칼리성 식품에 대한 설명 중 옳은 것은?

가. Na, K, Ca, Mg 이 많이 함유되어 있는 식품

나. S, P, CI 이 많이 함유되어 있는 식품

다. 당질, 지질, 단백질 등이 많이 함유되어 있는 식품

라. 곡류, 육류, 치즈 등의 식품

30 가공치즈(processed cheese)의 설명으로 틀린 것은?

가. 자연 치즈에 유화제를 가하여 가열한 것이다.

나. 일반적으로 자연 치즈보다 저장성이 크다.

다. 약 85℃에서 살균하여 pasteurized cheese라고도 한다.

라. 자연 치즈를 원료로 사용하지 않는다.

31 육류를 저온숙성(aging)할 때 적합한 습도와 온도 범위는?

가. 습도 85 ~ 90%, 온도 1 ~ 3℃

나. 습도 70 ~ 85%, 온도 10 ~ 15℃

다. 습도 65 ~ 70%, 온도 10 ~ 15℃

라. 습도 55 ~ 60%, 온도 15 ~ 21℃

32 식품감별 중 아가미 색깔이 선홍색인 생선은?

가. 부패한 생선   나. 초기 부패의 생선

다. 점액이 많은 생선   라. 신선한 생선

33 100인분의 멸치조림에 소요된 재료의 양이라면 총 재료비는 얼마인가?

재료	사용재료량(g)	1kg 단가
멸치	1000	10000
풋고추	2000	7000
기름	100	2000
간장	100	2000
깨소금	100	5000

가. 17900원   나. 24900원

다. 26000원   라. 33000원

34 녹색채소를 데칠 때 소다를 넣을 경우 나타나는 현상이 아닌 것은?

가. 채소의 질감이 유지된다.

나. 채소의 색을 푸르게 고정시킨다.

다. 비타민 C가 파괴된다.

라. 채소의 섬유질을 연화시킨다.

35 고구마 가열시 단맛이 증가하는 이유는?

가. protease가 활성화되어서

나. surcease가 활성화되어서

다. 알파-amylase가 활성화되어서

라. 베타-amylase가 활성화되어서

36 냉동육에 대한 설명으로 틀린 것은?

가. 냉동육은 일단 해동 후에 다시 냉동하지 않는 것이 좋다.

나. 냉동육의 해동 방법에는 여러 가지가 있으나 냉장고에서 해동하는 것이 좋다.

다. 냉동육은 해동 후 조리하는 것이 조리시간을 단축시킬 수 있다.

라. 냉동육은 신선한 고기보다 더 좋은 맛과 질감을 갖는다.

37 영양소에 대한 설명 중 틀린 것은?

가. 영양소는 식품의 성분으로 생명현상과 건강을 유지하는데 필요한 요소이다.

나. 건강이라 함은 신체적, 정신적, 사회적으로 건전한 상태를 말한다.

다. 물은 체조직 구성요소로서 보통 성인체중의 2/3를 차지하고 있다.

라. 조절소란 열량을 내는 무기질과 비타민을 말한다.

38 채소의 무기질, 비타민의 손실을 줄일 수 있는 조리방법은?

가. 데치기   나. 끓이기

다. 삶기   라. 볶음

39 유지를 가열할 때 유지 표면에서 엷은 푸른 연기가 나기 시작할 때의 온도는?

가. 팽창점   나. 연화점

다. 용해점   라. 발연점

40 어류의 신선도에 관한 설명으로 틀린 것은?

가. 어류는 사후경직 전 또는 경직 중이 신선하다.

나. 경직이 풀려야 탄력이 있어 신선하다.

다. 신선한 어류는 살이 단단하고 비린내가 적다.

라. 신선도가 떨어지면 조림이나 튀김조리가 좋다.

41 다음은 한 급식소에서 한 달 동안 참기름을 구입한 내역이며, 월말의 재고는 7개이다. 선입선출법에 의하여 재고자산을 평가하면 얼마인가?

날짜	구입량(병)	단가
11월 1일	10	5300
11월 10일	15	5700
11월 20일	5	5500
11월 30일	5	5000

가. 32000원　　　　　　　　　　나. 34000원

다. 36000원　　　　　　　　　　라. 38000원

42 식품의 계량방법으로 옳은 것은?

가. 흑설탕은 계량컵에 살살 퍼 담은 후, 수평으로 깎아서 계량한다.

나. 밀가루는 체에 친후 눌러 담아 수평으로 깎아서 계량한다.

다. 조청, 기름, 꿀과 같이 점성이 높은 식품은 분할된 컵으로 계량한다.

라. 고체지방은 냉장고에서 꺼내어 액체화한 후, 계량컵에 담아 계량한다.

43 다음 중 한천을 이용한 조리시 겔 강도를 증가시킬 수 있는 성분은?

가. 설탕　　　　　　　　　　　나. 과즙

다. 지방　　　　　　　　　　　라. 수분

44 제품의 제조수량 증감에 관계없이 매월 일정액이 발생하는 원가는?

가. 고정비　　　　　　　　　　나. 비례비

다. 변동비　　　　　　　　　　라. 체감비

45 다음 중 발연점이 가장 높은 것은?

가. 옥수수유   나. 들기름

다. 참기름   라. 올리브유

46 급식대상별로 분류한 단체급식 중 산업체 급식에 대한 설명으로 옳은 것은?

가. 가정적인 식사 분위기를 제공함으로써 식욕을 충족시키고 피급식자의 정신·위생면에 기여한다.

나. 피급식자의 심신의 발달과 식습관지도를 통해 국민 식생활개선과 국가 식량정책에 기여한다.

다. 적절한 식사를 제공하여 질병의 치유와 병상회복 촉진을 도모한다.

라. 종업원의 건강증진에 도움을 주어 생산의욕과 직업에 대한 능률을 높인다.

47 주방의 바닥조건으로 맞는 것은?

가. 산이나 알카리에 약하고 습기, 열에 강해야 한다.

나. 바닥전체의 물매는 1/20 이 적당하다.

다. 조리작업을 드라이 시스템화 할 경우의 물매는 1/100 정도가 적당하다.

라. 고무타일, 합성수지타일 등이 잘 미끄러지지 않으므로 적합하다.

48 튀김요리 시 튀김냄비 내의 기름 온도를 측정하려고 할 때 온도계를 꽂는 위치로 가장 적합한 것은?

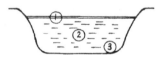

가. ①의 위치   나. ②의 위치

다. ③의 위치   라. 어느 곳이든 좋다.

49 어떤 음식의 직접원가는 500 원, 제조원가는 800 원, 총원가는 1000 원이다. 이음식의 판매관리비는?

가. 200 원   나. 300 원

다. 400 원   라. 500 원

50 전분을 주재료로 이용하여 만든 음식이 아닌 것은?

가. 도토리묵　　　　　　　　나. 크림스프
다. 두부　　　　　　　　　　라. 죽

51 다음 중 회복기보균자에 대한 설명으로 옳은 것은?

가. 병원체에 감염되어 있지만 임상 증상이 아직 나타나지 않은 상태의 사람
나. 병원체를 몸에 지니고 있으나 겉으로는 증상이 나타나지 않는 건강한 사람
다. 질병의 임상 증상이 회복되는 시기에도 여전히 병원체를 지닌 사람
라. 몸에 세균 등 병원체를 오랫동안 보유하고 있으면서 자신은 병의 증상을 나타내지 아
　　니하고 다른 사람에게 옮기는 사람

52 음료수의 오염과 가장 관계 깊은 전염병은?

가. 홍역　　　　　　　　　　나. 백일해
다. 발진티푸스　　　　　　　라. 장티푸스

53 의료급여의 수급권자에 해당하지 않는 자는?

가. 6개월 미만의 실업자
나. 국민기초생활 보장법에 의한 수급자.
다. 재해구호법에 의한 이재민
라. 생활유지의 능력이 없거나 생활이 어려운 자로서 대통령령이 정하는 자

54 일광 중 가장 강한 살균력을 가지고 있는 자외선 파장은?

가. 1000 ~ 1800 Å　　　　　나. 1800 ~ 2300 Å
다. 2300 ~ 2600 Å　　　　　라. 2600 ~ 2800 Å

55 급속사여과법에 대한 설명으로 옳은 것은?

가. 보통 침전법을 한다.　　　나. 사면대치를 한다.
다. 역류세척을 한다.　　　　　라. 넓은 면적이 필요하다.

56 질산염이나 인물질 등이 증가해서 오는 수질오염 현상은?

가. 수온상승현상
나. 수인성 병원체 증가 현상
다. 부영양화현상
라. 난분해물 축적 현상

57 공기 중에 일산화탄소가 많으면 중독을 일으키게 되는데 중독 증상의 주된 원인은?

가. 근육의 경직
나. 조직세포의 산소부족
다. 혈압의 상승
라. 간세포의 섬유화

58 다음 기생충 중 돌고래의 기생충인 것은?

가. 유극악구충
나. 유구조충
다. 아니사키스충
라. 선모충

59 구충의 감염예방과 관계가 없는 것은?

가. 분변 비료 사용금지
나. 밭에서 맨발 작업금지
다. 청정채소의 장려
라. 모기에 물리지 않도록 주의

60 자외선에 대한 설명으로 틀린 것은?

가. 가시광선보다 짧은 파장이다.
나. 피부의 홍반 및 색소 침착을 일으킨다.
다. 인체 내 비타민 D를 형성하게 하여 구루병을 예방한다.
라. 고열물체의 복사열을 운반하므로 열선이라고도 하며, 피부온도의 상승을 일으킨다.

과년도 기출문제 12

01	다	02	가	03	다	04	라	05	다	06	라	07	나	08	가	09	라	10	라
11	라	12	라	13	가	14	가	15	나	16	나	17	다	18	라	19	가	20	가
21	다	22	가	23	라	24	라	25	가	26	가	27	라	28	나	29	가	30	라
31	가	32	라	33	나	34	가	35	라	36	라	37	다	38	라	39	라	40	나
41	다	42	다	43	가	44	가	45	가	46	라	47	라	48	나	49	가	50	다
51	다	52	라	53	가	54	다	55	다	56	다	57	나	58	다	59	라	60	라

과년도 기출문제 13

01 세균성식중독의 예방 방법으로 적합하지 않은 것은?

가. 시설 및 식품을 위생적으로 취급한다.

나. 일단 조리한 식품은 빠른 시간 내에 섭취하도록 한다.

다. 식품을 냉동고에 보관할 때는 덩어리째 보관하여 사용 시마다 냉동 및 해동을 반복하여 조리한다.

라. 식기, 도마 등은 세척과 소독에 철저를 기한다.

02 다음 산화방지제 중 사용제한이 없는 것은?

가. L-아스코르빈산나트륨

나. 아스코르빌 팔미테이트

다. 디부틸히드록시톨루엔

라. 이디티에이 2 나트륨

03 식품과 독성분의 연결이 틀린 것은?

가. 매실 – 베네루핀(venerupin)

나. 섭조개 – 삭시톡신(saxitoxin)

다. 독버섯 – 무스카린(muscarine)

라. 독보리 – 테뮬린(temuline)

04 다음의 균에 의해 식사 후 식중독이 발생했을 경우 평균적으로 가장 빨리 식중독을 유발시킬 수 있는 원인균은?

가. 살모넬라균

나. 리스테리아

다. 포도상 구균

라. 장구균

05 부패된 어류에 나타나는 현상은?

가. 아가미의 색깔이 선홍색이다.

나. 육질은 탄력성이 있다.

다. 눈알이 맑지 않다.

라. 바늘은 광택이 있고, 점액이 별로 없다.

06 식품을 조리 또는 가공할 때 생성되는 유해물질과 그 생성 원인을 잘못 짝지은 것은?

가. 엔-니트로소아민(N-nitrosoamine)육가공품의 발색제 사용으로 인한 아질산과 아민
　　과의 반응 생성물

나. 다환 방향족탄화수소(polycyclic aromatic hydrocarbon) - 유기물질을 고온으로 가
　　열할 때 생성되는 단백질이나 지방의 분해생성물

다. 아크릴아미드(acryiamide) - 전분식품을 가열시 아미노산과 당의 열에 의한 결합반
　　응 생성물

라. 헤테로고리아민(heterocyclic amine) - 주류 제조시 에탄올과 카바밀기의 반응에 의
　　한 생성물

07 보존제의 설명으로 옳은 것은?

가. 식품에 발생하는 해충을 사멸시키는 물질

나. 식품의 변질 및 부패의 원인이 되는 미생물을 사멸 시키거나 증식을 억제하는 작용을
　　가진 물질

다. 식품 중의 부패세균이나 전염병의 원인균을 사멸시키는 물질

라. 곰팡이의 발육을 억제시키는 물질

08 세균성 식중독의 가장 대표적인 증상은?

가. 중추신경마비

나. 급성 위장염

다. 언어 장애

라. 시력 장애

09 우리나라 식품위생법에서 정의하는 식품첨가물에 대한 설명으로 틀린 것은?

가. 식품의 조리과정에서 첨가되는 양념

나. 식품의 가공과정에서 첨가되는 천연물

다. 식품의 제조과정에서 첨가되는 화학적 합성품

라. 식품의 보존과정에서 저장성을 증가시키는 물질

10 식품취급자가 손 씻는 방법으로 적합하지 않은 것은?

가. 살균효과를 증대시키기 위해 역성비누 액에 일반 비누 액을 섞어 사용한다.

나. 팔에서 손으로 씻어 내려온다.

다. 손을 씻은 후 비눗물을 흐르는 물에 충분히 씻는다.

라. 역성비누원액을 몇 방울 손에 받아 30초 이상 문지르고 흐르는 물로 씻는다.

11 소분업 판매를 할 수 있는 식품은?

가. 전분   나. 식용유지

다. 식초   라. 빵가루

12 다음 중 식품위생법에 명시된 목적이 아닌 것은?

가. 위생상의 위해를 방지

나. 건전한 유통·판매를 도모

다. 식품영양의 질적 향상을 도모

라. 식품에 관한 올바른 정보를 제공

13 집단급식소란 영리를 목적으로 하지 아니하면서 특정다수인에게 계속하여 음식물을 공급하는 기숙사·학교·병원 그 밖의 후생기관 등의 급식시설로서 1회 몇 인 이상에게 식사를 제공하는 급식소를 말하는가?

가. 30명   나. 40명

다. 50명   라. 60명

14 영업신고를 하여야 하는 업종은?

가. 단란주점영업   나. 유흥주점영업

다. 일반음식점영업   라. 식품조사 처리업

15 허위표시·과대광고 및 과대포장의 범위에 해당하지 않는 것은?

가. 허가·신고 또는 보고한 사항과 다른 내용의 표시·광고

나. 인체의 건전한 성장 및 발달과 건강한 활동을 유지하는데 도움을 준다는 표현

다. 제품의 원재료 또는 성분과 다른 내용의 표시·광고

라. 제조연월일 또는 유통기한을 표시함에 있어서 사실과 다른 내용의 표시·광고

16 꽁치 160g의 단백질 양은?

가. 28.7g

나. 34.6g

다. 39.8g

라. 43.2g

17 찹쌀에 있어 아밀로오스와 아밀로펙틴에 대한 설명 중 맞는 것은?

가. 아밀로오스 함량이 더 많다.

나. 아밀로오스 함량과 아밀로펙틴의 함량이 거의 같다.

다. 아밀로펙틴으로 이루어져 있다.

라. 아밀로펙틴은 존재하지 않는다.

18 아래의 안토시아닌(anthocyanin)의 화학적 성질에 대한 설명에서 (   ) 안에 알맞은 것을 순서대로 나열한 것은?

- anthocyanin은 산성에서는 (   ), 중성에서는 (   ), 알칼리성에서는 (   )을 나타낸다.

가. 적색 – 자색 – 청색

나. 청색 – 적색 – 자색

다. 노란색 – 파란색 – 검정색

라. 검정색 – 파란색 – 노란색

19 다음 중 천연 항산화제와 거리가 먼 것은?

가. 토코페롤

나. 스테비아 추출물

다. 플라본 유도체

라. 고시폴

20 전분의 변화에 대한 설명으로 옳은 것은?

가. 호정화란 전분에 물을 넣고 가열시켜 전분입자가 붕괴되고 미셀구조가 파괴되는 것이다.

나. 호화란 전분을 묽은 산이나 효소로 가수분해 시키거나. 수분이 없는 상태에서 160 ~ 170℃로 가열하는 것이다.

다. 전분의 노화를 방지하려면 호화전분을 0℃ 이하로 급속 동결시키거나 수분을 15℃ 이하로 감소시킨다.

라. 아밀로오스의 함량이 많은 전분이 아밀로펙틴이 많은 전분보다 노화되기 어렵다.

21 결합수에 대한 설명으로 틀린 것은?

가. 용매로 작용한다.

나. 100℃로 가열해도 제거되지 않는다.

다. 0℃의 온도에서도 얼지 않는다.

라. 미생물의 번식에 이용되지 못한다.

22 다음 중 알칼리성 식품의 성분에 해당하는 것은?

가. 유즙의 칼슘(ca)   나. 생선의 유황(s)

다. 곡류의 염소(CI)   라. 육류의 산소(O)

23 질긴 부위의 고기를 물속에서 끓일 때 고기가 연하게 되는데, 이에 관여하는 주된 원인 물질은?

가. 헤모글로빈   나. 젤라틴

다. 엘라스틴   라. 미오글로빈

24 유지의 신선도를 측정하기 위한 수치는?

가. 검화값   나. 산값

다. 요오드값   라. 아세틸값

25 다음 중 효소가 아닌 것은?

가. 말타아제(maltase)   나. 펩신(pepsin)

다. 레닌(rennin)   라. 유당(lactose)

26 ∂ - amylase에 대한 설명으로 틀린 것은?

가. 전분의 ∂ - 1,4 결합을 가수분해 한다.

나. 전분으로부터 덱스트린을 형성한다.

다. 발아중인 곡류의 종자에 많이 있다.

라. 당화효소라 한다.

27 과일잼 가공시 펙틴은 주로 어떤 역할을 하는가?

가. 신맛 증가　　　　　　　나. 규조 형성
다. 향 보존　　　　　　　　라. 색소 보존

28 아이코사펜타노익산(EPA:eicosapentaenoic acid)과 같은 다가불포화지방산을 많이 함유하고 있는 생선은?

가. 고등어　　　　　　　　나. 갈치
다. 조기　　　　　　　　　라. 대구

29 신선도가 떨어진 어패류의 냄새성분이 아닌 것은?

가. TMAO(trimethylamine oxide)
나. 암모니아(ammonia)
다. 황화수소(H2S)
라. 인돌(indole)

30 다음 동물성 지방의 종류와 급원식품이 잘못 연결된 것은?

가. 라드 – 돼지고기의 지방조직
나. 우지 – 소고기의 지방조직
다. 마가린 – 우유의 지방
라. DHA – 생선 기름

31 일반적으로 폐기 율이 가장 높은 식품은?

가. 쇠살코기　　　　　　　나. 계란
다. 생선　　　　　　　　　라. 곡류

32 비린내가 심한 어류의 조리방법으로 잘못된 것은?

가. 정종이나 포도주를 첨가하여 조리한다.
나. 물에 씻을수록 비린내가 많이 나므로 재빨리 씻어 조리한다.
다. 식초와 레몬즙 등의 신맛을 내는 조미료를 사용하여 조리한다.
라. 황화합물을 함유한 마늘, 파 및 양파를 양념으로 첨가하여 조리한다.

33 음식을 제공할 때 온도를 고려해야 한다. 다음 중 맛있게 느끼는 식품의 온도가 가장 높은 것은?

가. 전골   나. 국

다. 커피   라. 밥

34 단맛을 내는 조미료에 속하지 않는 것은?

가. 올리고당(oligosaccharide)   나. 설탕(sucrose)

다. 스테비오사이드(stevioside)   라. 타우린(taurine)

35 채소를 데칠 때 뭉그러짐을 방지하기 위한 가장 적당한 소금의 농도는?

가. 1%   나. 10%

다. 20%   라. 30%

36 다음 자료에 의해서 총원가를 산출하면 얼마인가?

• 직접재료비	₩ 150000	• 간접노무비	₩ 20000
• 간접재료비	₩ 50000	• 직접경비	₩ 5000
• 직접노무비	₩ 100000	• 간접경비	₩ 100000
• 판매 및 일반관리비	₩ 10000		

가. ₩ 435000   나. ₩ 365000

다. ₩ 265000   라. ₩ 180000

37 묵에 대한 설명으로 틀린 것은?

가. 전분의 젤(gel)화를 이용한 우리나라 전통음식이다.

나. 가루의 10배 정도의 물을 가하여 쑨다.

다. 전분의 농도는 묵의 질에 영향을 준다.

라. 메밀, 녹두, 도토리 등의 가루를 이용하여 만든다.

38 양파를 가열조리 시 단맛이 나는 이유는?

가. 황화아릴류가 증가하기 때문

나. 가열하면 양파의 매운 맛이 제거되기 때문

다. 알리신이 티아민과 결합하여 알리티아민으로 변하기 때문

라. 황화합물이 프로필 메르캅탄(propyl mercaptan)으로 변하기 때문

39 김장용 배추포기김치 46kg을 담그려는 배추 구입에 필요한 비용은 얼마인가?
(단, 배추 5통(13kg)의 값은 11960원, 폐기 율은 8%)

가. 23920원   나. 38934원

다. 42320원   라. 46000원

40 어패류에 소금을 넣고 발효 숙성시켜 원료 자체 내 효소의 작용으로 풍미를 내는 식품은?

가. 어육소시지   나. 어묵

다. 통조림   라. 젓갈

41 다음의 냉동 방법 중 얼음결정이 미세하여 조직의 파괴와 단백질 변성이 적어 원상유지가 가능하며 물리적, 화학적, 품질 변화가 적은 것은?

가. 침지동결법   나. 급속동결법

다. 접촉동결법   라. 공기동결법

42 단체급식에서 생길 수 있는 문제점과 거리가 먼 것은?

가. 심리 면에서 가정식에 대한 향수를 느낄 수 있다.

나. 비용 면에서 물가 상승시 재료비가 충분하지 않을 수 있다.

다. 청결하지 않게 관리할 경우 위생상의 사고위험이 있다.

라. 불 특정인을 대상으로 하므로 영양관리가 안 된다.

43 근육의 주성분이며 면역과 관계가 깊은 영양소는?

가. 비타민   나. 지질

다. 단백질   라. 무기질

13

44 육류, 채소 등 식품을 다지는 기구를 무엇이라고 하는가?

　가. 쵸퍼(chopper)　　　　　　　　나. 슬라이서(slicer)

　다. 야채절단기(cutter)　　　　　　라. 필러(peeler)

45 갈비구이를 하기 위한 양념장을 만드는 데 사용되는 양념 중 육질의 연화작용을 돕는
역할을 하는 재료로 짝지어진 것은?

　가. 참기름, 후춧가루　　　　　　　나. 배, 설탕

　다. 양파, 청주　　　　　　　　　　라. 간장, 마늘

46 다음 중 식단 작성 시 고려해야 할 사항으로 옳지 않은 것은?

　가. 급식대상자의 영양 필요량

　나. 급식대상자의 기호성

　다. 식단에 따른 종업원 및 필요 기기의 활용

　라. 한식의 메뉴인 경우, 국(찌개), 주찬, 부찬, 주식, 김치류의 순으로 식단표 기재

47 다음 중 젤라틴을 이용하는 음식이 아닌 것은?

　가. 두부　　　　　　　　　　　　　나. 족편

　다. 과일젤리　　　　　　　　　　　라. 아이스크림

48 육류조리에 대한 설명으로 틀린 것은?

　가. 탕 조리시 찬물에 고기를 넣고 끓여야 추출물이 최대한 용출된다.

　나. 장조림 조리시 간장을 처음부터 넣으면 고기가 단단해지고 잘 찢기지 않는다.

　다. 편육 조리시 찬물에 넣고 끓여야 잘 익고 고기 맛이 좋다.

　라. 불고기용으로는 결합조직이 되도록 적은 부위가 적당하다.

49 난백의 기포성에 영향을 주는 인자에 대한 설명으로 옳은 것은?

　가. 난백의 온도가 낮을수록 기포 생성이 용이하다.

　나. 설탕은 난백의 기포성은 증진되나 안정성이 감소된다.

　다. 레몬즙을 넣으면 단백질 정도가 저하되어 기포성이 좋아진다.

　라. 물을 40% 첨가하면 기포성은 저하되고 안정성은 증가된다.

50 다음 중 기름의 산패가 촉진되는 경우는?

　가. 밝은 창가에 보관할 때　　　　나. 갈색 병에 넣어 보관할 때
　다. 저온에서 보관할 때　　　　　　라. 뚜껑을 꼭 막아 보관할 때

51 상수를 정수하는 일반적인 순서는?

　가. 침전-〉여과-〉소독　　　　　　나. 예비처리-〉본 처리-〉오니처리
　다. 예비처리-〉여과처리-〉소독　　라. 예비처리-〉침전-〉여과-〉소독

52 쓰레기 소각처리시 공중보건상 가장 문제가 되는 것은?

　가. 대기오염과 다이옥신　　　　　나. 화재발생
　다. 사후 폐기물 발생　　　　　　　라. 높은 열의 발생

53 병원체가 세균인 전염병은?

　가. 전염성 감염　　　　　　　　　나. 백일해
　다. 폴리오　　　　　　　　　　　　라. 홍역

54 자외선의 인체에 대한 내용 설명으로 틀린 것은?

　가. 살균작용과 피부암을 유발한다.
　나. 체내에서 비타민 D를 생성시킨다.
　다. 피부결핵이나 관절염에 유해하다.
　라. 신진대사촉진과 적혈구 생성을 촉진시킨다.

55 심한 설사로 인하여 탈수 증상을 나타내는 전염병은?

　가. 콜레라　　　　　　　　　　　　나. 백일해
　다. 결핵　　　　　　　　　　　　　라. 홍역

56 포자 형성 균의 멸균에 알맞은 소독법은?

　가. 자비소독법　　　　　　　　　　나. 저온소독법
　다. 고압증기멸균법　　　　　　　　라. 희석법

13

57 다음 중 중간숙주의 단계가 하나인 기생충은?

가. 간디스토마   나. 폐디스토마

다. 무구조충   라. 광절열두조충

58 굴착, 착암작업 등에서 발생하는 진동으로 인해 발생할 수 있는 직업병은?

가. 공업중독   나. 잠함병

다. 레이노드병   라. 금속열

59 병원체가 인체에 침입한 후 지각적, 타각적 임상증상이 발병할 때까지의 기간은?

가. 세대기   나. 이환기

다. 잠복기   라. 점염기

60 채소류로부터 감염되는 기생충은?

가. 동양모양선충, 편충   나. 회충, 무구조충

다. 십이지장충, 선모충   라. 요충, 유구조충

과년도 기출문제 13

01	다	02	가	03	가	04	다	05	다	06	라	07	나	08	나	09	가	10	가
11	라	12	나	13	다	14	다	15	나	16	다	17	다	18	가	19	나	20	다
21	가	22	가	23	나	24	나	25	라	26	라	27	나	28	가	29	가	30	다
31	다	32	나	33	가	34	라	35	가	36	가	37	나	38	라	39	라	40	라
41	나	42	라	43	다	44	가	45	나	46	라	47	가	48	다	49	다	50	가
51	가	52	가	53	나	54	다	55	가	56	다	57	다	58	다	59	다	60	가

과년도 기출문제　14

01 아질산염과 아민류가 산성조건하에서 반응하여 생성하는 물질로 강한 발암성을 갖는 물질은?

가. N-nitrosamine

나. Benzopyrene

다. Formaldehyde

라. Poly chlorinated biphenyl(PCB)

02 식품과 독성분의 연결이 틀린 것은?

가. 복어-테트로도톡신

나. 섭조개-시큐톡신

다. 모시조개-베네루핀

라. 청매-아미그달린

03 사용이 허가된 산미료는?

가. 구연산

나. 계피산

다. 말톨

라. 초산에틸

04 다음 중 곰팡이 독소가 아닌 것은?

가. 아플라톡신(aflatoxin)

나. 시트리닌(citrinin)

다. 색시톡신(sacitoxin)

라. 파툴린(patulin)

05 곰팡이 중독증의 예방법으로 틀린 것은?

가. 곡류 발효식품을 많이 섭취한다.

나. 농수축산물의 수입 시 검역을 철저히 행한다.

다. 식품가공 시 곰팡이가 피지 않은 원료를 사용한다.

라. 음식물은 습기가 차지 않고 서늘한 곳에 밀봉해서 보관한다.

06 다음 중 감염형 식중독이 아닌 것은?

가. 포도상구균 식중독

나. 살모넬라 식중독

다. 장염비브리오 식중독

라. 리스테리아 식중독

07 엔테로톡신에 대한 설명으로 옳은 것은?

　가. 해조류 식품에 많이 들어 있다.

　나. 100℃에서 10분간 가열하면 파괴된다.

　다. 황색 포도상구균이 생성한다.

　라. 잠복기는 2~5일이다.

08 노로바이러스에 대한 설명으로 틀린 것은?

　가. 발병 후 자연치유 되지 않는다.

　나. 크기가 매우 작고 구형이다.

　다. 급성 위장염을 일으키는 식중독 원인체이다.

　라. 감염되면 설사, 복통, 구토 등의 증상이 나타난다.

09 다음 중 사용이 허용된 밀가루 개량제는?

　가. 메타중아황산칼륨　　　　　나. 아황산나트륨

　다. 산성아황산나트륨　　　　　라. 과항산암모늄

10 내용물이 산성인 통조림이 개봉된 후 용해되어 나올 수 있는 유해금속은?

　가. 주석　　　　　　　　　　나. 비소

　다. 카드뮴　　　　　　　　　라. 아연

11 식품을 제조·가공 업소에서 직접 최종소비자에게 판매하는 영업의 종류는?

　가. 식품운반업　　　　　　　나. 식품소분판매업

　다. 즉석판매제조·가공업　　　라. 식품보존업

12 판매나 영업을 목적으로 하는 식품의 조리에 사용하는 기구·용기의 기준과 규격을 정하는 기관은?

　가. 보건소　　　　　　　　　나. 농림수산식품부

　다. 환경부　　　　　　　　　라. 식품의약품안정청

13 조리사를 두어야 할 영업은?

가. 식품첨가물 제조업　　나. 인삼제품 제조업
다. 복어조리·판매업　　라. 식품 제조업

14 다음 중 영업허가를 받아야 할 업종이 아닌 것은?

가. 유흥주점영업　　나. 단란주점영업
다. 식품제조·가공업　　라. 식품조사처리업

15 식품위생법상 허위표시 등의 금지에 대한 내용으로 틀린 것은?

가. 허위표시의 범유 및 기타 필요한 사항은 대통령령으로 정한다.
나. 포장에 있어서는 과대포장을 하지 못한다.
다. 식품의 표시에 있어서는 의약품과 혼동할 우려가 있는 표시를 하거나 광고를 하여서는 아니 된다.
라. 식품첨가물의 영양가·원재료·성분·용도에 관하여 허위표시 또는 과대광고를 하지 못한다.

16 식품에 식염을 직접 뿌리는 염장법은?

가. 물간법　　나. 마른간법
다. 압착염장법　　라. 염수주사법

17 50g의 달걀을 접시에 깨뜨려 놓았더니 난황 높이는 1.5cm, 난황 직경은 4cm이었다. 이 달걀의 난황계수는?

가. 0.188　　나. 0.232
다. 0.336　　라. 0.375

18 다음 식품 중 수분활성도가 가장 낮은 것은?

가. 생선　　나. 소시지
다. 과자류　　라. 과일

19 다음 냄새 성분 중 어류와 관계가 먼 것은?

　가. 트리메틸아민(trimethylamine)　　　나. 암모니아(ammonia)

　다. 피페리딘(piperidine)　　　　　　　라. 디아세틸(diacetyl)

20 된장의 발효 숙성 시 나타나는 변화가 아닌 것은?

　가. 당화작용　　　　　　　　　　　　나. 단백질 분해

　다. 지방산화　　　　　　　　　　　　라. 유기산 생성

21 어묵제조에 대한 내용으로 맞는 것은?

　가. 생선에 설탕을 넣어 익힌다.

　나. 생선에 젤라틴을 첨가한다.

　다. 생선의 지방을 분리한다.

　라. 생선에 소금을 넣어 익힌다.

22 단백질의 변성으로 인한 변화에 대한 설명으로 틀린 것은?

　가. 용해도가 변화한다.

　나. 단백질의 1차, 2차, 3차 구조가 모두 변한다.

　다. 일반적으로 소화율이 증가한다.

　라. 생물학적 활성이 감소한다.

23 당류 중에 가장 단맛이 강한 것은?

　가. 포도당　　　　　　　　　　　　　나. 과당

　다. 설탕　　　　　　　　　　　　　　라. 맥아당

24 탄수화물 식품의 노화를 억제하는 방법과 가장 거리가 먼 것은?

　가. 황산화제의 사용　　　　　　　　　나. 수분함량 조절

　다. 냉동 건조　　　　　　　　　　　　라. 유화제의 사용

25 강한 환원력이 있어 식품가공에서 갈변이나 향이 변하는 산화반응을 억제하는 효과가 있으며, 안전하고 실용성이 높은 산화방지제로 사용되는 것은?

가. 티아민(thiamin)
나. 나이아신(niacin)
다. 리보플라빈(riboflavin)
라. 아스코르빈산(ascorbic acid)

26 과실 저장고의 온도, 습도, 기체의 조성 등을 조절하여 장기간 동안 과실을 저장하는 방법은?

가. 산 저장
나. 자외선 저장
다. 무균포장 저장
라. CA 저장

27 채소류에 관한 설명 중 틀린 것은?

가. 비타민과 무기질을 많이 함유하고 있다.
나. 채소류의 색소에는 클로로필(Chlorophyll), 카로티노이드(carotenoid), 플라보노이드(flavonoid), 안토시아닌(amthocyanin)계가 있다.
다. 안토시아닌(amthocyanin) 색소는 붉은색이나 보라색을 띠는데 산성용액에서는 청색으로 변한다.
라. 당근에는 아스코비나아제(ascorbinase)가 함유되어 있다.

28 양배추를 삶았을 때 증가되는 단맛의 성분은?

가. 아크로레인(acrolein)
나. 트리메틸아민(trimethylamine)
다. 디메틸 설파이드(dimethyl culfide)
라. 프로필 멀캡탄(propyl mercaptan)

29 녹색 채소 조리 시 중조($NaHCO_3$)를 가할 때 나타나는 결과에 대한 설명으로 틀린 것은?

가. 진한 녹색으로 변한다.
나. 비타민C가 파괴된다.
다. 페오피틴(pheophytin)이 생성된다.
라. 조직이 연화된다.

30 라드(lard)는 무엇을 가공하여 만든 것인가?

가. 돼지의 지방　　　　　　　나. 우유의 지방

다. 버터　　　　　　　　　　라. 식물성 기름

31 감자를 썰어 공기 중에 놓아두면 갈변되는데 이 현상과 가장 관계가 깊은 효소는?

가. 아밀라아제(amylase)　　　나. 티로시나아제(tyrosinase)

다. 얄라핀(jalapin)　　　　　라. 미로시나제(myrosinase)

32 재료소비량을 알아내는 방법과 거리가 먼 것은?

가. 계속기록법　　　　　　　나. 재고조사법

다. 선입선출법　　　　　　　라. 역계산법

33 김치공장에서 포기김치를 만든 원가자료가 다음과 같다면 포기김치의 판매가격은 총 얼마인가?

구분	금액
직접재료비	60,000원
간접재료비	19,000원
직접노무비	150,000원
간접노무비	25,000원
직접제조경비	20,000원
간접제조경비	15,000원
판매비와 관리비	제조원가의 20%
기대이익	판매원가의 20%

가. 289,000원　　　　　　　나. 346,800원

다. 416,160원　　　　　　　라. 475,160원

34 다른 식품과 혼합하여 질감을 좋게 하는 젤라틴의 응고에 관여하는 것이 아닌 것은?

가. 산　　　　　　　　　　　나. 온도

다. 효소　　　　　　　　　　라. 지방

35 녹색채소를 데칠 때 색을 선명하게 하기 위한 조리방법으로 부적합한 것은?

가. 휘발성 유기산을 취발 시키기 위해 뚜껑을 열고 끓는 물에 데친다.

나. 산을 희석시키기 위해 조리수를 다량 사용하여 데친다.

다. 섬유소가 알맞게 연해지면 가열을 중지하고 냉수에 헹군다.

라. 조리수의 양을 최소로 하여 색소의 유출을 막는다.

36 쌀과 같이 당질을 많이 먹는 식습관을 가진 한국인에게 대사상 꼭 필요한 비타민은?

가. 비타민 B_1 나. 비타민 B_6

다. 비타민 A   라. 비타민 D

37 두부를 만들 때 콩 단백질을 응고시키는 재료와 거리가 먼 것은?

가. $MgCl_2$ 나. $CaCl_2$

다. $CaSO_4$ 라. H_2SO_4

38 신선도가 저하된 생선의 설명으로 옳은 것은?

가. 히스타민(histamine)의 함량이 많다.

나. 꼬리가 약간 치켜 올라갔다.

다. 비늘이 고르게 밀착되어 있다.

라. 살이 탄력적이다.

39 주방에서 후드(hood)의 가장 중요한 기능은?

가. 실내의 습도를 유지시킨다.

나. 실내의 온도를 유지시킨다.

다. 증기, 냄새 등을 배출시킨다.

라. 바람을 들어오게 한다.

40 다음 중 단체 급식의 목적이 아닌 것은?

가. 급식영업을 통한 운영자의 이익 창출

나. 급식대상자의 영양개선

다. 급식대상자의 식비 절감

라. 연대감을 통한 사회성 함양

41 오이피클 제조 시 오이의 녹색이 녹갈색으로 변하는 이유는?

가. 클로로필리드가 생겨서　　　　　나. 클로로필린이 생겨서

다. 페오피틴이 생겨서　　　　　　　라. 잔토필이 생겨서

42 질이 좋은 김의 조건이 아닌 것은?

가. 겨울에 생산되어 질소함량이 높다.

나. 검은 색을 띠며 윤기가 난다.

다. 불에 구우면 선명한 녹색을 나타낸다.

라. 구멍이 많고 전체적으로 붉은 색을 띤다.

43 발효식품이 아닌 것은?

가. 김치　　　　　　　　　　　　　　나. 젓갈

다. 된장　　　　　　　　　　　　　　라. 콩장

44 생선에 레몬즙을 뿌렸을 때 나타나는 현상이 아닌 것은?

가. 신맛이 가해져서 생선이 부드러워진다.

나. 생선의 비린내가 감소한다.

다. PH가 산성이 되어 미생물의 증식이 억제된다.

라. 단백질이 응고된다.

45 달걀을 삶았을 때 난황 주위에 일어나는 암녹색의 변색에 대한 설명으로 옳은 것은?

가. 100℃의 물에서 5분 이상 가열 시 나타난다.

나. 신선한 달걀일수록 색이 진해진다.

다. 난황의 철과 난백의 황화수소가 결합하여 생성된다.

라. 낮은 온도에서 가열할 대 색이 더욱 진해진다.

46 부드러운 살코기로서 맛이 좋으며 구이, 전골, 산적용으로 적당한 쇠고기 부위는?

가. 양지, 사태, 목심　　　　　　　　나. 암심, 채끝, 우둔

다. 갈비, 삼겹살, 안심　　　　　　　라. 양지, 설도, 삼겹살

47 빙과류에 대한 설명으로 틀린 것은?

가. 빙과류의 종류에는 아이스크림, 파르페, 셔벳, 무스 등이 있다.

나. 지방이 많이 함유된 빙과류는 열량이 높다.

다. 비타민류는 냉동에 의해 성분의 변화가 심하게 일어난다.

라. 셔벳은 시럽에 과일즙을 첨가하였거나 과일에 젤라틴, 달걀흰자를 첨가하여 얼린 것이다.

48 시금치나물을 조리할 때 1인당 80g이 필요하다면, 식수인원 1500명에 적합한 시금치 발주량은?

가. 100kg

나. 110kg

다. 125kg

라. 132kg

49 유중수적형(W/O) 유화액은?

가. 버터

나. 난황

다. 우유

라. 마요네즈

50 소금에 대한 설명 중 틀린 것은?

가. 무기질의 공급원이다.

나. 단맛을 높여준다.

다. 제면 공정에 첨가하면 제품의 물성을 향상시킨다.

라. 온도에 따른 용해도의 차가 크다.

51 미생물을 사멸시킬 수 있는 가장 위생적인 진개(쓰레기)처리 방법은?

가. 바다투기법

나. 소각법

다. 매립법

라. 비료화법

52 용존산소에 대한 설명으로 틀린 것은?

가. 용존산소의 보족은 오염도가 높음을 의미한다.

나. 용존산소가 부족하면 혐기성분해가 일어난다.

다. 용존산소는 수질오염을 측정하는 항목으로 이용된다.

라. 용존산소는 수중의 온도가 높을 때 증가하게 된다.

53 일정기간 중의 평균 실근로자수 1,000명당 발생하는 재해건수의 발생빈도를 나타내는 지표는?

가. 건수율　　　　　　　　　　　　나. 도수율

다. 강도율　　　　　　　　　　　　라. 재해일수율

54 간흡충증의 제2중간 숙주는?

가. 잉어　　　　　　　　　　　　　나. 쇠우렁이

다. 물벼룩　　　　　　　　　　　　라. 다슬기

55 잠함병의 발생과 가장 밀접한 관계를 갖고 있는 환경 요소는?

가. 고압과 질소　　　　　　　　　　나. 저압과 산소

다. 고온과 이산화탄소　　　　　　　라. 저온과 일산화탄소

56 제1군 감염병이 아닌 것은?

가. 장출혈성대장균감염증　　　　　　나. 콜레라

다. 백일해　　　　　　　　　　　　라. 세균성이질

57 구충·구서의 일반 원칙과 가장 거리가 먼 것은?

가. 구제대상동물의 발생원을 제거한다.

나. 대상동물의 생태, 습성에 따라 실시한다.

다. 광범위하게 동시에 실시한다.

라. 성충시기에 구제한다.

58 바이러스의 감염에 의하여 일어나는 감염병은?

가. 폴리오　　　　　　　　　　　　나. 세균성 이질

다. 장티푸스　　　　　　　　　　　라. 파라티푸스

59 모기가 매개하는 감염병이 아닌 것은?

가. 말라리아　　　　　　　　　　　나. 일본뇌염

다. 파라티푸스　　　　　　　　　　라. 황열

60 하수처리의 본 처리 과정 중 혐기성 분해처리에 해당하는 것은?

가. 활성오니법　　　　　　　　　나. 접촉여상법

다. 살수여상법　　　　　　　　　라. 부패조법

과년도 기출문제 14

01	가	02	나	03	가	04	다	05	가	06	가	07	다	08	가	09	라	10	가
11	다	12	라	13	다	14	다	15	가	16	나	17	라	18	다	19	라	20	다
21	라	22	나	23	나	24	가	25	라	26	라	27	다	28	라	29	다	30	가
31	나	32	다	33	다	34	라	35	라	36	가	37	라	38	가	39	다	40	가
41	다	42	라	43	라	44	가	45	다	46	나	47	다	48	다	49	가	50	라
51	나	52	라	53	가	54	가	55	가	56	다	57	라	58	가	59	다	60	라

과년도 기출문제 ▶ 15

01 **식품첨가물 중 허용되어 있는 발색제는?**

　가. 식용적색 3호 　나. 철 클로로필린 나트륨

　다. 질산나트륨 　라. 삼 이산화철

02 **빵을 만들 때 사용하는 보존료는?**

　가. 프로피온산 　나. 아세토초산에틸

　다. 안식향산 　라. 구아닐산

03 **세균 번식이 잘 되는 식품과 가장 거리가 먼 것은?**

　가. 온도가 적당한 식품 　나. 습기가 있는 식품

　다. 영양분이 많은 식품 　라. 산이 많은 식품

04 **다음 중 곰팡이 독소와 독성을 나타내는 곳을 잘못 연결한 것은?**

　가. 오크라톡신(ochratoxin) – 간장독

　나. 아플라톡신(aflatoxin) – 신경독

　다. 시트리닌(citrinin) – 신장독

　라. 스테리그마토시스틴(sterigmatocystin) –간장독

05 **숯을 이용하여 고기를 구울 때의 설명으로 틀린 것은?**

　가. 열화가 이루어지기 전에 고기를 구어야 유해 물질이 고기에 이행되는 것을 막을 수
　　　있다.

　나. 숯에는 중금속, 벤조피렌 등 각종 유기·무기물질이 함유되어 있다.

　다. 안전한 구이를 위해서는 석쇠보다 불판이 더 좋다.

　라. 숯불 가까이서 구기를 구울 때 연기를 마시지 않도록 한다.

06 아스퍼질러스 플라버스(Aspergilius flavre)가 만드는 발암물질은?

가. 아플라톡신(aflatoxin)　　　　　나. 루브라톡신(rubratoxin)

다. 니트로사민(nitrosamine)　　　　라. 아일란디톡신(islanditoxin)

07 해테로고리 아민류(Heterocyclic Amines)에 대한 설명으로 틀린 것은?

가. 구워 태운 생선, 육류 및 그 제조·가공품에서 생성된다.

나. 강한 돌연 변이 활성을 나타내는 물질을 함유한다.

다. 단백질이나 아미노산의 열분해의 의해 생성된다.

라. 변이원성 물질은 낮은 온도로 구울 때 많이 생성된다.

08 우유의 살균 방법으로 130 ~ 150℃에서 0.5 ~ 5초간 가열하는 것은?

가. 저온살균법　　　　　　　　　　나. 고압증기멸균법

다. 고온단시간살균법　　　　　　　라. 초고온순간살균법

09 식품과 자연독 성분이 잘못 연결 된 것은?

가. 섭조개 – 삭시톡신(saxitoxin)

나. 바지락 – 베네루핀(venerupin)

다. 피마자 – 리신(ricin)

라. 청매 – 시구아톡신(ciguatoxin)

10 식품의 신선도 또는 부패의 이화확적인 판정에 이용되는 항목이 아닌 것은?

가. 히스타민 함량　　　　　　　　　나. 당 함량

다. 휘발성염기질소 함량　　　　　　라. 트리메틸아민 함량

11 식품위생법상의 각 용어에 대한 정의로 옳은 것은?

가. 기구 : 식품 또는 식품 첨가물을 넣거나 싸는 물품

나. 식품첨가물 : 화학적 수단으로 원소 또는 화합물에 분해 반응 외의 화학반응을 일으켜 얻는 물질

다. 표시 : 식품, 식품첨가물, 기구 또는 용기·포장에 적는 문자, 숫자 또는 도형

라. 집단 급식소 : 영리를 목적으로 불특정 다수인에게 음식물을 공급하는 대형음식점

12 자가 품질 검사와 관련된 내용으로 틀린 것은?

가. 영업자가 다른 영업자에게 식품 등을 제조하게 하는 경우에는 직접 그 식품 등을 제조하는 자가 검사를 실시할 수 있다.

나. 직접 검사하기 부적합한 경우는 자가품질 위탁검사 기관에 위탁하여 검사할 수 있다.

다. 자가품질 검사에 관한 기록서는 2년간 보관하여야 한다.

라. 자가품질 검사주기의 적용시점은 제품의 유통기한 만료일을 기준으로 산정한다.

13 식품 접객업중 음주 행위가 허용되지 않는 영업은?

가. 단란주점영업   나. 휴게음식점영업

다. 일반음식점영업   라. 유흥주점영업

14 일반음식점의 시설기준으로 틀린 것은?

가. 일반음식점에 객실을 설치하는 경우 객실에는 잠금장치를 설치 할 수 없다.

나. 소방시설 설치유지 및 안전관리에 관한 법령이 정하는 소방·방화시설을 갖추어야 한다.

다. 객석을 설치하는 경우 객석에는 칸막이를 설치할 수 없다.

라. 객실 안에는 무대장치, 음향 및 반주시설, 우주볼 등의 특수 조명시설을 설치하여서는 아니된다.

15 모범업소 중 집단급식소의 지정기준이 아닌 것은?

가. 위해요소중점관리기준(HACCP) 적용업소 지정여부

나. 최근 3년간 식중독 발생여부

다. 1회 100인 이상 급식가능여부

라. 조리사 및 영양사의 근무여부

16 어육을 가공하여 탄성이 있는 겔(gel)상태의 연제품을 만들 때 필수적으로 첨가해야 하는 것은?

가. 식염   나. 설탕

다. 들기름   라. 마늘

17 중성지방의 구성 성분은?

　가. 탄소와 질소　　　　　　　　나. 아미노산

　다. 지방산과 글리세롤　　　　　라. 포도당과 지방산

18 두부는 콩단백질의 어떤 설질을 이용한 것인가?

　가. 열응고　　　　　　　　　　나. 알칼리응고

　다. 효소에 의한 응고　　　　　라. 금속염에 의한 응고

19 불고기를 먹기에 적당하게 구울 때 나타나는 현상은?

　가. 단백질의 변성

　나. 단백질이 C,H,O,N으로 분해

　다. 탄수화물의 노화

　라. 탄수화물이 C,H,O로 분해

20 식품의 갈변 현상 중 성질이 다른 것은?

　가. 감자의 절단면의 갈색　　　나. 홍차의 적색

　다. 된장의 갈색　　　　　　　라. 다진양송이의 갈색

21 식품에 존재하는 물의 형태 중 유리수에 대한 설명으로 틀린 것은?

　가. 식품에서 미생물의 번식에 이용된다.

　나. -20℃에서도 얼지 않는다.

　다. 100℃에서 증발하여 수증기가 된다.

　라. 식품을 건조시킬 때 쉽게 제거된다.

22 당류와 그 가수분해 생성물이 옳은 것은?

　가. 맥아당=포도당+과당

　나. 유당=포도당+갈락토오즈

　다. 설탕=포도당+포도당

　라. 이눌린 = 포도당+셀룰로오스

23 우뭇가사리를 주원료로 이들 점액을 얻어 굳힌 해조류 가공 제품은?

가. 젤라틴

나. 곤약

다. 한천

라. 키틴

24 오이지의 녹색이 시간이 지남에 따라 갈색으로 되는 이유는?

가. 클로로필의 마그네슘이 철로 치환되므로

나. 클로로필의 수소가 질소로 치환되므로

다. 클로로필의 마그네슘이 수소로 치환되므로

라. 클로로필의 수소가 구리로 치환되므로

25 쓴맛 물질과 식품소재의 연결이 잘못된 것은?

가. 데오브로민(theobromine) – 코코아

나. 나린긴(naringin) – 감귤류의 과피

다. 휴물론(humulone) – 맥주

라. 쿠쿠르비타신(cucurbotacin) – 도토리

26 새우, 게류를 삶을 때 나타나는 색소는?

가. 헤모글로빈(hemoglobin) 색소

나. 카로틴(carotene) 색소

다. 안토시아닌(anthocyanin) 색소

라. 아스타신(astacin) 색소

27 식품에서 콜로이드 상태의 연속상과 비연속상이 모두 액체인 것은?

가. 머랭

나. 사골국

다. 젤라틴 용액

라. 샐러드드레싱

28 설탕용액이 캐러멜로 되는 일반적인 온도는?

가. 50 ~ 60℃

나. 70 ~ 80℃

다. 100 ~ 110℃

라. 160 ~180℃

29 5g의 버터 (지방 80%, 수분 20%)가 내는 열량은?

가. 36 kcal   나. 45 kcal

다. 130 kcal   라. 170 kcal

30 토마토의 붉은색을 나타내는 색소는?

가. 카로티노이드   나. 클로로필

다. 안토시아닌   라. 탄닌

31 신선도가 저하된 식품의 상태를 설명한 것은

가. 쇠고기를 손가락으로 눌렀더니 자국이 생겼다가 곧 없어졌다.

나. 당근 고유의 색이 진하다.

다. 햄을 손으로 눌렀더니 탄력이 있고 점질물이 없다.

라. 우유의 pH가 3.0 정도로 낮다.

32 김치의 1인 분량은 60g, 김치의 원재료인 포기배추의 폐기율은 10 %, 예상식수가 1000식인 경우 포기배추의 발주량은?

가. 60 kg   나. 65 kg

다. 67 kg   라. 70 kg

33 단팥죽에 설탕 외에 약간의 소금을 넣으면 단맛이 더 크게 느껴진다. 이에 대한 맛의 현상은?

가. 대비효과   나. 상쇄효과

다. 상승효과   라. 변조효과

34 대두의 성분 중 거품을 내며 용혈작용을 하는 것은?

가. 사포닌   나. 레닌

다. 아비딘   라. 청산배당체

15

35 당용액으로 만든 결정형 캔디는?

가. 퐁당(fondant)
나. 캐러멜(caramel)
다. 마시멜로우(marshmellow)
라. 젤리(jelly)

36 튀김음식을 할 때 고려할 사항과 가장 거리가 먼 것은?

가. 튀길 식품의 양이 많은 경우 동시에 모두 넣어 1회에 똑같은 조건에서 튀긴다.
나. 수분이 많은 식품은 미리 어느 정도 수분을 제거한다.
다. 이물질을 제거하면서 튀긴다.
라. 튀긴 후 과도하게 흡수된 기름은 종이를 사용하여 제거한다.

37 다음 중 우유에 첨가하면 응고현상을 나타낼 수 있는 것으로만 짝지어진 것은?

가. 설탕 – 레닌(rennin) – 토마토
나. 레닌(rennin) – 설탕 – 소금
다. 식초 – 레닌(rennin) – 페놀(phenol) 화합물
라. 소금 – 설탕 – 카제인(casein)

38 우유에 많이 함유된 단백질로 치즈의 원료가 되는 것은?

가. 카제인(casein)
나. 알부민(albumin)
다. 글로불린(globulin)
라. 미오신(myosin)

39 다음 중 식육의 동결과 해동시 조직 손상을 최소화 할 수 있는 방법은?

가. 급속동결, 급속해동
나. 급속동결, 완만해동
다. 완만동결, 급속해동
라. 완만동결, 완만해동

40 간장이나 된장을 만들 때 누룩 곰팡이에 의해서 가수분해되는 주된 물질은?

가. 무기질
나. 단백질
다. 지방질
라. 비타민

41 다음 중 아이스크림 제조시 안정제로 사용되어지는 것은?

가. 물
나. 유당
다. 젤라틴
라. 유청

42 호화와 노화에 대한 설명으로 옳은 것은?

가. 쌀과 보리는 물이 없어도 호화가 잘 된다.
나. 떡의 노화는 냉장고보다 냉동고에서 더 잘 일어난다.
다. 호화된 전분을 80℃ 이상에서 급속이 건조하면 노화가 촉진된다.
라. 설탕의 첨가는 노화를 지연시킨다.

43 다음 중 한천과 젤라틴의 설명 중 틀린 것은?

가. 한천은 해조류에서 추출한 식물성 재료이며 젤라틴은 육류에서 추출한 동물성 재료이다.
나. 용해온도는 한천이 35℃, 젤라틴이 80℃정도로 한천을 사용하면 입에서 더욱 부드럽고 단맛을 빨리 느낄 수 있다.
다. 응고온도는 한천이 25 ~ 35℃, 젤라틴이 10~15℃로 제품을 응고시킬 때 젤라틴은 냉장고에 넣어야 더 잘 굳는다.
라. 모두 후식을 만들 때도 사용하는데 대표적으로 한천으로는 양갱, 젤라틴으로는 젤리를 만든다

44 달걀의 난황 속에 있는 단백질이 아닌 것은?

가. 리포비텔린(lipovtellin)
나. 리포비텔리닌(lipoviteellenin)
다. 리비틴(livetin)
라. 레시틴(lecithin)

45 달걀의 신선도를 판정하는 올바른 방법이 아닌 것은?

가. 껍질이 까칠까칠한 것
나. 달걀은 흔들어보아 소리가 들리지 않는 것
다. 3~4% 소금물에 담그면 위로 뜨는 것
라. 달걀을 깨어보아 난황계수가 0.36 ~ 0.44인 것

46 총원가에 대한 설명으로 맞는 것은?

가. 제조간접비와 직접원가의 합이다.

나. 판매관리비와 제조원가의 합이다.

다. 판매관리비, 제조간접비, 이익의 합이다.

라. 직접재료비, 직접노무비, 직접경비, 직접원가, 판매관리비의 합이다.

47 다음 중 급식소의 배수시설에 대한 설명으로 옳은 것은?

가. S트랩은 수조형에 속한다.

다. 배수를 위한 물매는 1/10 이상으로 한다.

나. 찌꺼기가 많은 경우는 곡선형 트랩이 적합하다.

라. 트랩을 설치하면 하수도로부터의 악취를 방지할 수 있다.

48 다음 중 사과, 배 등 신선한 과일의 갈변 현상을 방지하기 위한 가장 좋은 방법은?

가. 철제 칼로 껍질을 벗긴다.

나. 뜨거운 물에 넣었다 꺼낸다.

다. 레몬즙에 담그어 둔다.

라. 신선한 공기와 접촉시킨다.

49 생선의 비린내를 억제하는 방법으로 부적합한 것은?

가. 물로 깨끗이 씻어 수용성 냄새 성분을 제거한다.

나. 처음부터 뚜껑을 닫고 끓여 생선을 완전히 응고시킨다.

다. 조리 전에 우유에 담가 둔다.

라. 생선 단백질이 응고된 후 생강을 넣는다.

50 일정 기간 내에 기업의 경영활동으로 발생한 경제가치의 소비액을 의미하는 것은?

가. 손익   나. 비용

다. 감가상각비   라. 이익

51 환경위생의 개선으로 발생이 감소되는 감염병과 가장 거리가 먼 것은?

가. 장티푸스   나. 콜레라

다. 이질   라. 홍역

52 어패류 매개 기생충 질환의 가장 확실한 예방법은?

가. 환경위생 관리　　　　　　　나. 생식금지

다. 보건교육　　　　　　　　　　라. 개인위생 철저

53 공기의 성분 중 잠함병과 관련이 있는 것은?

가. 산소　　　　　　　　　　　　나. 질소

다. 아르곤　　　　　　　　　　　라. 이산화탄소

54 다음 중 병원체가 세균인 질병은

가. 플리오　　　　　　　　　　　나. 백일해

다. 발진티푸스　　　　　　　　　라. 홍역

55 질병예방 단계 중 의학적, 직업적 재활 및 사회복귀 차원의 적극적인 예방단계는?

가. 1차적 예방　　　　　　　　　나. 2차적 예방

다. 3차적 예방　　　　　　　　　라. 4차적 예방

56 산업재해지표와 관련이 적은 것은?

가. 건수율　　　　　　　　　　　나. 이환율

다. 도수율　　　　　　　　　　　라. 강도율

57 분뇨의 종말처리 방법 중 병원체를 멸균할 수 있으며 진개 발생도 없는 처리 방법은?

가. 소화처리법　　　　　　　　　나. 습식산화법

다. 화학적처리법　　　　　　　　라. 위생적매립법

58 수질의 오염정도를 파악하기 위한 BOD(생물학적 산소요구량)의 측정시 일반적인 온도와 측정 기간은?

가. 10℃에서 10일간　　　　　　나. 20℃에서 10일간

다. 10℃에서 5일간　　　　　　　라. 20℃에서 5일간

15

59 쥐가 매개하는 질병이 아닌 것은?

가. 살모넬라증

나. 아니사키스증

다. 유행성 출혈열

라. 페스트

60 1일 8시간 기준 소음허용기준은 얼마 이하인가?

가. 80dB

나. 90dB

다. 100 dB

라. 110dB

과년도 기출문제 **15**

01	다	02	가	03	라	04	나	05	가	06	가	07	라	08	라	09	라	10	나
11	다	12	라	13	나	14	다	15	다	16	가	17	다	18	라	19	가	20	다
21	나	22	나	23	다	24	다	25	라	26	라	27	라	28	라	29	가	30	가
31	라	32	다	33	가	34	가	35	가	36	가	37	다	38	가	39	나	40	나
41	다	42	라	43	나	44	라	45	다	46	나	47	다	48	다	49	다	50	나
51	라	52	나	53	나	54	나	55	다	56	나	57	나	58	라	59	나	60	나

과년도 기출문제 16

01 식품첨가물에 대한 설명으로 틀린 것은?

가. 보존료는 식품의 미생물에 의한 부패를 방지할 목적으로 사용된다.

나. 규소수지는 주로 산화방지제로 사용된다.

다. 과산화벤조일(희석)은 밀가루 이외의 식품에 사용하여서는 안된다.

라. 과황산암모늄은 밀가루 이외의 식품에 사용하여서는 안된다.

02 덜 익은 매실, 살구씨, 복숭아씨 등에 들어 있으며, 인체장내에서 청산을 생산하는 것은?

가. 솔라닌(solanine)

나. 고시폴(gossypol)

다. 시큐톡신(cicutoxin)

라. 아미그달린(amygdalin)

03 식품첨가물에 대한 설명으로 틀린 것은?

가. 식품의 변질을 방지하기 위한 것이다.

나. 식품제조에 필요한 것이다.

다. 식품의 기호성 등을 높이는 것이다.

라. 우발적 오염물을 포함한다.

04 감염형 식중독의 원인균이 아닌 것은?

가. 살모넬라균

나. 장염 비브리오균

다. 병원성 대장균

라. 포도상구균

05 냉장고에 식품을 저장하는 방법에 대한 설명으로 옳은 것은?

가. 생선과 버터는 가까이 두는 것이 좋다.

나. 식품을 냉장고에 저장하면 세균이 완전히 사멸된다.

다. 조리하지 않은 식품과 조리한 식품은 분리해서 저장한다.

라. 오랫동안 저장해야 할 식품은 냉장고 중에서 가장 온도가 높은 곳에 저장한다.

06 다음에서 설명하는 중금속은?

> •도료, 제련, 배터리, 인쇄 등의 작업에 많이 사용되며 유약을 바른 도자기 등에서
> 중독이 일어날 수 있다.
> •중독시 안면창백, 연연, 말초신경염등의 증상이 나타난다.

가. 납
나. 주석
다. 구리
라. 비소

07 알콜발효에서 펙틴이 있으면 생성되기 때문에 과실주에 함유되어 있으며, 과잉섭취시 두통, 현기증 등의 증상을 나타내는 것은?

가. 붕산
나. 승홍
다. 메탄올
라. 포르말린

08 식인성 병해 생성요인 중 유기성 원인물질에 해당되는 것은?

가. 세균성 식중독균
나. 방사선 물질
다. 엔-니트로소(N-nitroso)화합물
라. 복어독

09 통조림, 병조림과 같은 밀봉식품의 부패가 원인이 되는 식중독과 가장 관계 깊은것은?

가. 살모넬라 식중독
나. 클로스트리디움 보툴리늄 식중독
다. 포도상구균 식중독
라. 리스테리아균 식중독

10 빵 반죽시 효모와 함께 물에 녹여 사용하면 효모의 작용을 약화시키는 식품첨가물?

가. 프로피온산 칼슘(calcium propionate)
나. 2초산나트륨(sodium diacetate)
다. 파라옥시안식향산 에스테르(p-oxybenzoic acid ester)
라. 소르빈산(sorbic acid)

11 식품위생법상 식품위생의 정의는?

　가. 음식과 의약품에 관한 위생을 말한다.

　나. 농산물, 기구 또는 용기, 포장의 위생을 말한다.

　다. 식품 및 식품첨가물만을 대상으로 하는 위생을 말한다.

　라. 식품, 식품첨가물, 기구 또는 용기, 포장을 대상으로 하는 음식에 관한 위생을 말한다.

12 중국에서 수입한 배추(절인배추포함)를 사용하여 국내에서 배추김치로 조리하여 판매하는 경우, 메뉴판 및 게시판에 표시하여야 하는 원산지 표시방법은?

　가. 배추김치(중국산)

　나. 배추김치(배추 중국산)

　다. 배추김치(국내산과 중국산을 섞음)

　라. 배추김치(국내산)

13 식품위생법상 수입식품검사의 종류가 아닌 것은?

　가. 서류검사　　　　　　　　　　　나. 관능검사

　다. 정밀검사　　　　　　　　　　　라. 종합검사

14 식품등의 표시기준에 의거하여 식품의 내용량을 표시할 경우, 내용물이 고체 또는 반고체일 때 표시하는 방법은?

　가. 중량　　　　　　　　　　　　　나. 용량

　다. 개수　　　　　　　　　　　　　라. 부피

15 식품접객업을 신규로 하고자 하는 경우 몇 시간의 위생교육을 받아야 하는가?

　가. 2시간　　　　　　　　　　　　나. 4시간

　다. 6시간　　　　　　　　　　　　라. 8시간

16 우유가공품 중 발표유에 속하는 것은?

　가. 가당연유　　　　　　　　　　　나. 무당연유

　다. 전지분유　　　　　　　　　　　라. 요구르트

17 다음 중 감미도가 가장 높은 것은?

가. 설탕   나. 과당
다. 포도당   라. 맥아당

18 생선의 훈연 가공에 대한 설명으로 틀린 것은?

가. 훈연 특유의 맛과 향을 얻게 된다.
나. 연기 성분의 살균작용으로 미생물증식이 억제된다.
다. 열훈법이 냉훈법보다 제품의 장기저장이 가능하다.
라. 생선의 건조가 일어난다.

19 어패류 가공에서 복어의 제조법은?

가. 염건법   나. 소건법
다. 동건법   라. 염장법

20 어육연제품의 결착제로 사용되는 것은?

가. 소금, 한천
나. 설탕, MSG
다. 전분, 달걀
라. 솔비톨, 물

21 식품의 조리 및 가공시 발생되는 갈변현상의 설명으로 틀린 것은?

가. 설탕 등의 당류를 160~180℃로 가열하면 마이야르(Maillard)반응으로 갈색물질이 생성된다.
나. 사과, 가지, 고구마 등의 껍질을 벗길 때 폴리페놀성 물질을 산화시키는 효소작용으로 갈변물질이 생성된다.
다. 감자를 절단하면 효소작용으로 흑갈색의 멜라닌 색소가 생성되며, 갈변을 막으려면 물에 담근다.
라. 아미노-카르보닐 반응으로 간장과 된장의 갈변물질이 생성된다.

22 강화식품에 대한 설명으로 틀린 것은?

가. 식품에 원래 적게 들어있는 영양소를 보충한다.

나. 식품의 가공 중 손실되기 쉬운 영양소를 보충한다.

다. 강화영양소로 비타민 A. 비타민 B, 칼슘(Ca)등을 이용한다.

라. a-화 쌀은 대표적인 강화식품이다

23 양갱 제조에서 팥소를 굳히는 작용을 하는 재료는?

가. 젤라틴   나. 회분

다. 한천   라. 밀가루

24 동물성 식품의 색에 관한 설명 중 틀린 것은?

가. 식육의 붉은색은 myoglobin과 hemoglobin에 의한 것이다.

나. Heme은 페로프로토포피린(ferroprotoporphyrin)과 단백질인 글로빈(globin)이 결합된 복합 단백질이다.

다. Myoglobin은 적자색이지만 공기와 오래 접촉하여 Fe로 산화되면선 홍색의 oxymyoglobin이 된다.

라. 아질산염으로 처리하면 가열에도 안정한 선홍색의 nitrosomyoglobin이 된다.

25 조리시 산패의 우려가 가장 큰 지방산은?

가. 카프롤레산(caproleicacid)

나. 리놀레산(linoleic acid)

다. 리놀렌산(linolenicacid)

라. 아이코사펜타에노산(eicosapentaenoic acid)

26 다음의 당류 중 영양소를 공급할 수 없으나 식이섬유소로서 인체에 중요한 기능을 하는 것은?

가. 전분   나. 설탕

다. 맥아당   라. 펙틴

27 식품에서 다음과 같은 기능을갖는 성분은?

유화성, 거품생성, 젤화, 수화성

가. 단백질   나. 지방

다. 탄수화물   라. 비타민

28 식품의 수분활성도(Aw)에 관련된 설명으로 틀린 것은?

가. 임의의 온도에서 순수한 물에 대한 그 식품이 나타내는 수분함량의 비율로 나타낸다.

나. 소금절임은 수분활성을 낮게, 삼투압을 높게하여 미생물의 생육을 억제하는 방법이다.

다. 식품 중의 수분활성은 식품 중 효소작용의 속도에 영향을 준다.

라. 식품 중 여러 화학반응은 수분활성에 큰 영향을 받는다.

29 하루 필요 열량이 2700kcal 일 때 이 중 12%에 해당하는 열량을 단백질에서 얻으려 한다. 이 때 필요한 단백질의 양은?

가. 61g   나. 71g

다. 81g   라. 91g

30 동, 식물체에 자외선을 쪼이면 활성화 되는 비타민은?

가. 비타민A   나. 비타민D

다. 비타민 E   라. 비타민 K

31 밀가루 반죽에 사용되는 물의 기능이 아닌 것은?

가. 탄산가스형성을촉진한다.

나. 소금의 용해를 도와 반죽에 골고루 섞이게 한다.

다. 글루텐의 형성을 돕는다.

라. 전분의 호화를 방지한다.

32 계량컵을 사용하여 밀가루를 계량할 때 가장 올바른 방법은?

가. 체로 쳐서 가만히 수북하게 담아 주걱으로 깎아서 측정한다.

나. 계량컵에 그대로 담아 주걱으로 깎아서 측정한다.

다. 계량컵에 꼭꼭 눌러 담은 후 주걱으로 깎아서 측정한다.

라. 계량컵을 가볍게 흔들어 주면서 담은 후, 주걱으로 깎아서 측정한다.

33 염화마그네슘을 함유하고 있으며 김치나 생선절임용으로 주로 사용하는 소금은?

가. 호염 　　　　　　　　　　　　　나. 정제염

다. 식탁염 　　　　　　　　　　　　라. 가공염

34 난백의 기포성에 대한 설명으로 틀린 것은?

가. 난백에 올리브유를 소량 첨가하면 거품이 잘 생기고 윤기도 난다.

나. 난백은 냉장온도보다 실내온도에 저장했을 때 점도가 낮고 표면장력이 작아져 거품
　　이 잘 생긴다.

다. 신선한 달걀보다는 어느 정도 묵은 달걀이 수양난백이 많아 거품이 쉽게 형성된다.

라. 난백의 거품이 형성된 후 설탕을 서서히 소량씩 첨가하면 안정성 있는 거품이 형성된다.

35 급식인원이 500명인 단체급식소에서 가지조림을 하려고 한다. 가지의 1인당 중량이
30g이고, 폐기율이 6%일 때 총발주량은?

가. 약 15kg 　　　　　　　　　　　나. 약 16kg

다. 약 20kg 　　　　　　　　　　　라. 약 25kg

36 다음의 식단 구성 중 편중되어 있는 영양가의 식품군은?

| •완두콩밥　　•된장국　　•장조림　　•명란알찜　　•두부조림　　•생선구이 |

가. 탄수화물군 　　　　　　　　　　나. 단백질군

다. 비타민/무기질군 　　　　　　　　라. 지방군

37 다음중 신선한 우유의 특징은?

가. 투명한 백색으로 약간의 감미를 가지고 있다.

나. 물이 담긴 컵속에 한 방울 떨어뜨렸을 때 구름같이 퍼져가며 내려간다.

다. 진한 황색이며 특유한 냄새를 가지고 있다.

라. 알코올과 우유를 동량으로 섞었을 때 백색의 응고가 일어난다.

38 트랜스지방은 식물성 기름에 어떤 원소를 첨가하는 과정에서 발생하는가?

가. 수소   나. 질소

다. 산소   라. 탄소

39 조리된 상태의 냉동식품을 해동하는 가장 좋은 방법은?

가. 실온해동   나. 가열해동

다. 저온해동   라. 청수해동

40 오징어에 대한 설명으로 틀린 것은?

가. 가로로 형성되어 있는 근육섬유는 열을 가하면 줄어드는 성질이 있다.

나. 무늬를 내고자 오징어에 칼집을 넣을 때에는 껍질이 붙어있던 바깥쪽으로 넣어야 한다.

다. 오징어의 4겹 껍질 중 제일 안쪽의 진피는 몸의 축 방향으로 크게 수축한다.

라. 오징어는 가로방향으로 평행하게 근섬유가 발달되어 있어 말린 오징어는 옆으로 잘 찢어진다.

41 두류 조리시 두류를 연화시키는 방법으로 틀린것은?

가. 1%정도의 식염용액에 담갔다가 그 용액으로 가열한다.

나. 초산용액에 담근 후 칼슘, 마그네슘이온을 첨가한다.

다. 약알카리성의 중조수에 담갓다가 그 용액으로 가열한다.

라. 습열조리시 연수를 사용한다.

42 식단 작성시 공급열량의 구성비로 가장 적절한 것은?

　가. 당질50%, 지질25%, 단백질25%

　나. 당질65%, 지질20%, 단백질15%

　다. 당질75%지질15%, 단백질10%

　라. 당질80%, 지질10%, 단백질10%

43 녹색 채소의 데치기에 대한 설명으로 틀린 것은?

　가. 데치는 조리수의 양이 많으면 영양소, 특히 비타민C 손실이 크다.

　나. 데칠 때 식소다를 넣으면 엽록소가 페오피틴으로 변해 선명한 녹색이 된다.

　다. 데치는 조리수의 양이 적으면 비점으로 올라가는 시간이 길어져 유기산과 많이 접촉

　라. 데칠때소금을넣으면비타민C의산화도억제하고채소의 색을 선명하게 한다.

44 다음 중 빵 반죽의 발효시 가장 적합한 온도는?

　가. 15~20℃　　　　　　　　　　　나. 25~30℃

　다. 45~50℃　　　　　　　　　　　나. 55~60℃

45 식당의 원가요소 중 급식재료비에 속하는것은?

　가. 급료　　　　　　　　　　　　　나. 조리제식품비

　다. 수도광열비　　　　　　　　　　라. 연구재료비

46 다음중 원가의 구성으로 틀린 것은?

　가. 직접원가 = 직접재료비 + 직접노무비 + 직접경비

　나. 제조원가 = 직업원가 + 제조간접비

　다. 총원가 = 제조원가 + 판매경비 + 일반관리비

　라. 판매가격 = 총원가 + 판매경비

47 버터와 마가린의 지방함량은 얼마인가?

　가. 50%이상　　　　　　　　　　　나. 60%이상

　다. 70%이상　　　　　　　　　　　라. 80%이상

48 음식의 색을 고려하여 녹색채소를 무칠 때 가장 나중에 넣어야 하는 조미료는?

가. 설탕
나. 식초
다. 소금
라. 고추장

49 생선의 신선도를 판별하는 방법으로 틀린 것은?

가. 생선의 육질이 단단하고 탄력성이 있는 것이 신선하다.
나. 눈의 수정체가 투명하지 않고 아가미색이 어두운 것은 신선하지 않다.
다. 어체의 특유한 빛을 띠는 것이 신선하다.
라. 트리메틸아민(TMA)이 많이 생성된 것이 신선하다.

50 튀김유의 보관 방법으로 옳지 않은 것은?

가. 갈색병에 담아 서늘한 곳에 보관한다.
나. 직경이 넓은 팬에 담아 서늘한 곳에 보관
다. 이물질을 걸러서 광선의 접촉을 피해 보관
라. 철제팬에 튀긴 기름은 다른 그릇에 옮겨 보관

51 다음 중 제1 및 제2 중간숙주가 있는 것은?

가. 구충, 요충
나. 사상충, 회충
다. 간흡충, 유구조충
라. 폐흡충, 광절열두조충

52 공기의 자정작용에 속하지 않는것은?

가. 산소, 오존 및 과산화수소에 의한 산화작용
나. 공기 자체의 희석작용
다. 세정작용
라. 여과작용

53 우리나라에서 출생 후 가장 먼저 인공능동면역을 실시하는 것은?

가. 파상풍
나. 결핵
다. 백일해
라. 홍역

54 규폐증에 대한 설명으로 틀린 것은?

가. 먼지 입자의 크기가 0.5~5.0μm일 때 잘 발생함

나. 대표적인 진폐증이다.

다. 납중독, 벤젠중독과 함께 3대 직업병이라 하기도 한다.

라. 위험요인에 노출된 근무 경력이 1년 이후에 잘 발생한다.

55 직업과 직업병과의 연결이 옳지 않은 것은?

가. 용접공 – 백내장

나. 인쇄공 – 진폐증

다. 채석공 – 규폐증

라. 용광로공 – 열쇠약

56 식품과 함께 입을 통해 감염되거나 피부로 직접 침입하는 기생충은?

가. 회충

나. 십이지장충

다. 요충

라. 동양모양선충

57 건강선(dornoray)이란?

가. 감각온도를 표시한 도표

나. 가시광선

다. 강력한 진동으로 살균작용을 하는 음파

라. 자외선 중 살균효과를 가지는 파장

58 병원체를 보유하였으나 임상증상은 없으면서 병원체를 배출하는 자는?

가. 환자

나. 보균자

다. 무증상감염자

라. 불현성 감염자

16

59 물의 정수법 중 완속여과법과 급속여과법을 비교할 때 급속여과법의 특징은?

가. 여과속도가 느리다.

나. 광대한 면적이 필요하다.

다. 건설비는 많이 들지만 유지비는 적게든다.

라. 추운 지방이나 대도시에서 이용하기에 적당하다.

60 다음 중 공공부조에 해당하는 것은?

가. 의료급여   나. 건강보험

다. 산업재해보상보험   라. 고용보험

과년도 기출문제 16

01	나	02	라	03	라	04	라	05	다	06	가	07	다	08	다	09	나	10	가
11	라	12	나	13	라	14	가	15	다	16	라	17	나	18	다	19	다	20	다
21	가	22	라	23	다	24	다	25	라	26	라	27	가	28	가	29	다	30	나
31	라	32	가	33	가	34	가	35	나	36	나	37	나	38	가	39	나	40	나
41	나	42	나	43	나	44	나	45	나	46	라	47	라	48	나	49	라	50	나
51	라	52	라	53	나	54	라	55	나	56	나	57	라	58	나	59	라	60	가

과년도 기출문제 17

01 과일통조림으로부터 용출되어 다량 섭취 시 구토, 설사, 복통 등을 일으킬 가능성이 있는 물질은?

가. 아연(Zn)　　　　　　　나. 납(Pb)
다. 구리(Cu)　　　　　　　라. 주석(Sn)·

02 증식에 필요한 최저 수분활성도(Aw)가 높은 미생물부터 바르게 나열된 것은?

가. 세균-효모-곰팡이　　　나. 곰팡이-효모-세균
다. 효모-곰팡이-세균　　　라. 세균-곰팡이-효모

03 곰팡이 독으로서 간장에 장해를 일으키는 것은?

가. 시트리닌(citrinin)　　　나. 파툴린(patulin)
다. 아플라톡신(aflatoxin)　　라. 솔라렌(psoralene)

04 어육의 초기 부패 시에 나타나는 휘발성 염기질소의 양은?

가. 5~10mg%　　　　　　나. 15~25mg%
다. 30~40mg%　　　　　　라. 50mg% 이상

05 맥각중독을 일으키는 원인물질은?

가. 루브라톡신(rubratoxin)　　나. 오크라톡신(ochratoxin)
다. 에르고톡신(ergotoxin)　　라. 파툴린(patulin)

06 산업장, 소각장 등에서 발생하는 발암성 환경오염 물질은?

가. 안티몬(antimon)
나. 벤조피렌(benzopyrene)
다. PBB(polybrominated bipheny1)
라. 다이옥신(dioxin)

07 혐기성균으로 열과 소독약에 저항성이 강한 아포를 생산하는 독소형 식중독은?

가. 장염 비브리오균　　　　　　　　나. 클로스트리디움 보툴리늄
다. 살모넬라균　　　　　　　　　　라. 포도상구균

08 유해감미료에 속하는 것은?

가. 둘신　　　　　　　　　　　　　나. D-소르비톨
다. 자일리톨　　　　　　　　　　　라. 아스파탐

09 유지나 지질을 많이 함유한 식품이 빛, 열, 산소등과 접촉하여 산패를 일으키는 것을 막기 위하여 사용하는 첨가물은?

가. 피막제　　　　　　　　　　　　나. 착색제
다. 산미료　　　　　　　　　　　　라. 산화방지제

10 다음 중 식품의 가공 중에 형성되는 독성 물질은?(

가. tetrodotoxin　　　　　　　　　나. solanine
다. nitrosoamine　　　　　　　　　라. trypsin inhibitor

11 식품 또는 식품첨가물의 완제품을 나누어 유통할 목적으로 재포장, 판매하는 영업은?

가. 식품제조 가공업　　　　　　　　나. 식품운반업
다. 식품소분업　　　　　　　　　　라. 즉석판매제조, 가공업

12 아래의 식품들의 표시기준상 영양성분별 세부표시방법에서 ( )안에 알맞은 것은?

열량의 단위는 킬로칼로리(kcal)로 표시하되, 그 값을 그대로 표시하거나 그 값에 가장 가까운 (　　) 단위로 표시하여야 한다. 이 경우 (　　) 미만은 "0"으로 표시할 수 있다.

가. 5kcal　　　　　　　　　　　　나. 10kcal
다. 15kcal　　　　　　　　　　　라. 20kcal

13 식품위생법에서 그 자격이나 직무가 규정되어 있지 않는 것은?

　가. 조리사　　　　　　　　　　　나. 영양사
　다. 제빵기능사　　　　　　　　　라. 식품위생감시원

14 식품접객업 중 시설기준상 객실을 설치할 수 없는 영업은?

　가. 유흥주점영업　　　　　　　　나. 일반음식점영업
　다. 단란주점영업　　　　　　　　라. 휴게음식점영업

15 식품위생법규상 수입식품의 검사결과 부적합한 식품에 대해서 수입신고인이 취해야 하는 조치가 아닌 것은?

　가. 수출국으로의 반송
　나. 식품의약품안전청장이 정하는 경미한 위반사항이 있는 경우 보완하여 재수입 신고
　다. 관할 보건소에서 재검사 실시
　라. 다른 나라로의 반출

16 어류의 혈합육에 대한 설명으로 틀린 것은?

　가. 정어리, 고등어, 꽁치 등의 육질에 많다.
　나. 비타민 B군의 함량이 높다.
　다. 헤모글로빈과 미오글로빈의 함량이 높다.
　라. 운동이 활발한 생선은 함량이 낮다.

17 우유 가공품이 아닌 것은?

　가. 치즈　　　　　　　　　　　　나. 버터
　다. 마요네즈　　　　　　　　　　라. 액상 발효유

18 튀김에 사용한 기름을 보관하는 방법으로 가장 적절한 것은?

　가. 식힌 후 그대로 서늘한 곳에 보관한다.
　나. 공기와의 접촉면을 넓게 하여 보관한다.
　다. 망에 거른 후 갈색 병에 담아 보관한다.
　라. 철제 팬에 담아 보관한다.

19 다음 중 오탄당이 아닌 것은?

가. 리보즈(ribose)

나. 자일로즈(xylose)

다. 갈락토즈(Galactose)

라. 아라비노즈(arabinose)

20 20%의 수분(분자량:18)과 20%의 포도당(분자량:180)을 함유하는 식품의 이온적인 수분활성도는 약 얼마인가?

가. 0.82

나. 0.88

다. 0.91

라. 1

21 젤 형성을 이용한 식품과 젤 형성 주체정순의 연결이 바르게 된 것은?

가. 양갱 – 펙틴

나. 도토리묵 – 한천

다. 과일잼 – 전분

라. 족편 – 젤라틴

22 밀의 주요 단백질이 아닌 것은?

가. 알부민(albumin)

나. 글리아딘(gliadin)

다. 글루테닌(glutenin)

라. 덱스트린(dextrin)

23 육류나 어류의 구수한 맛을 내는 성분은?

가. 이노신산

나. 호박산

다. 알리신

라. 나린진

24 식품의 변화에 관한 설명 중 옳은 것은?

가. 일부 유지가 외부로부터 냄새를 흡수하지 않아도 이취현상을 갖는 것은 호정화이다.

나. 천연의 단백질이 물리, 화학적 작용을 받아 고유의 구조가 변하는 것은 변향이다.

다. 당질을 180~200℃의 고온으로 가열했을 때 갈색이 되는 것은 효소적 갈변이다.

라. 마이야르 반응, 캐러멜화 반응은 비효소적 갈변이다.

25 탈기, 밀봉의 공정과정을 거치는 제품이 아닌 것은?

가. 통조림

나. 병조림

다. 레토르트 파우치

라. CA저장 과일

26 식품의 가공, 저장시 일어나는 마이야르(Maillard) 갈변 반응은 어떤 성분의 작용에 의한 것인가?

가. 수분과 단백질
나. 당류와 단백질
다. 당류와 지방
라. 지방과 단백질

27 다음 중 전분이 노화되기 가장 쉬운 온도는?

가. 0~5℃
나. 10~15℃
다. 20~25℃
라. 30~35℃

28 감미재료와 거리가 먼 것은?

가. 사탕무
나. 정향
다. 사탕수수
라. 스테비아

29 전분에 물을 가하지 않고 160℃이상으로 가열하면 가용성 전분을 거쳐 덱스트린으로 분해되는 반응은 무엇이며, 그 예로 바르게 짝지어진 것은?

가. 호화 – 식빵
나. 호화 – 미숫가루
다. 호정화 – 찐빵
라. 호정화 – 뻥튀기

30 다음 중 결합수의 특징이 아닌 것은?

가. 용질에 대해 용매로 작용하지 않는다.
나. 자유수보다 밀도가 크다.
다. 식품에서 미생물의 번식과 발아에 이용되지 못한다.
라. 대기 중에서 100℃로 가열하면 쉽게 수증기가 된다.

31 다음 중 기름의 발연점이 낮아지는 경우는?

가. 유리지방산 함량이 많을수록
나. 기름을 사용한 횟수가 적을수록
다. 기름 속에 이물질의 유입이 적을수록
라. 튀김용기의 표면적이 좁을수록

32 완숙한 계란의 난황 주위가 변색하는 경우를 잘못 설명한 것은?

　가. 난백의 유황과 난황의 철분이 결합하여 황화철(FeS)을 형성하기 때문이다.

　나. pH가 산성일 때 더 신속히 일어난다.

　다. 신선한 계란에서는 변색이 거의 일어나지 않는다.

　라. 오랫동안 가열하여 그대로 두었을 때 많이 일어난다.

33 쌀에서 섭취한 전분이 체내에서 에너지를 발생하기 위해서 반드시 필요한 것은?

　가. 비타민 A　　　　　　　　　　　나. 비타민 B_1

　다. 비타민 C　　　　　　　　　　　라. 비타민 D

34 과일의 조리에서 열에 의해 가장 영향을 많이 받는 비타민은?

　가. 비타민 C　　　　　　　　　　　나. 비타민 A

　다. 비타민 B_1　　　　　　　　　　라. 비타민 E

35 다음 중 식품의 냉동 보관에 대한 설명으로 틀린 것은?

　가. 미생물의 번식을 억제할 수 있다.

　나. 식품 중의 효소작용을 억제하여 품질 저하를 막는다.

　다. 급속 냉동시 얼음 결정이 작게 형성되어 식품의 조직 파괴가 적다.

　라. 완만 냉동시 드립(drip) 현상을 줄여 식품의 질 저하를 방지 할 수 있다.

36 다음 중 계량방법이 잘못 된 것은?

　가. 저울은 수평으로 놓고 눈금은 정면에서 읽으며 바늘은 0에 고정시킨다.

　나. 가루상태의 식품은 계량기에 꼭꼭 눌러 담은 다음 윗면이 수평이 되도록 스파튤러로 깍아서 잰다.

　다. 액체식품은 투명한 계량 용기를 사용하여 계량컵으 눈금과 눈높이를 맞추어서 계량한다.

　라. 된장이나 다진 고기 등의 식품재료는 계량기구에 눌러 담아 빈 공간이 없도록 채워서 깍아 잰다.

37 생선의 조리 방법에 관한 설명으로 옳은 것은?

　가. 선도가 낮은 생선은 양념을 담백하게 하고 뚜껑을 닫고 잠깐 끓인다.

　나. 지방함량이 높은 생선보다는 낮은 생선으로 구이를 하는 것이 풍미가 더 좋다.

　다. 생선조림은 오래 가열해야 단백질이 단단하게 응고되어 맛이 좋아진다.

　라. 양념간장이 끓을 때 생선을 넣어야 맛 성분의 유출을 막을 수 있다.

38 전분에 물을 붓고 열을 가하여 70~75℃ 정도가 되면 전분입자는 크게 팽창하여 점성이 높은 반투명의 클로이드 상태가 되는 현상은?

　가. 전분의 호화　　　　　　　　　나. 전분의 노화

　다. 전분의 호정화　　　　　　　　라. 전분의 결정

39 식품원가율을 40%로 정하고 햄버거의 1인당 식품단가를 1000원으로 할 때 햄버거의 판매 가격은?

　가. 4000원　　　　　　　　　　　나. 2500원

　다. 2250원　　　　　　　　　　　라. 1250원

40 다음 중 상온에서 보관해야 하는 식품은?

　가. 바나나　　　　　　　　　　　나. 사과

　다. 포도　　　　　　　　　　　　라. 딸기

41 원가의 종류가 바르게 설명된 것은?

　가. 직접원가 = 직접재료비, 직접노무비, 직접경비, 일반관리비

　나. 제조원가 = 직접재료비, 제조간접비

　다. 총원가 = 제조원가, 지급이자

　라. 판매가격 = 총원가, 직접원가

42 뜨거워진 공기를 팬(fan)으로 강제 대류시켜 균일하게 열이 순환되므로 조리시간이 짧고 대량조리에 적당하나 식품표면이 건조해지기 쉬운 조리기기는?

　가. 틸팅튀김팬(rilring fry pan)　　　　　나. 튀김기(fryer)

　다. 증기솥(steam kettles)　　　　　　　라. 컨벡션오븐(convectioin oven)

43 직영급식과 비교하여 위탁급식의 단점에 해당하지 않는 것은?

　가. 인건비가 증가하고 서비스가 잘 되지 않는다.

　나. 기업이나 단체의 권한이 축소된다.

　다. 급식경영을 지나치게 영리화 하여 운영할 수 있다.

　라. 영양관리에 문제가 발생할 수 있다.

44 다음 중 열량을 내지 않는 영양소로만 짝지어진 것은?

　가. 단백질, 당질　　　　　　　　　　　나. 당질, 지질

　다. 비타민, 무기질　　　　　　　　　　라. 지질, 비타민

45 두부 50g을 돼지고기로 대치할 때 필요한 돼지고기의 양은? (단, 100g당 두부 단백질 함량 15g, 돼지고기 단백질 함량 18g이다.)

　가. 39.45g　　　　　　　　　　　　　나. 40.52g

　다. 41.67g　　　　　　　　　　　　　라. 42.81g

46 다음 중 신선한 달걀은?

　가. 후라이를 하려고 깨보니 난백이 넓게 퍼진다.

　나. 난황과 난백을 분리하려는데, 난황막이 터져 분리가 어렵다.

　다. 삶아 껍질을 벗겨보니 기공이 있는 부분이 음푹 들어갔다.

　라. 삶아 반으로 잘라보니 노른자가 가운데에 있다.

47 채소류, 두부, 생선 등 저장성이 낮고 가격변동이 많은 식품 구매시 적합한 계약방법은?

　가. 수의계약　　　　　　　　　　　　나. 장기계약

　다. 일반경쟁계약　　　　　　　　　　라. 지명경쟁입찰계약

48 육류를 가열조리 할 때 일어나는 변화로 옳은 것은?

가. 보수성의 증가

나. 단백질의 변패

다. 육단백질의 응고

라. 미오글로빈이 옥시미오글로빈으로 변화

49 사업소 급식에서 식당 면적과 조리실 면적은 얼마가 적절한가?

가. 식당: 0.5㎡/1식 – 조리실: 0.2㎡/1식

나. 식당: 0.5㎡/1식 – 조리실: 0.5㎡/1식

다. 식당: 1㎡/1식 – 조리실: 0.2㎡/1식

라. 식당: 1㎡/1식 – 조리실: 0.5㎡/1식

50 시금치의 녹색을 최대한 유지시키면서 데치려고 할 때 가장 좋은 방법은?

가. 100℃다량의 조리수에서 뚜껑을 열고 단시간에 데쳐 재빨리 헹군다.

나. 100℃다량의 조리수에서 뚜껑을 닫고 단시간에 데쳐 재빨리 헹군다.

다. 100℃소량의 조리수에서 뚜껑을 열고 단시간에 데쳐 재빨리 헹군다.

라. 100℃소량의 조리수에서 뚜껑을 닫고 단시간에 데쳐 재빨리 헹군다.

51 레이노드현상이란?

가. 손가락의 말초혈관 운동 장애로 일어나는 국소진통증이다.

나. 각종 소음으로 일어나는 신경장애 현상이다.

다. 혈액순환 장애로 전신이 곧아지는 현상이다.

라. 소음에 적응을 할 수 없어 발생하는 현상을 총칭하는 것이다.

52 세계보건기구(WHO) 보건헌장에 의한 건강의 의미로 가장 적합한 것은?

가. 질병과 허약의 부재상태를 포함한 육체적으로 완전무결한 상태

나. 육체적으로 완전하며 사회적 안녕이 유지되는 상태

다. 단순한 질병이나 허약의 부재상태를 포함한 육체적, 정신적 및 사회적 안녕의 완전한 상태

라. 각 개인의 건강을 제외한 사회적 안녕이 유지되는 상태

53 검역질병의 검역기간의 그 감염병의 어떤 기간과 동일한가?

　　가. 유행기간　　　　　　　　　나. 최장 잠복기간
　　다. 이환기간　　　　　　　　　라. 세대기간

54 생활쓰레기의 품목별 분류 중에서 동물의 사료로 이용 가능한 것은?

　　가. 주개　　　　　　　　　　　나. 가연성 진개
　　다. 불연성 진개　　　　　　　　라. 재활용성 진개

55 분변 소독에 가장 적합한 것은?

　　가. 과산화수소　　　　　　　　　나. 알코올
　　다. 생석회　　　　　　　　　　　라. 머큐로크롬

56 대기오염 중 2차 오염물질로만 짝지어진 것은?

　　가. 먼지, 탄화수소　　　　　　　나. 오존, 알데히드
　　다. 연무, 일산화탄소　　　　　　라. 일산화탄소, 이산화탄소

57 돼지고기를 완전히 익히지 않고 먹을 경우 감염될 수 있는 기생충은?

　　가. 아나사키스　　　　　　　　　나. 무구낭미충
　　다. 선모충　　　　　　　　　　　라. 광절열두조충

58 복사선의 파장이 가장 크며, 열선이라고 불리는 것은?

　　가. 자외선　　　　　　　　　　　나. 가시광선
　　다. 적외선　　　　　　　　　　　라. 도르노선(Dorno ray)

59 병원체가 생활, 증식, 생존을 계속하여 인간에게 전파 될 수 있는 상태로 저장되는 곳을 무엇이라 하는가?

　　가. 숙주　　　　　　　　　　　　나. 보균자
　　다. 환경　　　　　　　　　　　　라. 병원소

60 광절열두조충의 중간숙주(제1중간숙주-제2중간숙주)와 인체 감염 부위는?

가. 다슬기-가재-폐

나. 물벼룩-연어-소장

다. 왜우렁이-붕어-간

라. 다슬기-은어-소장

과년도 기출문제 17

01	라	02	가	03	다	04	다	05	다	06	라	07	나	08	가	09	라	10	다
11	다	12	가	13	다	14	라	15	다	16	라	17	다	18	다	19	다	20	다
21	라	22	라	23	가	24	라	25	라	26	나	27	가	28	나	29	라	30	라
31	가	32	나	33	나	34	가	35	라	36	나	37	라	38	다	39	나	40	가
41	나	42	라	43	가	44	다	45	다	46	라	47	가	48	다	49	다	50	가
51	가	52	다	53	나	54	가	55	다	56	나	57	다	58	다	59	라	60	나

과년도 기출문제 18

01 우리나라에서 허가된 발색제가 아닌 것은?

가. 아질산나트륨   나. 황산제일철

다. 질산칼륨   라. 아질산칼륨

02 다환방향족 탄화수소이며, 훈제육이나 태운 고기에서 다량 검출되는 발암 작용을 일으키는 것은?

가. 질산염   나. 알코올

다. 벤조피렌   라. 포름알데히드

03 에탄올 발효시 생성되는 메탄올의 가장 심각한 중독 증상은?

가. 구토   나. 경기

다. 실명   라. 환각

04 식품의 변질현상에 대한 설명 중 틀린 것은?

가. 통조림 식품의 부패에 관여하는 세균에는 내열성인 것이 많다.

나. 우유의 부패시 세균류가 관계하여 적변을 일으키기도 한다.

다. 식품의 부패에는 대부분 한 종류의 세균이 관계한다.

라. 가금육은 주로 저온성 세균이 주된 부패균이다.

05 일반적으로 식품 1g중 생균수가 약 얼마 이상일 때 초기부패로 판정하는가?

가. 10^2 개   나. 10^4개

다. 10^7 개   라. 10^{15} 개

06 독소형 세균성 식중독으로 짝지어진 것은?

　가. 살모넬라 식중독, 장염 비브리오 식중독

　나. 리스테리아 식중독, 복어독 식중독

　다. 황색포도상구균 식중독, 클로스트리디움 보툴리늄균 식중독

　라. 맥각독 식중독, 콜리균 식중독

07 복어독 중독의 치료법으로 적합하지 않은 것은?

　가. 호흡촉진제 투여　　　　　　나. 진통제 투여

　다. 위세척　　　　　　　　　　라. 최토제 투여

08 식품 취급자의 화농성 질환에 의해 감염되는 식중독은?

　가. 살모넬라 식중독　　　　　　나. 황색포도상구균 식중독

　다. 장염비브리오 식중독　　　　라. 병원성대장균 식중독

09 과실류, 채소류 등 식품의 살균목적으로 사용되는 것은?

　가. 초산비닐수지(polyvinyl acetate)

　나. 이산화염소(chlorine dioxide)

　다. 규소수지(silicone resin)

　라. 차아염소산나트륨(sodium hypochlorite)

10 다음 중 내인성 위해 식품은?

　가. 지나치게 구운 생선　　　　나. 푸른곰팡이에 오염된 쌀

　다. 싹이 튼 감자　　　　　　　라. 농약을 많이 뿌린 채소

11 식품위생법상 허위표시, 과대광고의 범위에 해당하지 않는 것은?

　가. 국내산을 주된 원료로 하여 제조, 가공한 메주, 된장, 고추장에 대하여 식품영양학적
　　　으로 공인된 사실이라고 식품의약품안전청장이 인정한 내용의 표시, 광고

　나. 질병치료에 효능이 있다는 내용의 표시, 광고

　다. 외국과 기술 제휴한 것으로 혼동할 우려가 있는 내용의 표시, 광고

　라. 화학적 합성품의 경우 그 원료의 명칭 등을 사용하여 화학적 합성품이 아닌 것으로
　　　혼동한 우려가 있는 광고

12 우리나라 식품위생법의 목적과 거리가 먼 것은?

　가. 식품으로 인한 위생상의 위해 방지

　나. 식품영양의 질적 향상 도모

　다. 국민보건의 증진에 이바지

　라. 부정식품 제조에 대한 가중처벌

13 식품위생법상에서 정의하는 "집단급식소"에 대한 정의로 옳은 것은?

　가. 영리를 목적으로 하는 모든 급식시설을 일컫는 용어이다.

　나. 영리를 목적으로 하지 않고 비정기적으로 1개월에 1회씩 음식물을 공급하는 급식시설
　　도 포함된다.

　다. 영리를 목적으로 하지 아니하면서 특정 다수인에게 계속하여 음식을 공급하는 급식시
　　설을 말한다.

　라. 영리를 목적으로 하지 않고 계속적으로 불특정 다수인에게 음식물을 공급하는 급식시
　　설을 말한다.

14 식품위생법상 식품위생감시원의 직무가 아닌 것은?

　가. 영업소의 폐쇄를 위한 간판 제거 등의 조치

　나. 영업의 건전한 발전과 공동의 이익을 도모하는 조치

　다. 영업자 및 종업원의 건강진단 및 위생교육의 이행 여부의 확인, 지도

　라. 조리사 및 영양사의 법령 준수사항 이행여부의 확인, 지도

15 식품위생법상 영업신고를 하지 않는 업종은?

　가. 즉석판매제조, 가공업

　나. 양곡관리법에 따른 양곡가공업 중 도정업

　다. 식품운반법

　라. 식품소분, 판매업

16 마이야르(Maillard)반응에 영향을 주는 인자가 아닌 것은?

　가. 수분　　　　　　　　　　나. 온도

　다. 당의종류　　　　　　　　라. 효소

17 다음 중 쌀 가공식품이 아닌 것은?

가. 현미 　　　　　　　　　　　나. 강화미

다. 팽화미 　　　　　　　　　　라. a-화미

18 다음 중 발효 식품은?(P.82)

가. 치즈 　　　　　　　　　　　나. 수정과

다. 사이다 　　　　　　　　　　라. 우유

19 채소와 과일의 가스저장(CA저장)시 필수 요건이 아닌 것은?

가. pH조절 　　　　　　　　　　나. 기체의 조절

다. 냉장온도 유지 　　　　　　　라. 습도유지

20 단백질에 관한 설명 중 옳은 것은?

가. 인단백질은 단순단백질에 인산이 결합한 단백질이다.

나. 지단백질은 단순단백질에 당이 결합한 단백질이다.

다. 당단백질은 단순단백질에 지방이 결합한 단백질이다.

라. 핵단백질은 단순단백질 또는 복합단백질이 화학적 또는 산소에 의해 변화된 단백질이다.

21 한천의 용도가 아닌 것은?

가. 훈연제품의 산화방지제

나. 푸딩, 양갱 등의 젤화제

다. 유제품, 청량음료 등의 안정제

라. 곰팡이, 세균 등의 배지

22 식품의 수분활성도(Aw)에 대한 설명으로 틀린 것은?

가. 식품이 나타내는 수증기압과 순수한 물의 수증기압의 비를 말한다.

나. 일반적인 식품의 Aw 값은 1보다 크다.

다. Aw의 값이 작을수록 미생물의 이용이 쉽지 않다.

라. 어패류의 Aw의 0.99~0.98정도이다.

23 장기간의 식품보존방법과 가장 관계가 먼 것은?

가. 배건법　　　　　　　　　　　나. 염장법
다. 산저장법(초지법)　　　　　　　라. 냉장법

24 대표적인 콩 단백질인 글로불린(globulin)이 가장 많이 함유하고 있는 성분은?

가. 글리시닌(glycinin)　　　　　　나. 알부민(albumin)
다. 글루텐(gluten)　　　　　　　　라. 제인(zein)

25 라면류, 건빵류, 비스킷 등은 상온에서 비교적 장시간 저장해 두어도 노화가 잘 일어나지 않는 주된 이유는?

가. 낮은 수분함량　　　　　　　　나. 낮은 PH
다. 높은 수분함량　　　　　　　　라. 높은 PH

26 신맛 성분에 유기산인 아미노기($-NH_2$)가 있으면 어떤 맛이 가해진 산미가 되는가?

가. 단맛　　　　　　　　　　　　나. 신맛
다. 쓴맛　　　　　　　　　　　　라. 짠맛

27 유지의 발연점에 영향을 주는 인자와 거리가 먼 것은?

가. 용해도　　　　　　　　　　　나. 유리지방산의 함량
다. 노출된 유지의 표면적　　　　　라. 불순물의 함량

28 다음 당류 중 단맛이 가장 약한 것은?(P.156)

가. 포도당　　　　　　　　　　　나. 과당
다. 맥아당　　　　　　　　　　　라. 설탕

29 다음 쇠고기 성분 중 일반적으로 살코기에 비해 간에 특히 더 많은 것은?

가. 비타민 A, 무기질　　　　　　　나. 단백질, 전분
다. 섬유소, 비타민 C　　　　　　　라. 전분, 비타민 A

30 오징어 먹물색소의 주 색소는?

　가. 안토잔틴　　　　　　　　　나. 클로로필

　다. 유멜라닌　　　　　　　　　라. 플라보노이드

31 급식인원이 1000명인 단체급식소에서 1인당 60g의 풋고추조림을 주려고 한다. 발주할 풋고추의 양은? (단, 풋고추의 폐기율은 9%이다.)

　가. 55kg　　　　　　　　　　나. 60kg

　다. 66kg　　　　　　　　　　라. 68kg

32 단체급식이 갖는 운영상의 문제점이 아닌 것은?

　가. 단시간 내에 다량의 음식조리

　나. 식중독 등 대형 위생사고

　다. 대량구매로 인한 재고관리.

　라. 적온 급식의 어려움으로 음식의 맛 저하

33 완두콩을 조리할 때 정량의 황산구리를 첨가하면 특히 어떤 효과가 있는가?

　가. 비타민이 보강된다.

　나. 무기질이 보강된다.

　다. 냄새를 보유할 수 있다.

　라. 녹색을 보유할 수 있다.

34 신선한 달걀의 감별법 중 틀린 것은?

　가. 햇빛(전등)에 비출 때 공기집의 크기가 작다.

　나. 흔들 때 내용물이 흔들리지 않는다.

　다. 6% 소금물에 넣어서 떠오른다.

　라. 깨뜨려 접시에 놓으면 노른자가 볼록하고 흰자의 점도가 높다.

35 다음 중 계량방법이 올바른 것은?

가. 마가린을 잴 때는 실온일 때 계량컵에 꼭꼭 눌러 담고, 직선으로 된 칼이나 spatula로 깎아 계량한다.

나. 밀가루를 잴 때는 측정 직전에 체로 친 뒤 눌러서 담아 직선 spatula로 깎아 측정한다.

다. 흑설탕을 측정할 때는 체로 친 뒤 누르지 말고 가만히 수북하게 담고 직선 spatula로 깎아 측정한다.

라. 쇼트닝을 계량할 때는 냉장온도에서 계량컵에 꼭 눌러 담은 뒤, 직선 spatula로 깎아 측정한다.

36 육류, 생선류, 알류 및 콩류에 함유된 주된 영양소는?

가. 단백질　　　　　　　　나. 탄수화물
다. 지방　　　　　　　　　라. 비타민

37 젤라틴의 응고에 관한 내용으로 틀린 것은?

가. 젤라틴의 농도가 높을수록 빨리 응고된다.
나. 설탕의 농도가 높을수록 빨리 응고된다.
다. 염류는 젤라틴이 물을 흡수하는 것을 막아 단단하게 응고시킨다.
라. 단백질 분해효소를 사용하면 응고력이 약해진다.

38 난백으로 거품을 만들 때의 설명으로 옳은 것은?

가. 레몬즙을 1~2방울 떨어뜨리면 거품 형성을 용이하게 한다.
나. 지방은 거품 형성을 용이하게 한다.
다. 소금은 거품의 안정성에 기여한다.
라. 묽은 달걀보다 신선란이 거품 형성을 용이하게 한다.

39 다음 중 간장의 지미성분은?

가. 포도당(glucose)　　　　나. 전분(starch)
다. 글루탐산(glutamic acid)　라. 아스코르빈산(ascorbic acid)

40 홍조류에 속하며 무기질이 골고루 함유되어 있고 단백질도 많이 함유된 해조류는?

가. 김
나. 미역
다. 우뭇가사리
라. 다시마

41 식품의 구매방법으로 필요한 품목, 수량을 표시하여 업자에게 견적서를 제출받고 품질이나 가격을 검토한 후 낙찰자를 정하여 계약을 체결하는 것은?

가. 수의계약
나. 경쟁입찰
다. 대량구매
라. 계약구입

42 떡의 노화를 방지할 수 있는 방법이 아닌 것은?

가. 찹쌀가루의 함량을 높인다.
나. 설탕의 첨가량을 늘인다.
다. 급속 냉동시켜 보관한다.
라. 수분함량을 30~60%로 유지한다.

43 우유에 산을 넣으면 응고물이 생기는데 이 응고물의 주체는?

가. 유당
나. 레닌
다. 카제인
라. 유지방

44 불고기를 만들어 파는데 비용으로 1kg 기준으로 등심은 18000원, 양념비는 3500원이 소요되었다. 1인분에 200g을 사용하고 식재료 비율을 40%로 하려고 할 때 판매가격은?

가. 9000원
나. 8600원
다. 17750원
라. 10750원

45 육류 조리 과정 중 색소의 변화 단계가 바르게 연결된 것은?

가. 미오글로빈 – 메트미오글로빈 – 옥시미오글로빈 – 헤마틴
나. 메트미오글로빈 – 옥시미오글로빈 – 미오글로빈 – 헤마틴
다. 미오글로빈 – 옥시미오글로빈 – 메트미오글로빈 – 헤마틴
라. 옥시미오글로빈 – 메트미오글로빈 – 미오글로빈 – 헤마틴

46 머랭을 만들고자 할 때 설탕 첨가는 어느 단계에 하는 것이 가장 효과적인가?

가. 처음 젓기 시작할 때
나. 거품이 생기려고 할 때
다. 충분히 거품이 생겼을 때
라. 거품이 없어졌을 때

47 마요네즈를 만들 때 기름의 분리를 막아주는 것은?

가. 난황   나. 난백
다. 소금   라. 식초

48 고체화한 지방을 여과 처리하는 방법으로 샐러드유 제조시 이용되며, 유화상태를 유지하기 위한 가공 처리 방법은?

가. 용출처리   나. 동유처리
다. 정제처리   라. 경화처리

49 주방의 바닥조건으로 맞는 것은?

가. 산이나 알칼리에 약하고 습기, 열에 강해야 한다.
나. 바닥전체의 물배는 1/20이 적당하다.
다. 조리작업을 드라이 시스템화 할 경우의 물매는 1/100정도가 적당하다.
라. 고무타일, 합성수지타일 등이 잘 미끄러지지 않으므로 적당하다.

50 다음 중 돼지고기에만 존재하는 부위명은?

가. 사태살   나. 갈매기살
다. 채끝살   라. 안심살

51 상수도와 관계된 보건 문제가 아닌 것은?

가. 수도열   나. 반상치
다. 레이노드병   라. 수인성 감염병

52 규폐증과 관계가 먼 것은?

가. 유리규산　　　　　　　　나. 암석가공업
다. 골연화증　　　　　　　　라. 폐조직의 섬유화

53 감염병 관리상 환자의 격리를 요하지 않는 것은?

가. 콜레라　　　　　　　　　나. 디프테리아
다. 파상풍　　　　　　　　　라. 장티푸스

54 ( )안에 차례대로 들어갈 알맞은 내용은?

생물화학적 산소요구량(BOD)은 일반적으로 (　)을 (　)에서 (　)간 안정화 시키는데 소비한 산소량을 말한다.

가. 무기물질, 15℃, 5일　　　나. 무기물질, 15℃, 7일
다. 유기물질, 20℃, 5일　　　라. 유기물질, 20℃, 7일

55 실내공기의 오염지표로 사용되는 것은?

가. 일산화탄소　　　　　　　나. 이산화탄소
다. 질소　　　　　　　　　　라. 오존

56 수인성 감염병의 특징을 설명한 것 중 틀린 것은?

가. 단시간에 다수의 환자가 발생한다.
나. 환자의 발생은 그 급수지역과 관계가 깊다.
다. 발생율이 남녀노소, 성별, 연령별로 차이가 크다.
라. 오염원의 제거로 일시에 종식될 수 있다.

57 기생충과 인체감염원인 식품의 연결이 틀린 것은?

가. 유구조충 – 돼지고기
나. 무구조충 – 쇠고기
다. 동양모양선충 – 민물고기
라. 아니사키스 – 바다생선

58 감염병 발생의 3대 요인이 아닌 것은?

가. 예방접종　　　　　　　　　나. 환경

다. 숙주　　　　　　　　　　　라. 병인

59 기생충에 오염된 논, 밭에서 맨발로 작업 할 때 감염될 수 있는 가능성이 가장 높은 것은?

가. 간흡충　　　　　　　　　　나. 폐흡충

다. 구충　　　　　　　　　　　라. 광절열두조충

60 4대 온열요소에 속하지 않은 것은?

가. 기류　　　　　　　　　　　나. 기압

다. 기습　　　　　　　　　　　라. 복사열

과년도 기출문제 18

01	라	02	다	03	다	04	다	05	다	06	다	07	나	08	나	09	라	10	다
11	가	12	라	13	다	14	나	15	나	16	라	17	가	18	가	19	가	20	가
21	가	22	나	23	라	24	가	25	가	26	다	27	가	28	다	29	다	30	다
31	다	32	다	33	라	34	다	35	가	36	가	37	나	38	가	39	다	40	가
41	나	42	라	43	다	44	라	45	다	46	다	47	가	48	나	49	라	50	나
51	다	52	다	53	다	54	다	55	나	56	다	57	다	58	가	59	다	60	나

  과년도 기출문제 19

01 칼슘(Ca)과 인(P)의 대사이상을 초래하여 골연화증을 유발하는 유해금속은?

가. 철(Fe)　　　　　　　　　　나. 카드뮴(Cd)

다. 은(Ag)　　　　　　　　　　라. 주석(Sn)

02 미생물학적으로 식품 1g당 세균수가 얼마일 때 초기부패단계로 판정하는가?

가. $10^3 \sim 10^4$　　　　　　　나. $10^4 \sim 10^5$

다. $10^7 \sim 10^8$　　　　　　　라. $10^{12} \sim 10^{13}$

03 혐기상태에서 생산된 독소에 의해 신경증상이 나타나는 세균성 식중독은?

가. 황색 포도상 구균 식중독

나. 클로스트리디움 보툴리눔 식중독

다. 장염 비브리오 식중독

라. 살모넬라 식중독

04 식품과 독성분이 잘못 연결된 것은?

가. 감자 – 솔라닌(solanine)

나. 조개류 – 삭시톡신(saxitoxin)

다. 독미나리 – 베네루핀(venerupin)

라. 복어 – 테트로도록신(tetrodotoxin)

05 식품첨가물의 사용목적과 이에 따른 첨가물의 종류가 바르게 연결된 것은?

가. 식품의 영양 강화를 위한 것 – 착색료

나. 식품의 관능을 만족시키기 위한 것 – 조미료

다. 식품의 변질이나 변패를 방지하기 위한 것 – 감미료

라. 식품의 품질을 개량하거나 유지하기 위한 것 – 산미료

06 다음 식품 첨가물 중 주요목적이 다른 것은?

가. 과산화벤조일

나. 과황산암모늄

다. 이산화염소

라. 아질산나트륨

07 식품의 변화현상에 대한 설명 중 틀린 것은?

가. 산패 : 유지식품의 지방질 산화

나. 발효 : 화학물질에 의한 유기화합물의 분해

다. 변질 : 식품의 품질 저하

라. 부패 : 단백질과 유기물이 부패미생물에 의해 분해

08 바이러스에 의한 감염이 아닌 것은?

가. 폴리오

나. 인플루엔자

다. 장티푸스

라. 유행성 감염

09 통조림 식품의 통조림 관에서 유래될 수 있는 식중독 원인물질은?

가. 카드륨

나. 주석

다. 페놀

라. 수은

10 곰팜 이의 대사산물에 의해 질병이나 생리작용에 이상을 일으키는 원인이 아닌 것은?

가. 청매 중독

나. 아플라톡신 중독

다. 황변미중독

라. 오크라톡신 중독

11 식품위생법상 위해식품 등의 판매 등 금지내용이 아닌 것은?

가. 불결하거나 다른 물질이 섞이거나 첨가된 것으로 인체의 건강을 해칠 우려가 있는 것

나. 유독·유해물질이 들어 있으나 식품의약품안전처장이 인체의 건강을 해할 우려가 없다고 인정한 것

다. 병원 미생물에 의하여 오염되었거나 그 염려가 있어 인체의 건강을 해칠 우려가 있는 것

라. 썩거나 상하거나 설익어서 인체의 건강을 해칠 우려가 있는 것

12 식품, 식품첨가물, 기구 또는 용기·포장의 위생적 취급에 관한 기준을 정하는 것은?

가. 보건복지부령   나. 농림수산식품부령

다. 고용노동부령   라. 환경부령

13 식품위생 법규상 무상 수거 대상 식품은?

가. 도·소매 업소에서 판매하는 식품 등을 시험검사용으로 수거할 때

나. 식품 등의 기준 및 규격 제정을 위한 참고용으로 수거할 때

다. 식품 등을 검사할 목적으로 수거할 때

라. 식품 등의 기준 및 규격 개정을 위한 참고용으로 수거할 때

14 식품위생법상 명시된 영업의 종류에 포함되지 않는 것은?

가. 식품조사처리업   나. 식품접객업

다. 즉석판매제조·가공업   라. 먹는샘물제조업

15 식품위생법상 조리사 면허를 받을 수 없는 사람은?

가. 미성년자

나. 마약중독자

다. B형간염환자

라. 조리사 면허의 취소처분을 받고 그 취소된 날부터 1년이 지난 자

16 결합수의 특성으로 옳은 것은?

가. 식품조직을 압착하여도 제거되지 않는다.

나. 점성이 크다.

다. 미생물의 번식과 발아에 이용된다.

라. 보통의 물보다 밀도가 작다.

17 사과, 바나나, 파인애플 등의 주요 향미성분은?

가. 에스테르(ester)류   나. 고급지방산류

다. 유황화합물류   라. 퓨란(furan)류

18 다당류에 속하는 탄수화물은?

가. 펙틴   나. 포도당

다. 과당   라. 갈락토오스

19 알코올 1g당 열량산출 기준은?

가. 0 kcal   나. 4 kcal

다. 7 kcal   라. 9kcal

20 유지를 가열하면 점차 점도가 증하게 되는데 이것은 유지 분자들의 어떤 반응 때문인가?

가. 산화반응   나. 열분해반응

다. 중합반응   라. 가수분해반응

21 젤라틴과 관계없는 것은?

가. 양갱   나. 족편

다. 아이스크림   라. 젤리

22 다음 중 일반적으로 꽃 부분을 주요 식용부위로 하는 화채 류는?

가. 비트(beets) 나. 파슬리(parsley)

다. 브로콜리(broccoli) 라. 아스파라거스(asparagus)

23 색소 성분의 변화에 대한 설명 중 맞는 것은?

가. 엽록소는 알칼리성에서 갈색화

나. 플라본 색소는 알칼리성에서 황색화

다. 안토시안 색소는 산성에서 청색화

라. 카로틴 색소는 산성에서 흰색화

24 칼슘과 단백질의 흡수를 돕고 정장 효과가 있는 것은?

가. 설탕 나. 과당

다. 유당 라. 맥아당

25 두부 만들 때 간수에 의해 응고되는 것은 단백질의 변성 중 무엇에 의한 변성인가?

가. 산 나. 효소

다. 염류 라. 동결

26 호화와 노화에 관한 설명 중 틀린 것은?

가. 전분의 가열온도가 높을수록 호화시간이 빠르며, 점도는 낮아진다.

나. 전분입자가 크고 지질함량이 많을수록 빨리 호화된다.

다. 수반함량이 0~60%, 온도가 0~4℃일 때 전분의 노화는 쉽게 일어난다.

라. 60℃ 이상에서는 노화가 잘 일어나지 않는다.

27 쓴 약을 먹은 직후 물을 마시면 단맛이 나는 것처럼 느끼게 되는 현상은?

가. 변조현상 나. 소실현상

다. 대비현상 라. 미맹현상

28 오이나 배추의 녹색이 김치를 담그었을 때 점차 갈색을 띄게 되는 것은 어떤 색소의 변화 때문인가?

가. 카로티노이드(carotenoid)

나. 클로로필(chlorophyll)

다. 안토시아닌(anthocyanin)

라. 안토잔틴(anthoxanthin)

29 가공치즈(processed cheese)의 설명으로 틀린 것은?

가. 자연 치즈에 유화제를 가하여 가열한 것이다.

나. 일반적으로 자연치즈 보다 저장성이 높다.

다. 약 85℃에서 살균하여 pasteurizde cheese라고도 한다.

라. 가공 치즈는 매일 지속적으로 발효가 일어난다.

30 달걀에 가스저장을 실시하는 가장 중요한 이유는?

가. 알 껍데기가 매끄러워짐을 방지하기 위하여

나. 알 껍데기가 이산화탄소 발산을 억제하기 위하여

다. 알 껍데기의 수분증발을 방지하기 위하여

라. 알 껍데기의 기공을 통한 미생물 침입을 방지하기 위하여

31 굵은 소금이라고도 하며, 오이지를 담글 때나 김장 배추를 절이는 용도로 사용하는 소금은?

가. 천일염   나. 재제염

다. 정제염   라. 꽃소금

32 제품의 제조를 위하여 소비된 노동의 가치를 말하며 임금, 수당, 복리후생비 등이 포함되는 것은?

가. 노무비   나. 재료비

다. 경비   라. 훈련비

33 국이나 전골 등에 국물 맛을 독특하게 내는 조개류의 성분은?

가. 요오드

나. 주석산

다. 구연산

라. 호박산

34 우유에 대한 설명으로 틀린 것은?

가. 시판되고 있는 전유는 유지방 함량이 3.0% 이상이다.

나. 저지방우유는 유지방을 0.1% 이하로 낮춘 우유이다.

다. 유당소화장애증이 있으면 유당을 분해한 우유를 이용한다.

라. 저염우유란 전유 속의 Na(나트륨)을 K(칼륨)과 교환 시킨 우유를 말한다.

35 냉동식품의 조리에 대한 설명 중 틀린 것은?

가. 쇠고기의 드립(drip)을 막기 위해 높은 온도에서 빨리 해동하여 조리한다.

나. 채소류는 가열처리가 되어 있어 조리하는 시간이 절약된다.

다. 조리된 냉동식품은 녹기 직전에 가열한다.

라. 빵, 케익은 실내 온도에서 자연 해동한다.

36 다음 중 조리용 기기 사용이 틀린 것은?

가. 필러(peeler) : 감자, 당근 껍질 벗기기

나. 슬라이스(slicer) : 쇠고기 갈기

다. 세미기 : 쌀의 세척

라. 믹서 : 재료의 혼합

37 김장용 배추포기김치 46kg을 담그려는데 배추 구입에 필요한 비용은 얼마인가? (단, 배추 5포기(13kg)의 갑은 13260원, 폐기률은 8%)

가. 23920원

나. 38934원

다. 46000원

라. 51000원

38 날콩에 함유된 단백질의 체내 이용을 저해하는 것은?

　가. 펩신　　　　　　　　　　나. 트립신

　다. 글로불린　　　　　　　　라. 안티트립신

39 식빵에 버터를 펴서 바를 때처럼 버터에 힘을 가한 후 그 힘을 제거해도 원래상태로 돌아오지 않고 변형된 상태로 유지하는 성질은?

　가. 유화성　　　　　　　　　나. 가소성

　다. 쇼트닝성　　　　　　　　라. 크리밍성

40 쇠고기 부위 중 결체조직이 많아 구이에 가장 부적당한 것은?

　가. 등심　　　　　　　　　　나. 갈비

　다. 사태　　　　　　　　　　라. 채끝

41 버터나 마가린의 계량방법으로 가장 옳은 것은?

　가. 냉장고에서 꺼내어 계량컵에 눌러 담은 후 윗면을 직선으로 된 칼로 깎아 계량한다.

　나. 실온에서 부드럽게 하여 계량컵에 담아 계량한다.

　다. 실온에서 부드럽게 하여 계량컵에 눌러 담은 후 윗면을 직선으로 된 칼로 깎아 계량한다.

　라. 냉장고에서 꺼내어 계량컵의 눈금까지 담아 계량 한다.

42 무나 양파를 오랫동안 익힐 때 색을 희게 하려면 다음 중 무엇을 첨가하는 것이 가장 좋은가?

　가. 소금　　　　　　　　　　나. 소다

　다. 생수　　　　　　　　　　라. 식초

43 생선을 껍질이 있는 상태로 구울 때 껍질이 수축되는 주원인 물질과 그 처리방법은?

　가. 생선살의 색소 단백질, 소금에 절이기

　나. 생선살의 염용성 단백질, 소금에 절이기

　다. 생선 껍질의 지방, 껍질에 칼집 넣기

　라. 생선 껍질의 콜라겐, 껍질에 칼집 넣기

44 육류조리에 대한 설명으로 틀린 것은?

가. 탕 조리시 찬물에 고기를 넣고 끓여야 추출물이 최대한 용출된다.

나. 장조림 조리 시 간장을 처음부터 넣으면 고기가 단단해지고 잘 찢기지 않는다.

다. 편육 조리 시 찬물에 넣고 끓여야 잘 익은 고기 맛이 좋다.

라. 불고기용으로는 결합조직이 되도록 적은 부위가 적당하다.

45 다음 중 영양소의 손실이 가장 큰 조리법은?

가. 바삭바삭한 튀김을 위해 튀김옷에 중조를 첨가한다.

나. 푸른 채소를 데칠 때 약간의 소금을 첨가한다.

다. 감자를 껍질째 삶은 후 절단한다.

라. 쌀을 담가놓았던 물을 밥물로 사용한다.

46 다음 중 원가계산의 원칙이 아닌 것은?

가. 진실성의 원칙　　　　　　　　　나. 확실성의 원칙

다. 발생기준의 원칙　　　　　　　　라. 비정상성의 원칙

47 마요네즈에 대한 설명으로 틀린 것은?

가. 식초는 산미를 주고, 방부성을 부여한다.

나. 마요네즈를 만들 때 너무 빨리 저어주면 분리되므로 주의한다.

다. 사용되는 기름은 냄새가 없고, 고도로 분리정제가 된 것을 사용한다.

라. 새로운 난황에 분리된 마요네즈를 조금씩 넣으면서 저어주면, 마요네즈 재생이 가능하다.

48 조절 영양소가 비교적 많이 함유된 식품으로 구성된 것은?

가. 시금치, 미역, 굴　　　　　　　　나. 쇠고기, 달걀, 두부

다. 두부, 감자, 쇠고기　　　　　　　라. 쌀, 감자, 밀가루

49 소금절임시 저장성이 좋아지는 이유는?

가. pH가 낮아져 미생물이 살아갈 수 없는 환경이 조성된다.

나. pH가 높아져 미생물이 살아갈 수 없는 환경이 조성된다.

다. 고삼투성에 의한 탈수효과에 미생물의 생육이 억제된다.

라. 저삼투성에 의한 탈수효과로 미생물의 생육이 억제된다.

50 성인여자의 1일 필요열량을 2000kcal라고 가정할 때, 이 중 15%를 단백질로 섭취할 경우 동물성 단백질의 섭취량은? (단, 동물성 단백질량은 일일단백질양의 1/3로 계산한다.)

가. 25 g　　　　　　　　　　　　나. 35 g

다. 75 g　　　　　　　　　　　　라. 100 g

51 인공능동면역의 방법에 해당하지 않는 것은?

가. 생균 백신 접종　　　　　　　　나. 글로불린 접종

다. 사균 백신 접종　　　　　　　　라. 순화독소 접종

52 주로 동물성 식품에서 기인하는 기생충은?

가. 구충　　　　　　　　　　　　나. 회충

다. 동양모양선충　　　　　　　　라. 유구조충

53 인구정지형으로 출생률과 사망률이 모두 낮은 인구 형은?

가. 피라미드형　　　　　　　　　나. 별형

다. 항아리형　　　　　　　　　　라. 종형

54 공기의 자정작용과 관계가 없는 것은?

가. 희석작용　　　　　　　　　　나. 세정작용

다. 환원작용　　　　　　　　　　라. 살균작용

55 <예비처리 - 본처리 - 오니처리> 순서로 진행되는 것은?

가. 하수 처리　　　　　　　　　　나. 쓰레기 처리

다. 상수도 처리　　　　　　　　　라. 지하수 처리

56 이산화탄소(CO_2)를 실내 공기의 오탁지표로 사용하는 가장 주된 이유는?

가. 유독성이 강하므로

나. 실내 공기조성의 전반적인 상태를 알 수 있으므로

다. 일산화탄소로 변화되므로

라. 항상 산소량과 반비례하므로

57 폐기물 관리법에서 소각로 소각법의 장점으로 틀린 것은?

가. 위생적인 방법으로 처리할 수 있다.

나. 다이옥신(dioxin)의 발생이 없다.

다. 잔류물이 적어 매리하기에 적당하다.

라. 매립법에 비해 설치면적이 적다.

58 진동이 심한 작업을 하는 사람에게 국소진동 장애로 생길 수 있는 직업병은?

가. 진폐증   나. 파킨슨씨병

다. 잠함병   라. 레노이드병

59 조명이 불충분할 때는 시력저하, 눈의 피로를 일으키고 지나치게 강렬할 때는 어두운 곳에서 암순응능력을 저하시키는 태양광선은?

가. 전자파   나. 자외선

다. 적외선   라. 가시광선

60 감수성지수(접촉감염지수)가 가장 높은 감염 병은?

가. 폴리오   나. 홍역

다. 백일해   라. 디프테리아

과년도 기출문제 **19**

01	나	02	다	03	나	04	다	05	나	06	라	07	나	08	다	09	나	10	가
11	나	12	가	13	다	14	라	15	나	16	가	17	가	18	가	19	다	20	다
21	가	22	다	23	나	24	다	25	다	26	다	27	가	28	나	29	라	30	나
31	가	32	가	33	라	34	나	35	가	36	나	37	라	38	라	39	나	40	다
41	다	42	라	43	라	44	다	45	나	46	라	47	나	48	가	49	다	50	가
51	나	52	라	53	라	54	다	55	가	56	나	57	나	58	라	59	라	60	나

과년도 기출문제 20

01 중금속에 의한 중독과 증상을 바르게 연결한 것은?

　가. 납중독 – 빈혈 등의 조혈장애

　나. 수은중독 – 골연화증

　다. 카드뮴 중독 – 흑피증, 각화증

　라. 비소중독 – 사지마비, 보행 장애

02 HACCP의 의무적용 대상 식품에 해당하지 않는 것은?

　가. 빙과류　　　　　　　　　나. 비가열음료

　다. 껌류　　　　　　　　　　라. 레토르트식품

03 식품첨가물 중 보존료의 목적을 가장 잘 표현한 것은?

　가. 산도 조절

　나. 미생물에 의한 부패 방지

　다. 산화에 의한 변패 방지

　라. 가공과정에서 파괴되는 영양소 보충

04 식품에 다음과 같은 현상이 나타났을 때 품질 저하와 관계가 먼 것은?

　가. 생선의 휘발성 염기질소량 증가

　나. 콩단백질의 금속염에 의한 응고 현상

　다. 쌀의 황색 착색

　라. 어두운 곳에서 어육연제품의 인광 발생

05 미숙한 매실이나 살구 씨에 존재하는 독성분은?

　가. 라이코린　　　　　　　　나. 하이오사이어마인

　다. 리신　　　　　　　　　　라. 아미그달린

06 내열성이 강한 아포를 형성하며 식품의 부패 식중독을 일으키는 혐기성균은?

가. 리스테리아속   나. 비브리오속

다. 살모넬라속   라. 클로스트리디움속

07 식품첨가물이 갖추어야 할 조건으로 옳지 않은 것은?

가. 식품에 나쁜 영향을 주지 않을 것

나. 다량 사용하였을 때 효과가 나타날 것

다. 상품의 가치를 향상시킬 것

라. 식품성분 등에 의해서 그 첨가물을 확인할 수 있을 것

08 황색 포도상 구균에 의한 식중독 예방대책으로 적합한 것은?

가. 토양의 오염을 방지하고 특히 통조림의 살균을 철저히 해야 한다.

나. 쥐나 곤충 및 조류의 접근을 막아야 한다.

다. 어패류를 저온에서 보존하며 생식하지 않는다.

라. 화농성 질환자의 식품 취급을 금지한다.

09 껌 기초제로 사용되며 피막제로도 사용되는 식품첨가물은?

가. 초산비닐수지   나. 에스테르검

다. 폴리이소부틸렌   라. 폴리소르베이트

10 부패가 진행됨에 따라 식품은 특유의 부패취를 내는데 그 성분이 아닌 것은?

가. 아민류   나. 아세톤

다. 황화수소   라. 인돌

11 출입 · 검사 · 수거 등에 관한 사항 중 틀린 것은?

가. 식품의약품안전처장은 검사에 필요한 최소량의 식품 등을 무상으로 수거하게 할 수 있다.

나. 출입 · 검사 · 수거 또는 장부열람을 하고자 하는 공무원은 그 권한을 표시하는 증표를 지녀야 하며 관계인에게 이를 내보여야 한다.

다. 시장 · 군수 · 구청장은 필요에 따라 영업을 하는 자에 대하여 필요한 서류나 그 밖의 자료의 제출 요구를 할 수 있다.

라. 행정응원의 절차, 비용부담 방법 그 밖에 필요한 사항은 검사를 실시하는 담당공무원이 임의로 정한다.

12 식품위생법상 식품위생의 대상이 되지 않는 것은?

가. 식품 및 식품첨가물
나. 의약품
다. 식품, 용기 및 포장
라. 식품, 기구

13 보건복지부령이 정하는 위생등급기준에 따라 위생관리상태 등이 우수한 집단급식소를 우수업소 또는 모범업소로 지정할 수 없는 자는?

가. 식품의약품안전처장
나. 보건환경연구원장
다. 시장
라. 군수

14 식품위생법상 집단급식소에 근무하는 영양사의 직무가 아닌 것은?

가. 종업원에 대한 식품위생교육
나. 식단 작성, 검식 및 배식관리
다. 조리사의 보수교육
라. 급식시설의 위생적 관리

15 식품접객업 조리장의 시설기준으로 적합하지 않은 것은?(단, 제과점영업소와 관광호텔업 및 관광공연장업의 조리장의 경우는 제외한다)

가. 조리장은 손님이 그 내부를 볼 수 있는 구조로 되어있어야 한다.
나. 조리장 바닥에 배수구가 있는 경우에는 덮개를 설치하여야 한다.
다. 조리장 안에는 조리시설·세척시설·폐기물 용기 및 손 씻는 시설을 각각 설치하여야 한다.
라. 폐기물 용기는 수용성 또는 친수성 재질로 된 것이어야 한다.

16 어취의 성분인 트리메틸아민(TMA; Trimetylamine)에 대한 설명 중 틀린 것은?

가. 불쾌한 어취는 트리메틸아민의 함량과 비례한다.
나. 수용성이므로 물로 씻으면 많이 없어진다.
다. 해수어보다 담수어에서 더 많이 생성된다.
라. 트리메틸아민 옥사이드(trimethylamineOxide)가 환원되어 생성된다.

17 밀가루 제품의 가공특성에 가장 큰 영향을 미치는 것은?

가. 라이신 　　　　　　　　　　나. 글로불린

다. 트립토판 　　　　　　　　　라. 글루텐

18 식품의 성분을 일번성분과 특수성분으로 나눌 때 특수성분에 해당하는 것은?

가. 탄수화물 　　　　　　　　　나. 향기성분

다. 단백질 　　　　　　　　　　라. 무기질

19 식품의 효소적 갈변에 대한 설명으로 맞는 것은?

가. 간장, 된장 등의 제조과정에서 발생한다.

나. 블랜칭(Blanching)에 의해 반응이 억제된다.

다. 기질은 주로 아민(Amine)류와 카르보닐(Carbonyl) 화합물이다.

라. 아스코르빈산의 산화반응에 의한 갈변이다.

20 발효식품이 아닌 것은?

가. 두부 　　　　　　　　　　　나. 식빵

다. 치즈 　　　　　　　　　　　라. 맥주

21 카세인(Casein)이 효소에 의하여 응고되는 성질을 이용한 식품은?

가. 아이스크림 　　　　　　　　나. 치즈

다. 버터 　　　　　　　　　　　라. 크림스프

22 25g의 버터(지방 80%, 수분 20%)가 내는 열량은?

가. 36kcal 　　　　　　　　　　나. 100kcal

다. 180kcal 　　　　　　　　　라. 225kcal

23 베이컨류는 돼지고기의 어느 부위를 가공한 것인가?

가. 볼기부위 　　　　　　　　　나. 어깨살

다. 복부육 　　　　　　　　　　라. 다리살

24 환원성이 없는 당은?

　가. 포도당(Glucose)　　　　　　나. 과당(Fructose)

　다. 설탕(Sucrose)　　　　　　　라. 맥아당(Maltose)

25 홍조류에 속하는 해조류는?

　가. 김　　　　　　　　　　　　나. 청각

　다. 미역　　　　　　　　　　　라. 다시마

26 물에 녹는 비타민은?

　가. 레티놀(Retinol)　　　　　　나. 토코페롤(Tocopherol)

　다. 티아민(Thiamine)　　　　　라. 칼시페롤(Calciferol)

27 달걀에 관한 설명으로 틀린 것은?

　가. 흰자의 단백질은 대부분이 오보뮤신(Ovomucin)으로 기포성에 영향을 준다.

　나. 난황은 인지질인 레시틴(Lecithin), 세팔린(Cephalin)을 많이 함유한다.

　다. 신선도가 떨어지면 흰자의 점성이 감소한다.

　라. 신선도가 떨어지면 달걀흰자는 알칼리성이 된다.

28 아린 맛은 어느 맛의 혼합인가?

　가. 신맛과 쓴맛　　　　　　　　나. 쓴맛과 단맛

　다. 신맛과 떫은맛　　　　　　　라. 쓴맛과 떫은맛

29 유화(Emulsion)와 관련이 적은 식품은?

　가. 버터　　　　　　　　　　　나. 생크림

　다. 묵　　　　　　　　　　　　라. 우유

30 식품의 산성 및 알칼리성을 결정하는 기준 성분은?

　가. 필수지방산 존재 여부　　　　나. 필수아미노산 존재 여부

　다. 구성 탄수화물　　　　　　　라. 구성 무기질

31 향신료의 매운맛 성분 연결이 틀린 것은?

　가. 고추 – 캡사이신)Capsaicin)

　나. 겨자 – 차비신(Chavicine)

　다. 울금(Curry 분) – 커큐민(Curcumin)

　라. 생강 – 진저롤(Gingerol)

32 식품을 구매하는 방법 중 경쟁 입찰과 비교하여 수의계약의 장점이 아닌 것은?

　가. 절차가 간편하다.

　나. 경쟁이나 입찰이 필요 없다.

　다. 싼 가격으로 구매할 수 있다.

　라. 경비와 인원을 줄일 수 있다.

33 냉장했던 딸기의 색깔을 선명하게 보존할 수 있는 조리법은?

　가. 서서히 가열한다.

　나. 짧은 시간에 가열한다.

　다. 높은 온도로 가열한다.

　라. 전자레인지에서 가열한다.

34 버터의 특성이 아닌 것은?

　가. 독특한 맛과 향기를 가져 음식에 풍미를 준다.

　나. 냄새를 빨리 흡수하므로 밀폐하여 저장하여야 한다.

　다. 유중수적형이다.

　라. 성분은 단백질이 80% 이상이다.

35 어패류에 관한 설명 중 틀린 것은?

　가. 붉은 살 생선은 깊은 바다에 서식하며 지방함량이 5% 이하이다.

　나. 문어, 꼴뚜기, 오징어는 연체류에 속한다.

　다. 연어의 분홍살색은 카로티노이드 색소에 기인한다.

　라. 생선은 자가소화에 의하여 품질이 저하된다.

36 호화전분이 노화를 일으키기 어려운 조건은?

가. 온도가 0~4℃일 때

나. 수분 함량이 15% 이하일 때

다. 수분 함량이 30~60%일 때

라. 전분의 아밀로오스 함량이 높을 때

37 신선한 달걀에 대한 설명으로 옳은 것은?

가. 깨뜨려 보았을 때 난황계수가 작은 것

나. 흔들어 보았을 때 진동소리가 나는 것

다. 표면이 까칠까칠하고 광택이 없는 것

라. 수양난백의 비율이 높은 것

38 곡류의 영양성분을 강화할 때 쓰이는 영양소가 아닌 것은?

가. 비타민 B_1 나. 비타민 B_2

다. Niacin   라. 비타민 B_{12}

39 강력분을 사용하지 않는 것은?

가. 케이크   나. 식 빵

다. 마카로니   라. 피 자

40 못처럼 생겨서 정향이라고도 하며 양고기, 피클, 청어절임, 마리네이드 절임 등에 이용되는 향신료는?

가. 클로브   나. 코리앤더

다. 캐러웨이   라. 아니스

41 다음의 육류요리 중 영양분의 손실이 가장 적은 것은?

가. 탕   나. 편육

다. 장조림   라. 산적

42 유화의 형태가 나머지 셋과 다른 것은?

가. 우유 　　　　　　　　　　나. 마가린

다. 마요네즈 　　　　　　　　　라. 아이스크림

43 다음은 간장의 재고 대상이다. 간장의 재고가 10병일 때 선입선출 법에 의한 간장의 재고자산은 얼마인가?

입고일자	수량	단가
5일	5병	3,500원
12일	10병	3,000원
20일	8병	3,000원
27일	3병	3,500원

가. 25,500원 　　　　　　　　나. 26,000원

다. 32,500원 　　　　　　　　라. 35,000원

44 오징어 12kg을 45,000원에 구입하여 모두 손질한 후의 폐기물이 35%였다면 실사용량의 kg당 단가는 약 얼마인가?

가. 1,666원 　　　　　　　　나. 3,205원

다. 5,769원 　　　　　　　　라. 6,123원

45 음식을 제공할 때 온도를 고려해야 하는데 다음 중 맛있게 느끼는 식품의 온도가 가장 높은 것은?

가. 전골 　　　　　　　　　　나. 국

다. 커피 　　　　　　　　　　라. 밥

46 서양요리 조리방법 중 습열조리와 거리가 먼 것은?

가. 브로일링(Broiling) 　　　　나. 스티밍(Steaming)

다. 보일링(Boiling) 　　　　　라. 시머링(Simmering)

47 육류를 끓여 국물을 만들 때 설명으로 맞는 것은?

가. 육류를 오래 끓이면 근육조직인 젤라틴이 콜라겐으로 용출되어 맛있는 국물을 만든다.

나. 육류를 찬물에 넣어 끓이면 맛 성분의 용출이 잘되어 맛있는 국물을 만든다.

다. 육류를 끓는 물에 넣고 설탕을 넣어 끓이면 맛 성분의 용출이 잘되어 맛있는 국물을 만든다.

라. 육류를 오래 끓이면 질긴 지방조직인 콜라겐이 젤라틴화 되어 맛있는 국물을 만든다.

48 어패류 조립방법 중 틀린 것은?

가. 조개류는 낮은 온도에서 서서히 조리하여야 단백질의 급격한 응고로 인한 수축을 막을 수 있다.

나. 생선은 결체조직의 함량이 높으므로 주로 습열조리법을 사용해야 한다.

다. 생선조리시 식초를 넣으면 생선이 단단해진다.

라. 생선조리에 사용하는 파, 마늘은 비린내 제거에 효과적이다.

49 메주용으로 대두를 단시간 내에 연하고 색이 곱도록 삶는 방법이 아닌 것은?

가. 소금물에 담기었다가 그 물로 삶아준다.

나. 콩을 불릴 때 연수를 사용한다.

다. 설탕물을 섞어주면서 삶아준다.

라. $NaHCO_3$ 등 알칼리성 물질을 섞어서 삶아준다.

50 급식시설별 1인 1식 사용수 양이 가장 많은 곳은?

가. 학교급식　　　　　　　　나. 병원급식
다. 기숙사급식　　　　　　　라. 사업체급식

51 실내공기의 오염 지표인 CO_2 (이산화탄소)의 실내(8시간 기준) 서한 량은?

가. 0.001%　　　　　　　　나. 0.01%
다. 0.1%　　　　　　　　　라. 1%

52 열작용을 갖는 특징이 이 씨어 일명 열선이라고도 하는 복사선은?

가. 자외선　　　　　　　　나. 가시광선
다. 적외선　　　　　　　　라. X-선

53 우리나라에서 발생하는 장티푸스의 가장 효과적인 관리 방법은?

　가. 환경위생 철저

　나. 공기정화

　다. 순화독소(Toxoid) 접종

　라. 농약사용 자제

54 쥐의 매개에 의한 질병이 아닌 것은?

　가. 쯔쯔가무시병　　　　　　나. 유행성출혈열

　다. 페스트　　　　　　　　　라. 규폐증

55 공중보건 사업을 하기 위한 최소 단위가 되는 것은?

　가. 가정　　　　　　　　　　나. 개인

　다. 시·군·구　　　　　　　　라. 국가

56 유리규산의 분진 흡입으로 폐에 만성섬유증식을 유발하는 질병은?

　가. 규폐증　　　　　　　　　나. 철폐증

　다. 면폐증　　　　　　　　　라. 농부폐증

57 수인성 감염 병의 유행 특징이 아닌 것은?

　가. 일반적으로 성별, 연령별 이환율의 차이가 적다.

　나. 발생지역이 음료수 사용지역과 거의 일치한다.

　다. 발병률과 치명 율이 높다.

　라. 폭발적으로 발생한다.

58 기온 역전 현상의 발생 조건은?

　가. 상부기온이 하부기온보다 낮을 때

　나. 상부기온이 하부기온보다 높을 때

　다. 상부기온과 하부기온이 같을 때

　라. 안개와 매연이 심할 때

59 녹조를 일으키는 부영양화 현상과 가장 밀접한 관계가 있는 것은?

가. 황산염

나. 인산염

다. 탄산염

라. 수산염

60 채소로 감염되는 기생충이 아닌 것은?

가. 편충

나. 회충

다. 동양모양선충

라. 사상충

01	가	02	다	03	나	04	나	05	라	06	라	07	나	08	라	09	가	10	나
11	라	12	나	13	나	14	다	15	라	16	다	17	라	18	나	19	나	20	가
21	나	22	다	23	다	24	다	25	가	26	다	27	가	28	라	29	다	30	라
31	나	32	다	33	가	34	라	35	가	36	다	37	다	38	다	39	가	40	가
41	라	42	나	43	가	44	다	45	가	46	가	47	나	48	나	49	다	50	나
51	다	52	다	53	가	54	라	55	다	56	가	57	다	58	나	59	나	60	라

한권으로 끝내는 조리기능사

펴낸이	곽지술
펴낸곳	크로바출판사
인쇄한곳	보성인쇄
등록번호	제315-2005-00044
문의메일	clv1982@naver.com
팩스번호	02) 6008-2699

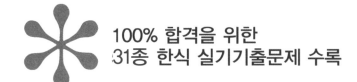

100% 합격을 위한
31종 한식 실기기출문제 수록

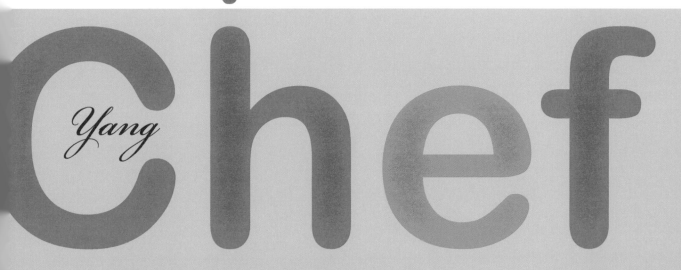

Yang Chef

한국산업인력공단의 새로운 출제기준에 따른

한식조리기능사실기

사)세계음식문화연구원장 **양향자** 저

한식조리기능사실기 동영상 보는 방법
(http://blog.daum.net/food2310)의 주소를
검색해서 한식메뉴를 클릭하면
참고 동영상을 볼 수 있습니다.

저자직강 동영상
무료제공

Clover
크로바

머리말

    국가경제의 급격한 발선으로 풍요롭고 안락한 사회가 보장되는 현시대야말로 국민전체의 건강이 매우 중요하다 하겠습니다. 또한 한 나라의 문화적 수준을 그 나라의 식생활에서 비교할 수가 있습니다.

    현재 우리나라는 경제 강대국 대열에 동참하고 있는 이 시점에 국민건강을 책임지는 조리기능사 등이 절실히 부족한 실정입니다. 따라서 본 저자는 수년간 강단에서 강의한 경험과 실무경험을 토대로 한식조리기능사 실기문제집을 집필하였습니다.

    본 저서의 내용은 수험생 여러분이 이해하기 쉽도록 실기시험 기출문제를 수록하였습니다.

    아무쪼록 많은 수험생들께서 한식조리기능사 시험에 합격하여 국가발전에 최선을 다해 주실 것을 부탁드리며, 본 저서의 내용 중 미흡한 부분과 오류에 대해서는 수험생들께 많은 양해를 부탁드림과 함께 앞으로 계속해서 수정 · 보완할 것을 약속드립니다.

    끝으로 본 저서가 출간되기까지 물심양면으로 도와주신 크로바출판사 곽지술 사장님과 기획실 직원 여러분들께 지면을 통하여 감사의 말씀을 드립니다.

저자 양 향 자

한식조리기능사
자격증 정보
[한국산업인력공단
www.hrdkorea.or.kr]

개 요

한식, 중식, 일식, 양식, 복어조리부문에 배속되어 제공될 음식에 대한 계획을 세우고 조리할 재료를 선정, 구입, 검수하고 선정된 재료를 적정한 조리기구를 사용하여 조리 업무를 수행하며 음식을 제공하는 장소에서 조리시설 및 기구를 위생적으로 관리, 유지하고, 필요한 각종 재료를 구입, 위생학적, 영양학적으로 저장 관리하면서 제공될 음식을 조리 · 제공하기 위한 전문인력을 양성하기 위하여 자격제도 제정.

수행직무

한식조리부문에 배속되어 제공될 음식에 대한 계획을 세우고 조리할 재료를 선정, 구 입, 검수하고 선정된 재료를 적정한 조리기구를 사용하여 조리업무를 수행함 또한 음식을 제공하는 장소에서 조리시설 및 기구를 위생적으로 관리, 유지하고, 필요한 각종 재 료를 구입, 위생학적, 영양학적으로 저장 관리하면서 제공될 음식을 조리하여 제공하 는 직종임.

취득방법

시행처 : 한국산업인력공단 (02-3271-9190~1)
관련학과 : 전문대학이상의 식품영양학과 및 식생활학과, 조리관련학과 등 ③
시험과목 ― 필기 : 1.식품위생 및 법규 2.식품학 3.조리이론과 원가계산 4.공중보건.
　　　　　― 실기 : 한식조리작업
검정방법 ― 필기 : 객관식 4지 택일형, 60문항 (60분)
　　　　　― 실기 : 작업형 (40~80분 정도)
합격기준 : 100점 만점에 60점 이상. ⑥
응시자격 : 제한 없음

출제경향

- 요구작업 내용 : 지급된 재료를 갖고 요구하는 작품을 시험 시간 내에 1인분을 만들어내는 작업.
- 주요 평가내용 : 위생상태(개인 및 조리과정), 조리의 기술(기구취급, 동작, 순서, 재료다듬기 방법) 작품의 평가, 정리정돈 및 청소

진로 및 전망

- 호텔을 비롯한 관광업소와 일반 요식업소 및 기업체, 학교, 병원 등의 단체급식소와 자영업경영 업체간, 지역 간의 이동이 많은 편이고 고용과 임금에 있어서 안정적이지는 못한 편이지만, 조리에 대한 전문가로 인정받게 되면 높은 수익과 직업적 안정성을 보장 받게 된다.
- 식품위생법상 집단급식소와 복어조리업, 허가면적 120이상인 식품접객업자는 조리사자격을 취득하고 시·도지사의 면허를 받은 조리사를 둔다. (법 제 20조) 다만 중소기업자가 운영하는 집단급식소는 그러하지 아니함. (기업활동규제완화특별 조치법 제 36조)

검정응시절차

수검원서 교부 및 접수

1. 수검원서 교부
   - 교부장소 : 한국산업인력공단 지방사무소 및 전국 시·군·구청 민원실
   - 수검원서는 공휴일 및 행사일[공단 창립기념일(3월 18일), 근로자의 날(5월 1일)] 등을 제외하고 연중 교부, 단체교부시는 수검대상기관장의 요청에 의하여 수검인원을 감안 적정량 교부

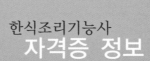
2. 수검원서 접수
- 접수장소 : 한국산업인력공단 지방사무소
- 필기시험 대상자 : 해당종목의 필기시험 원서접수기간
- 필기시험 면제 대상자 및 기능사보 : 해당시험의 필기시험 면제자 원서접수기간[실기(면접)시험 실비납부 기간]
- 필기시험 전과목 면제 해당자 : 해당종목의 실기시험 원서접수기간
- 외국자격취득자 : 해당종목의 필기시험 원서접수 기간

3. 수검원서 교부 및 접수기간
- 평일 : 09:00~18:00(단, 11월 1일부터 다음 년도 2월말까지는 09:00~17:00)
- 토요일 : 09:00~13:00 * 단, 공휴일은 원서교부 및 접수를 하지 않음.

4. 우편접수
접수 마감일까지 도착분에 한하여 유효하며, 반드시 등기우표가 첨부된 반신용 봉투 (주소는 통 · 반 · 세대주 · 성명 필히 기재) 1매를 동봉하여야 함

5. 상시접수
지정된 접수기간 이전에도 수검원서를 접수할 수 있는 제도로서 일반 접수자와 구분 접수하여야 하며, 우편으로 이 제도를 이용하는 경우에는 반드시 등기우표가 첨부된 반신용 봉투(주소, 성명 기재) 1매를 동봉하여야 함

제출서류

1. 필기시험 원서접수시 제출서류
- 수검원서 1통(한국산업인력공단에서 배포하는 소정양식으로 작성하되 접수일전 6월 이내에 촬영한 3.5cm×4.5cm 규격의 동일원판 탈모 상반신 사진 2매 부착)
- 검정과목의 일부 또는 필기시험 전과목 면제 해당자는 취득한 자격증 원본 제시

- 다른 법령에 의한 자격취득자 중 기사 필기시험 과목면제 해당자는 자격증 원본제시 및 검정과목면제 신청서와 자격증 사본 제출
- 외국에서 기술자격을 취득한 자로서 검정과목의 일부 또는 전부를 면제받고자 하는 자는 검정과목 면제신청서, 해외공관장이 확인한 자격증사본 및 이력서, 자격을 취득한 국가의 자격법령에 관한 자료와 각 관련자료 번역문 각 1부

2. 실기(면접)시험 원서접수시 제출서류
   - 검정의 일부시험 합격자
   - 당해종목의 필기시험에 합격한 자 및 필기시험면제자(기능사보 등) : 수검원서 1통(한국 산업인력관리공단에서 배포하는 소정양식으로 작성하되 접수일전 6월 이내에 촬영한 3.5cm×4.5cm 규격의 동일원판 탈모 상반신 사진 2매 부착)
   - 기능경기대회 입상자 및 명장으로 선정된 자로서 검정의 전부면제 해당자 : 수검원서 1통(한국 산업인력관리공단에서 배포하는 소정양식으로 작성하되 접수일전 6월 이내에 촬 영한 3.5cm× 4.5cm 규격의 동일원판 탈모 상반신 사진 2매 부착)

수검사항(시험장, 일시, 지참물 등) 공고

   - 수검원서를 접수한 해당 지방사무소 접수창구에 게시공고
   - 시험일시 및 시험장소 통보방법은 게시공고 및 수검표에 고무인으로 수검사항을 날인하여 통보

한식조리기능사
자격증 정보
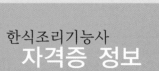
한국산업인력공단
www.hrdkorea.or.kr

* 단, 수검원서접수시 시험일시 및 시험장소를 통보하지 않은 경우에는 검정시행 5일전 해당 지방사무소에서 게시공고 및 자동응답 안내(TEL 700-4226)

합격자 발표

수검원서를 접수한 지방사무소에 게시공고 및 합격자 자동응답 안내
* 단, 기능장 검정은 자동응답 안내가 되지 않음

제공방법	이용전화	안내가능 업무	안내기간
음성정보시스템 (ARS)	700-1900	합격자 자동응답 안내	합격자 발표일 0시부터 3일간
		합격자 자동응답 안내	합격자 발표일 0시부터 4일간
		실기시험 수검사항 안내	당회 실기시험 시행 5일번부터 실기시험 시행 초일까지
	700-4226	자격검정(검정일정, 응시자격 등)	
		직업교육훈련(훈련과정, 직종 등)	상시 안내
		인력관리(구인, 구직,	합격자 발표일 0시부터 4일간
		기능장려 등)	합격자 발표일 0시부터 7일간
	700-2448	상시검정 실기시험	합격자 발표일 0시부터 4일간
PC통신	천리안종합서비스	합격자 자동응답 안내	상시 안내
		합격자 발표	
	HINET-P망	합격자 발표 국가기술자격검정 안내 공단산하 직업, 훈련생 모집 안내, 구인, 구직 안내	

한국산업인력공단 소속기관 주소 및 전화번호

기관명	이용전화	소재지
서울지역본부	02 3273-6951~4	121-757 서울 마포구 표석길 14 (공덕동 370-4)
서울동부	02 461-3283~6 8643	143-300 서울 광진구 노유동 63-7 (지하철7호선 뚝섬유원지 인근)
서울남부	02 876-8322(자격증발급) 8323(필기시험) 8324(실기시험)	151-730 서울시 관악구 관천로 113 (신림본동 1638-32 삼모빌딩 2층)
인천	032 818-2181~3	405-817 인천시 남동구 번영로 129(고잔동 625-1)
경기	031 253-1915~7	440-300 경기도 수원시 장안구 정자동 111번지
경기북부	031 874-6942	480-834 경기도 의정부시 신곡동 720-5
춘천	033 255-4563	200-937 강원도 춘천시 호반순환로454(온의동58-18)
강릉	033 644-8211~4	210-852 강원도 강릉시 사천면 방동리 649-2
부산지역본부	053 586-7601~4	704-901 대구시 달서구 갈산동 971-5
안동	054 855-2121~3	760-310 경북 안동시 옥동 791-1(한양빌딩 2층)
포항	054 278-7702~4	790-822 경북 포항시 남구 대도동 120-2
광주지역본부	062 970-1700~5	500-470 광주광역시 북구 첨단 2길 54 (대촌동 958-18)
전북	063 210-9200~3	561-844 전북 전주시 유상1길 65 (덕진구 팔복동 2가 750-3)
순천	061 720-8500	540-968 전남 순천시 조례동 1605 (한국통신 동순천분국 1층)
목포	061 282-8671~4	530-410 전남 목포시 대양동 514-4
제주	064 723-0703	690-833 제주 제주시 동광로 113(일도2동 361-22)
대전지역본부	042 580-9100	301-748 대전광역시 중구 보리3길 72(문화동 165)
충북	043 210-9000	360-707 충북 청주시 통신3로 65 (상당구 율량동 743(한국통신 충북본부 1층))
충남	041 620-7600	330-280 충남 천안시 신당동 434-2

한식조리기능사
자격증 정보
[한국산업인력공단
www.hrdkorea.or.kr]

실기시험의 진행방법

실기시험의 일시와 장소는 실기시험 시행 5일 전에 해당 지방사무소에 게시 공고된다. 수 검자는 자신의 수검번호와 시험날짜 및 시간, 장소를 정확히 확인하여 지정된 시간 30분 전에 시험장에 도착하여 수검자 대기실에서 조용히 기다리도록 한다. 출석을 확인한 후 등번호를 배정받고 감독위원의 지시에 따라 시험장에 입실한다. 배정받은 등번호와 같은 번호의 조리대에 준비되어 있는 조리기구와 수검자 준비물을 정리 정돈하고 차분한 마음으로 시험을 준비한다. 지급재료 목록표와 재료를 지급받으면 차이가 없는지 확인하여 차이가 있으면 시험위원에게 알려 시험이 시작되기 전에 조치를 받도록 한다. 수검자 요구사항을 충분히 숙지하여 정해진 시간 내에 지정된 조리작품을 만들어 내도록 한다.

시험장에서의 주의사항

검정시험은 지정된 것을 사용하여야 하며 재료를 시험장 내에 지참할 수 없다. 시험장 내에서는 정숙하여야 한다. 지정된 장소를 이탈한 경우 감독위원의 사전 승인을 받아야 한다. 조리기구 중 가스렌지 및 칼 등을 사용할 때에는 안전을 유념하여야 한다. 재료는 1회에 한하여 지급되며 재지급은 하지 않는다. 다만, 검정시행 전 수검자가 사전에 지급된 재료를 검수하여 불량재료 또는 지급량이 부족하다고 판단될 경우에는 즉시 시험위원에게 통보하여 교환 또는 추가 지급받도록 한다. 지급된 재료는 1인분의 양이므로 주재료 전부를 사용하여 조리하여야 한다. 감독위원이 요구하는 작품이 두 가지인 경우도 두 가지 요리를 모두 선택분야별로 지정되어 있는 표준시간내에 완성하여야 한다. 요구작품이 두 가지인 경우 한 가지 작품만 만들었을 경우에는 미완성으로 채점대상에서 제외된다. 불을 사용하여 만든 조리작품이 불에 익지 않은 경우에는 미완성으로 채점대상에서 제외된다. 검정이 완료되면 작품을 감독위원이 지시하는 장소에 신속히 제출하여야 한다. 작품을 제출한다음 본인이 조리한 장소와 주변 등을 깨끗이 청소하고 조리기구 등은 정리 정돈 후 감독위원의 지시에 따라 시험실에서 퇴장한다.

실기시험 준비물

지참공구명	규격	단위	수량	지참공구명	규격	단위	수량
위생복	백색	벌	1	계량스푼	큰술, 작은술	개	각 1
위생모(머리수건)	백색	개	1	위생타올	–	매	2
앞치마	백색	개	1	국대접	–	개	1
칼	보통 조리용 칼	개	1	공기	–	개	1
숟가락	–	개	1	소창	–	매	1
젓가락	–	벌	1	프라이팬	–	개	1
계량컵	200ml	개	1				

실기시험 채점 기준료

1. 공통 채점

과목	세부항목	항목별 채점방법	배점
위생상태	위생복 착용 및 개인위생상태	위생복을 착용하고 개인위생상태가 좋으면 3점, 불량하면 0점	3
조리과정	조리순서 및 재료, 기구 등 취급상태	일반적인 전체 조리순서가 맞고 재료 및 기구 취급상태가 숙련되었으면 4점, 조리순서는 맞으나 재료 및 기구 취급상태의 숙련이 약간 미숙하면 2점, 조리과정이 전반적으로 미숙하면 0점	4
정리정돈 상태	정리정돈 및 청소	지급된 기구류 등과 주위 청소 상태가 양호하면 3점, 불량하면 0점	3

2. 조리기술 및 작품평가

과목	세부항목	항목별 채점방법	배점
조리기술	조리방법	조리기술의 숙련도에 따라	30
작품평가	작품의 맛, 색, 그릇에 담기	작품의 맛과 빛깔, 모양에 따라	15

* 실기시험은 대체로 2가지 작품이 주어지므로 합계 100점 만점이다.

CONTENTENTS

한식조리기능사 실기

part 1
밥·죽류

시험시간 **50분**

요구사항

① 채소, 소고기, 황 · 백지단의 크기는 0.3cm x 0.3cm x 5cm로 써시오.
 (단, 지급된 재료의 크기에 따라 가감한다.)
② 호박은 돌려깎기하여 0.3cm x 0.3cm x 5cm로 써시오.
③ 청포묵의 크기는 0.5cm x 0.5cm x 5cm로 써시오.
④ 밥을 담은 위에 준비된 재료들을 색 맞추어 돌려 담으시오.
⑤ 볶은 고추장을 완성된 밥 위에 얹어내시오.

비빔밥

 조리법

01 밥은 고슬고슬하게 지어 놓는다.

02 파, 마늘은 곱게 다진다.

03 애호박은 0.3×0.3×5cm로 채 썰어 소금에 절여 물기를 짜둔다.

04 도라지도 0.3×0.3×5cm로 채 썰어 소금을 뿌려 주물러서 씻어 쓴맛을 뺀다.

05 소고기 일부는 다져서 양념하여 고추장에 쓰고 나머지는 채 썰어 양념한다.

06 청포묵은 0.5×0.5×5cm로 채 썰어 소금, 참기름으로 무쳐둔다.

07 고사리의 딱딱한 줄기는 잘라내고 5cm 길이로 채 썬다.

08 달걀은 황, 백으로 나누어 지단을 부쳐 5cm 길이로 채 썬다.

09 팬에 기름을 두르고 애호박, 도라지, 소고기를 볶아낸 다음 고사리는 부드럽게 물을 조금씩 넣어 볶는다.

10 다시마는 기름에 튀겨서 잘게 부순다.

11 두꺼운 냄비에 양념한 다진 소고기를 볶다가 고추장, 설탕, 물을 넣어 부드럽게 볶아서 약고추장을 만들고 밥 위에 준비한 재료를 색 맞추어 돌려 담은 뒤 튀긴 다시마, 고추장, 달걀지단을 얹어서 낸다.

수검자유의사항

① 밥은 질지 않게 짓는다.
② 지급된 소고기는 고추장 볶음과 고명으로 나누어 사용한다.
③ 조리작품 만드는 순서는 틀리지 않게 하여야 한다.
④ 숙련된 기능으로 맛을 내야하므로 조리작업시 음식의 맛을 보지 않는다.
⑤ 지정된 수험자지참준비물 이외의 조리기구나 재료를 시험장내에 지참할 수 없다.
⑥ 지급재료는 시험 전 확인하여 이상이 있을 경우 시험위원으로부터 조치를 받고 시험도중에는 재료의 교환 및 추가지급은 하지 않는다.
⑦ 다음과 같은 경우에는 채점대상에서 제외한다.
  (전메뉴 공통)
  ㉠ 시험시간 내에 과제 두 가지를 제출하지 못한 경우 : 미완성
  ㉡ 시험시간 내에 제출된 과제라도 다음과 같은 경우
  • 문제의 요구사항대로 작품의 수량이 만들어지지 않은 경우 : 미완성
  • 해당과제의 지급재료 이외의 재료를 사용한 경우 : 오작
  • 구이를 찜으로 조리하는 등과 같이 요리의 형태를 다르게 만든 경우 : 오작
  • 불을 사용하여 만든 조리작품이 작품특성에 벗어나는 정도로 타거나 익지 않은 경우 : 실격
  • 가스렌지 화구 2개 이상 사용한 경우 : 실격

 │재 료│

쌀	150g	깐 마늘	2쪽
애호박	60g	고추장	40g
도라지	20g(찢은 것)	식용유	30ml
고사리	30g(불린 것)	진간장	15ml
청포묵	40g(길이6cm)	백설탕	15g
소고기	30g	깨소금	5g
달걀	1개	검은 후춧가루	1g
건 다시마	1장	참기름	5ml
대파(흰 부분4cm정도)	1토막	소금	10g

 참고사항

① 시험장에서 불리지 않은 쌀이 나오면 씻어 따뜻한 물을 계량해 잠시 불려 둔다.(쌀 : 물 = 1 : 1.2)
② 밥을 지을 때 눌지 않도록 불 조절을 잘한다.(센불→끓으면 중불→약불(뜸))
③ 나물은 가장자리에 밥이 보이도록 색을 맞춰 보기 좋게 담는다.

02 콩나물밥

시험시간 **30분**

요구사항

① 콩나물은 꼬리를 다듬고 소고기는 채썰어 간장양념을 하시오.
② 쌀과 함께 밥을 지어 전량 제출하시오.

조리법

01 쌀은 미리 미지근한 물에 씻어 불린다음 물기를 뺀다.

02 콩나물꼬리를 다듬어 살살 씻어 물기를 뺀다.

03 소고기는 결대로 0.3cm×5cm 길이로 채 썰어 갖은 양념에 버무린다.

04 냄비에 쌀과 소고기, 다듬은 콩나물을 얹은 후 분량의 밥물을 잘박하게 부어 뚜껑을 덮어 불 조절을 하여 밥을 지어 뜸을 들인다.

05 간장에 고춧가루, 파, 마늘, 깨소금, 참기름을 넣어 양념간장을 만든다.

06 밥이 고슬고슬하게 되면 섞어서 대접에 담은 다음 양념간장을 곁들인다.

07 밥은 전량 제출하고 양념간장(고춧가루 사용)을 곁들여 낸다.

 | 재 료 |

불린 쌀	150g	깐 마늘	1쪽
콩나물	60g	진간장	5ml
소고기	30g	참기름	5ml
대파(희 부분4cm정도)	1/2토막		

참 고 사 항

① 밥이 끓기 시작하면 불을 줄이고 뚜껑을 열지 않는다.

② 밥물 및 불조절과 완성된 밥의 상태에 유의한다.

O3 장국죽

시험시간 **30분**

요구사항

① 불린 쌀을 반정도로 싸라기를 만들어 죽을 쑤시오.

② 소고기는 다지고 불린 표고는 3cm 이상 길이로 채 써시오.
　(단, 지급된 재료의 크기에 따라 가감한다.)

장국죽

조리법

01 쌀을 충분히 불려(쌀 양의 6배의 물) 센불 → 중불로 불 조절을 하며 눌 지 않도록 가끔씩 나무주걱으로 저어준다.

02 간은 마지막에 맞추어야 삭지 않는다.

03 죽 농도와 빛깔에 주의하고 식기 전에 용기에 담아낸다.

 | 재 료 |

쌀	100g
소고기	20g
건 표고버섯	1개
대파(흰 부분4cm정도)	1토막
깐 마늘	1쪽
진간장	10ml
깨소금	5g
참기름	10ml
검은 후춧가루	1g
국 간장	10ml

수검자유의사항

① 다진 소고기와 표고버섯을 볶은 다음 쌀을 넣어 다시 볶다가 물을 붓는다.
② 쌀과 국물이 잘 어우러지도록 쑨다.
③ 간을 맞추는 시기에 유의한다.
④ 조리작품 만드는 순서는 틀리지 않게 하여야 한다.
⑤ 숙련된 기능으로 맛을 내야하므로 조리작업시 음식의 맛을 보지 않는다.
⑥ 지정된 수험자지참준비물 이외의 조리기구나 재료를 시험장내에 지참할 수 없다.
⑦ 지급재료는 시험 전 확인하여 이상이 있을 경우 시험 위원으로부터 조치를 받고 시험도중에는 재료의 교환 및 추가지급은 하지 않는다.

참고사항

① 쌀을 깨끗이 씻어 불린 후 건져서 옹배기에 넣고 약간만 부순다.
② 소고기는 곱게다지고 표고버섯은 채썰어 양념한다.
③ 냄비에 참기름을 붓고 소고기, 표고, 쌀을 넣고 볶다가 약 6배의 물을 넣고 끓인다.
④ 퍼지지않게 중간에 잘 젓고 간장으로 간을 한다.

part **02**

한식조리기능사 실기

part 2
탕 . 찌개류

04 완자탕

시험시간 **30분**

요구사항

① 완자는 직경 3cm 이상으로 6개를 만들고, 국 국물의 양은 200mL 이상으로 하시오.
② 고명으로 황·백지단(마름모꼴)을 각 2개씩 띄우시오.

조리법

01 소고기 절반은 장국을 만들고 나머지는 곱게 다진다.

02 두부는 물기를 짜고 으깬 후 다진 소고기와 합하여 소금, 후추, 파, 마늘, 참기름을 넣고 버무린다.

03 직경 2cm 크기의 완자를 만들어 밀가루를 묻힌 다음 달걀을 묻혀 기름 두른 팬에서 익혀 낸다.

04 달걀은 황 · 백지단을 부쳐 마름모꼴로 썬다

05 육수에 간장과 소금으로 간을 맞추고 끓으면 완자를 넣어 잠시 끓이다가 그릇에 담고 황 · 지단을 띄운다
.

| 재 료 |

소고기	70g	밀가루	10g
(살코기50g, 사태부위20g)		식용유	20ml
두부	15g	소금	10g
달걀	1개	검은 후춧가루	2g
대파(흰 부분4cm정도)	1/2토막	국간장	5ml
깐 마늘	2쪽	참기름	5ml
키친타올	1장	깨소금	5g
		백설탕	5g

수검자유의사항

① 고기 부위의 사용 용도에 유의하고, 육수 국물을 맑게 처리하여 양에 유의한다.

② 주어진 달걀을 지단용과 완자용으로 분리하여 사용한다.

③ 조리작품 만드는 순서는 틀리지 않게 하여야 한다.

④ 숙련된 기능으로 맛을 내야하므로 조리작업시 음식의 맛을 보지 않는다.

⑤ 지정된 수험자지참준비물 이외의 조리기구나 재료를 시험장내에 지참할 수 없다.

⑥ 지급재료는 시험 전 확인하여 이상이 있을 경우 시험위원으로부터 조치를 받고 시험도중에는 재료의 교환 및 추가지급은 하지 않는다.

참고사항

① 고기는 곱게 다지고 물기 짠 두부와 합하여 많이 치대어야 완자의 모양이 예쁘게 나온다.

② 익혀 낸 완자는 종이 위에 올려 놓아 기름기를 제거한다.

시험시간 **30분**

요구사항

① 생선은 4～5cm 이상의 토막으로 자르시오. (생선의 크기에 따라 길이를 가감할 수 있다.)

② 무, 두부의 완성된 크기는 2.5cm x 3.5cm x 0.8cm 이상으로 일정하게 만드시오.

③ 호박은 주어진 크기에 따라 0.5cm 두께의 반달형 또는 은행잎모양으로 썰고 쑥갓과 파는 4cm 길이로 만드시오.

④ 고추는 통 어슷썰기 하시오.

⑤ 고추장, 고춧가루를 사용하여 만드시오.

⑥ 생선머리를 포함하여 전량 제출하시오.

조리법

01 생선은 비늘을 긁어내고 지느러미를 떼어서 손질하여 4~5cm 길이로 토막을 내고, 내장도 먹는 부분을 골라 둔다.

02 무, 호박, 두부는 2.5cm×3.5cm 두께 0.8cm 크기로 썰고 실파는 4cm 길이로 자르고 고추는 0.3cm 넓이로 어슷썰고 쑥갓은 짧게 손으로 끊어 둔다.

03 냄비에 물을 붓고 고추장을 풀고 끓이면서 무를 넣는다.

04 무가 반쯤 익으면 마지막에 생선을 넣고 고추가루를 넣어 끓어 오르면 호박, 두부, 홍고추, 풋고추, 생강, 마늘을 넣고 싱거우면 소금으로 간을 맞춘다.

05 거품을 걷어 내면서 끓이다가 생선맛이 우러나면 실파, 쑥갓을 넣고 불을 끈다.

| 재 료 |

동태	1마리	생 홍고추	1개
(300g정도)		깐 마늘	2쪽
무	60g	생강	10g
호박	30g	실파	2뿌리 40g
두부	60g	고추장	30g
쑥갓	10g	소금	10g
풋고추	1개	고춧가루	10g

수검자유의사항

① 생선살이 부서지지 않도록 유의한다.
② 각 재료의 익히는 순서를 고려하여 끓인다.
③ 조리작품 만드는 순서는 틀리지 않게 하여야 한다.
④ 숙련된 기능으로 맛을 내야하므로 조리작업시 음식의 맛을 보지 않는다.
⑤ 지정된 수험자지참준비물 이외의 조리기구나 재료를 시험장내에 지참할 수 없다.
⑥ 지급재료는 시험 전 확인하여 이상이 있을 경우 시험위원으로부터 조치를 받고 시험도중에는 재료의 교환 및 추가지급은 하지 않는다.

참고사항

① 생선을 먹는 부분과 버리는 부분을 골라 깨끗이 손질한다.
② 생선찌개는 간을 소금으로 맞추고 거품을 걷어 내면서 끓인다.

시험시간 **20분**

요구사항

① 두부는 폭과 길이가 2cm x 3cm, 두께가 1cm 되도록 써시오.

② 붉은 고추는 0.5cm x 3cm, 실파는 3cm 길이로 써시오.

③ 찌개의 국물은 200mL로 하여 담으시오.

조리법

01 굴은 연한 소금물에 흔들어 씻어 굴 껍질을 골라내고 물기를 뺀다.

02 두부는 폭 2cm, 길이 3cm, 두께 1cm로 썰고 실파는 3cm 길이, 붉은고추는 0.5×3cm 길이로 썬다.

03 새우젓과 마늘은 다져 둔다. 냄비에 물 1.5컵 정도를 붓고 새우젓 국물과 소금으로 간을 하여, 끓으면 두부를 넣어 잠깐 끓이고 굴, 실파, 붉은고추, 마늘을 넣고 끓인다.

04 불을 끄고 참기름을 조금 떨어뜨려 그릇에 담아 낸다.

 | 재 료 |

두부 100g
생굴 .... 30g(껍질 벗긴 것)
실파 20g 1뿌리
홍고추(생) 1/2개
깐 마늘 1쪽
새우젓 10ml
참기름 5ml
소금 5g

수 검 자 유 의 사 항

① 두부와 굴의 익는 정도에 유의한다.
② 찌개의 간은 소금과 새우젓으로 하고, 국물이 맑고 깨끗하도록 한다.
③ 조리작품 만드는 순서는 틀리지 않게 하여야 한다.
④ 숙련된 기능으로 맛을 내야하므로 조리작업시 음식의 맛을 보지 않는다.
⑤ 지정된 수험자지참준비물 이외의 조리기구나 재료를 시험장내에 지참할 수 없다.
⑥ 지급재료는 시험 전 확인하여 이상이 있을 경우 시험위원으로부터 조치를 받고 시험도중에는 재료의 교환 및 추가지급은 하지 않는다.

참 고 사 항

① 찌개는 국물보다 건더기가 많다.(국물 : 건더기 = 2 : 3)
② 새우젓은 다져 국물만 사용하고, 굴은 넣어 너무 오래 끓이면 국물이 탁해진다.
③ 두부의 형태가 부서지거나 단단해지지 않게 하고 맑은 찌개를 끓인다.

한식조리기능사 실기

part 3
구이류

- 제육구이
- 너비아니구이
- 더덕구이
- 생선양념구이
- 북어구이

07 제육구이

시험시간 **30분**

요구사항

① 완성된 제육은 0.4cm x 4cm x 5cm 이상으로 하시오.
② 양념은 고추장 양념으로 하여 석쇠에 구우시오.
③ 제육구이는 8쪽 제출하시오.

제육구이

조리법

01 제육은 5×6cm 두께 0.4cm로 썰어 칼집을 넣어 오그라 들지 않게 한다.

02 파, 마늘, 생강을 곱게 다져 고추장 양념을 만든다.

03 제육에 양념장을 발라서 간이 배도록 한다.

04 석쇠에 기름을 발라 돼지고기를 타지않게 충분히 굽는다.

| 재 료 |

돼지고기	150g	검은 후춧가루	2g
대파(흰 부분4cm정도)	1토막	백설탕	15g
깐 마늘	2쪽	깨소금	5g
생강	10g	참기름	5ml
진간장	10ml	식용유	10ml
고추장	40g		

수검자유의사항

① 구워진 표면이 마르지 않도록 한다.

② 구워진 고기의 모양과 색깔에 유의하여 굽는다.

③ 조리작품 만드는 순서는 틀리지 않게 하여야 한다.

④ 숙련된 기능으로 맛을 내야하므로 조리작업시 음식의 맛을 보지 않는다.

⑤ 지정된 수험자지참준비물 이외의 조리기구나 재료를 시험장내에 지참할 수 없다.

⑥ 지급재료는 시험 전 확인하여 이상이 있을 경우 시험위원으로부터 조치를 받고 시험도중에는 재료의 교환 및 추가지급은 하지 않는다.

참고사항

① 구울 때 줄어드는 것을 감안하여 고기손질을 잘해야 오그라 들지않는다.

② 석쇠에 기름칠을 하고 불에 달군뒤에 사용하면 고기가 석쇠에 붙지 않는다.

③ 너무 센 불에서 구우면 거죽만 타고 속이 익지 않으므로 불 조절을 잘해 빛깔이 곱게 나도록 굽는다.

한식실기출제문제 ·· 35

08 너비아니구이

시험시간 **25분**

 요구사항

① 완성된 너비아니 크기는 0.5cm x 4cm x 0.5cm로 하시오.

② 석쇠를 사용하여 굽고, 6쪽 제출하시오.

③ 잣가루를 고명으로 뿌리시오.

조리법

01 소고기는 안심이나 등심 등 연 한 부위로 두께 0.4cm 가로, 세로 5×6cm 정도로 썰어서 칼로 자근자근 두드린다.

02 파. 마늘은 곱게 다지고 배는 즙을 내어 양념장을 만든다.

03 양념장에 고기를 한 장씩 담궈서 고루 맛이 베이도록 재워둔다

04 석쇠에 기름을 바르고 고기를 가지런히 놓고 구운다.

| 재 료 |

소고기	100g	검은 후춧가루	2g
배	50g 1/8	백설탕	10g
대파(흰 부분4cm정도)	1토막	깨소금	5g
깐 마늘	2쪽	참기름	10ml
잣	5알	식용유	10ml
진간장	50ml	A4용지	1장

 수검자유의사항

① 고기가 연하도록 손질한다.
② 구워진 정도와 모양과 색깔에 유의하여 굽는다.
③ 조리작품 만드는 순서는 틀리지 않게 하여야 한다.
④ 숙련된 기능으로 맛을 내야하므로 조리작업시 음식의 맛을 보지 않는다.
⑤ 지정된 수험자지참준비물 이외의 조리기구나 재료를 시험장내에 지참할 수 없다.
⑥ 지급재료는 시험 전 확인하여 이상이 있을 경우 시험위원으로부터 조치를 받고 시험도중에는 재료의 교환 및 추가지급은 하지 않는다.

 참고사항

① 고기를 자를 때 결 반대로 잘라야 연하며, 냉동된 고기는 녹여 핏물을 닦은 후 양념해야 빛깔이 좋다.
② 처음에는 센불에서 구워 표면을 굳혀 불을 낮추어 촉촉하고 타지않게 구워 낸다.

O9 더덕구이

시험시간 **30분**

요구사항

① 더덕은 껍질을 벗겨 통으로 두드려 사용하시오.
② 유장으로 초벌구이를 하시오.
③ 길이는 5cm 이상으로 하고, 고추장 양념을 하시오.
  (단, 주어진 더덕의 길이를 감안한다.)
④ 석쇠를 사용하여 굽고, 8개를 제출하시오.

조리법

01 더덕은 껍질을 벗겨 물에 담가 쓴맛을 우려 반으로 갈라 방망이 혹은 칼등으로 자근자근 두들겨 펴준다.

02 참기름 3, 간장1의 비율로 만든 유장을 발라 애벌굽는다

03 고추장에 준비한 양념을 넣어 양념장을 만든다

04 구워낸 더덕에 고추장양념을 발라 다시 한번 구워 낸다.

 | 재 료 |

통 더덕	5개
(껍질 있는 것 길이 10-15cm정도)	
대파(흰 부분4cm정도)	1토막
깐 마늘	1쪽
진간장	10ml
고추장	30g
깨소금	5g
참기름	10ml
백설탕	5g
소금	10g
식용유	10ml

수검자유의사항

① 더덕이 부서지지 않도록 두드린다.

② 더덕이 타지 않도록 굽는데 유의한다.

③ 조리작품 만드는 순서는 틀리지 않게 하여야 한다.

④ 숙련된 기능으로 맛을 내야하므로 조리작업시 음식의 맛을 보지 않는다.

⑤ 지정된 수험자지참준비물 이외의 조리기구나 재료를 시험장내에 지참할 수 없다.

⑥ 지급재료는 시험 전 확인하여 이상이 있을 경우 시험위원으로부터 조치를 받고 시험도중에는 재료의 교환 및 추가지급은 하지 않는다.

참고사항

① 더덕은 껍질을 벗겨 쓴맛을 빼기위해 소금물에 잠시 담근후 방망이로 자근자근 두들겨 부서지지 않고 부드럽게 한다.

② 고추장 양념을 발라 구울 때 가장 자리가 잘 타므로 불조절에 유의한다.

10 생선양념구이

시험시간 **30분**

 요구사항

① 생선의 머리와 꼬리는 제거하지 않으며, 내장은 아가미쪽으로 제거하시오.
② 유장으로 초벌구이를 하시오.
③ 고추장 양념을 하여 석쇠를 사용하여 구우시오.

조리법

01 생선은 비늘을 긁고 아가미를 통해서 내장을 꺼낸 다음 깨끗이 씻어 머리와 지느러미를 그대로 살린다.

02 생선이 크면 양쪽에 세로로 칼집을 넣어 소금을 약간 뿌린다.

03 생선의 물기를 닦고 유장을 만들어서 골고루 발라서 재워 놓고 고추장 양념장을 만든다

04 석쇠를 뜨겁게하여 유장에 재운 생선을 굽다가 반쯤 익으면 고추장 양념을 골고루 발라서 타지 않게 굽는다.

05 완성된 생선구이를 접시에 담을 때는 머리가 왼쪽 꼬리가 오른쪽으로 가도록 한다.

| 재 료 |

조기	1마리	백설탕	5g
(100~150g 정도)		깨소금	5g
대파(흰 부분4cm정도)	1토막	참기름	5ml
깐 마늘	1쪽	소금	20g
진간장	20ml	검은 후춧가루	2g
고추장	40g	식용유	10ml

 수검자 유의사항

① 석쇠를 사용하며 부서지지 않게 굽도록 유의한다.
② 생선을 담을 때는 방향을 고려해야 한다.
③ 조리작품 만드는 순서는 틀리지 않게 하여야 한다.
④ 숙련된 기능으로 맛을 내야하므로 조리작업시 음식의 맛을 보지 않는다.
⑤ 지정된 수험자지참준비물 이외의 조리기구나 재료를 시험장내에 지참할 수 없다.
⑥ 지급재료는 시험 전 확인하여 이상이 있을 경우 시험위원으로부터 조치를 받고 시험도중에는 재료의 교환 및 추가지급은 하지 않는다.

 참고사항

① 생선은 손질시 배가 터지지 않게 입이나 아가미에서 내장을 빼낸 후 소금을 뿌려둔다.
② 냉동된 생선은 해동시켜 손질한다.
③ 병어는 살이 두꺼우므로 조기보다 굽는 시간이 더 오래 걸린다.

시험시간 **20분**

요구사항

① 구워진 북어의 길이는 5cm로 하시오.

② 유장으로 초벌구이를 하시오.

③ 북어구이는 석쇠를 사용하여 굽고, 3개를 제출하시오.
　(북어의 양면을 반으로 자르지 않고, 원형 그대로 제출한다.)

북어구이

조리법

01 북어포는 물에 불려 깨끗이 씻어 물기를 짜고 방망이로 두들겨서 뼈를 발라내고 6cm 정도로 자른다.

02 껍질쪽에 칼집을 넣어 오그라들지 않도록 한 다음 유장에 재운다.

03 파, 마늘을 다져서 고추장 양념을 만든다.

04 석쇠를 달구고 기름을 바르고 유장에 재운 북어를 잠깐 구운 뒤 고추장 양념을 발라 타지않게 잘 구워낸다.

 | 재 료 |

북어포	1마리	고추장	40g
(반을 갈라 말린 껍질이 있는		백설탕	10g
것 40g)		깨소금	5g
대파(흰 부분4cm정도)	1토막	참기름	15ml
깐 마늘	2쪽	검은 후춧가루	2g
진간장	20ml	식용유	10ml

 수험자유의사항

① 북어를 물에 불려 사용한다. (이때 부서지지 않도록 유의한다.)
② 북어가 타지 않도록 잘 굽는다.
③ 고추장 양념장을 만들어 북어를 무쳐서 재운다.
④ 조리작품 만드는 순서는 틀리지 않게 하여야 한다.
⑤ 숙련된 기능으로 맛을 내야하므로 조리작업시 음식의 맛을 보지 않는다.
⑥ 지정된 수험자지참준비물 이외의 조리기구나 재료를 시험장내에 지참할 수 없다.
⑦ 지급재료는 시험 전 확인하여 이상이 있을 경우 시험위원으로부터 조치를 받고 시험도중에는 재료의 교환 및 추가지급은 하지 않는다.

참고사항

① 북어는 물에 불려 살이 부서지지 않게 방망이로 두드려 껍질에 칼집을 넣어 오그라 들지 않게한다.
② 유장처리를 하여 거의 익힌후 고추장을 발라 구워 야 고추장 양념이 타지않고 잘구워진다.

part **04**

한식조리기능사 실기

part 4
전 · 적류

12 섭산적

시험시간 **30분**

 요구사항

① 완성된 섭산적은 0.7cm x 2cm x 2cm 크기로 써시오.
② 수량은 9개 이상을 제시하시오.
③ 석쇠를 사용하여 구우시오.
④ 고기와 두부의 비율을 3:1 정도로 하시오.

조리법

01 소고기는 기름기가 없는 우둔이나 대접살로 곱게 다지고 두부는 물기를 꼭 짠 후 칼등으로 으깨어 고기와 함께 섞는다.

02 소고기와 두부에 양념 넣어 골고루 섞어 충분이 치대면서 반죽한다.

03 양념한 고기를 두께 0.7cm 가로,세로 8×8cm 되도록 네모지게 만들어서 가로,세로 잔칼집을 넣는다.

04 구운 섭산적이 식은 다음 2×2cm 크기로 썰어 그릇에 담고 잣가루를 뿌려낸다

 | 재 료 |

소고기	80g	참기름	5ml
두부	30g	검은 후춧가루	2g
대파(흰 부분4cm정도)	1토막	잣	10개
깐 마늘	1쪽	A4용지	1장
소금	5g	식용유	30ml
백설탕	10g		
깨소금	5g		

수검자유의사항

① 다져서 양념한 소고기는 크게 반대기를 지어 구운 뒤 자른다.
② 고기가 타지 않게 잘 구워지도록 유의한다.
③ 조리작품 만드는 순서는 틀리지 않게 하여야 한다.
④ 숙련된 기능으로 맛을 내야하므로 조리작업시 음식의 맛을 보지 않는다.
⑤ 지정된 수험자지참준비물 이외의 조리기구나 재료를 시험장내에 지참할 수 없다.
⑥ 지급재료는 시험 전 확인하여 이상이 있을 경우 시험위원으로부터 조치를 받고 시험도중에는 재료의 교환 및 추가지급은 하지 않는다.

참고사항

① 소고기와 두부는 다지고 으깨어 끈기가 나도록 많이 치대어야 표면이 매끈하고 부서지지 않는다.
② 파, 마늘을 곱게 다져서 사용한다.
③ 구울 때 석쇠를 움직여 가면서 달라 붙은 껍질이 떨어지지 않게 하고 색이 고루나도록 구워 식은다음 자른다.

13 화양적

시험시간 **35분**

요구사항

① 완성된 화양적의 길이는 6cm되도록 하고, 꼬치의 양끝이 1cm 남도록 하시오.
② 달걀 노른자로 황색지단을 만들어 폭 1cm, 두께는 0.6cm가 되도록 하시오.
③ 각 재료의 폭은 1cm, 두께는 0.6cm가 되도록 하시오.
   (단, 표고버섯은 지급된 재료 두께로 한다.)
④ 화양적 완성품 2꼬치를 만들고 잣가루를 고명으로 뿌리시오.
   ※ 달걀 흰자 지단을 사용하는 경우 오작으로 처리

조리법

01 소고기는 두께 0.5 폭 1cm 길이 7cm 되게 썰어 칼질을 하여 양념한 다음 익힌다.

02 당근, 통도라지 두께 0.6cm 길이 6cm 되게 썰어 소금물에 데쳐서 기름에 볶아 소금으로 간한다.

03 오이는 같은 크기로 썰어 소금에 절였다가 기름에 볶고, 표고도 같은 크기로 썰어 소금, 참기름으로 양념하여 익힌다.

04 산적꼬치에 재료를 색맞추어 끼워 꼬챙이 양쪽이 1cm정도 남도록 한다

05 그릇에 담고 잣가루를 뿌려낸다

| 재 료 |

소고기	50g	달걀	2개
건 표고버섯	1개	진간장	5ml
(물에 불린 것)		소금	5g
당근	50g	백설탕	5g
오이	1/2개	깨소금	5g
통도라지	1개	참기름	5ml
(껍질 있는 것)		검은 후춧가루	2g
산적꼬치	2개	잣	10개
대파(흰 부분4cm정도)	1토막	A4용지	1장
깐 마늘	1쪽	식용유	30ml

참고사항

① 각재료를 크기에 맞게 일정하게 잘라 재료의 색을 선명하게 살려서 지진다.
② 잣은 고깔을 떼어내고 종이위에서 다져 보슬보슬하게 잣가루를 만든다.

14 지짐누름적

시험시간 **35분**

 요구사항

① 누름적의 크기는 5cm x 5cm x 0.6cm 크기로 하시오.
② 누름적의 수량은 2개를 제출하고, 꼬치는 빼서 담으시오.

조리법

01 통도라지, 당근은 폭 1cm, 두께 0.5cm, 길이 6cm로 잘라 끓는 물에 소금을 넣고 데친다

02 실파는 6cm로 잘라 놓는다.

03 소고기는 길이 7cm, 폭 1cm, 두께 0.5cm로 잘 라 잔 칼집을 넣은 후 양념장으로 버무린다.

04 팬에 식용유를 두르고 통도라지, 당근, 표고, 소고기 를 각각 볶아낸다

05 꼬치에 색 맞추어 끼운 다음 재료의 사이사이에 밀가 루를 묻히고 달걀 물을 씌어 팬에서 구워 낸다.

06 식으면 꼬치를 빼서 담아낸다.

재 료		
소고기 50g	깐 마늘 1쪽	
건 표고버섯 1개	참기름 5ml	
(물에 불린 것)	식용유 30ml	
당근 50g	소금 5g	
쪽파 2뿌리	진간장 10ml	
통도라지 1개	백설탕 5g	
(껍질 있는 것)	검은 후춧가루 ... 2g	
밀가루 20	깨소금 5g	
달걀 1개		
산적꼬치 2개		
대파(흰 부분4cm정도) ... 1토막		

참고사항

① 각 재료를 크기에 맞추어 자른다.
② 재료를 익혀 꼬지에 끼울 때 재료를 반듯하게 다듬어 각 재료 사이 뒷면은 밀가루를 듬뿍 묻히고 앞면은 얇게 묻 혀 달걀물을 적셔 재료 사이가 떨어지지않게 꼭 눌러서 부친다.

시험시간 **25분**

요구사항

① 풋고추는 먼저 5cm 이상의 길이로 정리하여 소를 넣고 지져 내시오.
  (단, 주어진 재료의 크기에 따라 가감한다.)
② 풋고추는 반을 갈라 데쳐서 사용하며 완성된 풋고추전은 8개를 제출하시오.

조리법

01 풋고추는 반으로 갈라 씨를 털어내고 물에 씻어 물기를 닦는다.

02 소고기는 곱게 다지고 두부는 물기를 꼭 짜서 칼 등으로 으깨어 소고기와 섞어서 다진파, 마늘, 소금, 깨소금, 후추, 참기름을 넣고 끈기 나게 주무른다.

03 풋고추 안쪽에 밀가루를 묻히고 조미한 고기로 편편하게 소를 채운다.

04 고추안쪽에 밀가루를 묻히고 (2)의 소를 넣고 소 윗쪽에 밀가루를 묻히고 소금 간한 달걀물을 씌워 기름 두른 후라이팬에 지져낸다.

05 완성품의 길이가 5cm가 되도록 잘라 초간장을 곁들여낸다

| 재 료 |

풋고추........................ 4개(길이 5cm이상)
소고기........................ 30g
두부 15g
밀가루........................ 15g
달걀 1개
대파(흰 부분4cm정도) ... 1토막
깐 마늘....................... 1쪽
검은 후춧가루 1g
참기름........................ 5ml
소금 5g
깨소금........................ 5g
식용유........................ 20ml
백설탕........................ 5g

 수검자유의사항

① 완성된 풋고추전의 색에 유의 한다.
② 조리작품 만드는 순서는 틀리지 않게 하여야 한다.
③ 숙련된 기능으로 맛을 내야하므로 조리작업시 음식의 맛을 보지 않는다.
④ 지정된 수험자지참준비물 이외의 조리기구나 재료를 시험장내에 지참할 수 없다.
⑤ 지급재료는 시험 전 확인하여 이상이 있을 경우 시험위원으로부터 조치를 받고 시험도중에는 재료의 교환 및 추가지급은 하지 않는다.

 참고사항

① 소고기, 두부를 곱게 다져 끈기 있게 치대어 속을 만든다.
② 풋고추는 모양대로 반으로 갈라 씨를 털어 낸다. 고추가 너무 뻣뻣하면 씨를 털어낸 쪽에 소금을 약간 뿌려 둔다.
③ 속을 넣을 때 너무 많이 넣지말고 후라이팬에 살짝 눌러서 지지고 파란쪽으로 잠시 지졌다가 바로 뒤집어야 색이 곱게 된다.

16 표고전

시험시간 **20분**

 요구사항

① 표고버섯과 속은 각각 양념하시오.
② 완성된 표고전은 5개를 제출하시오.

조리법

01 표고버섯은 따뜻한 물에 불려 기둥을 떼고 물기를 짜서 설탕, 간장, 참기름으로 밑간을 해둔다.

02 소고기는 곱게 다지고 물기를 짠 두부는 으깨면서 곱게 다져 소고기와 같이 섞어 양념하여 버무린다.

03 표고 안쪽에 밀가루를 묻히고 고기소를 편편하게 채우고 소가 들어간 쪽에 밀가루 달걀물을 묻혀 은은한 불에서 소가 들어간쪽을 먼저 지지고 뒤집어서 살짝 지진다.

04 초간장을 곁들여 낸다.

재 료

건 표고버섯	5개	깐 마늘	1쪽
소고기	30g	검은 후춧가루	1g
두부	15g	참기름	5ml
밀가루	20g	소금	5g
달걀	1개	깨소금	5g
대파(흰 부분4cm정도)	1토막	식용유	20ml
		진간장	5g
		백설탕	5g

 수 검 자 유 의 사 항

① 표고의 색깔을 잘 살릴 수 있도록 한다.
② 고기가 완전히 익도록 한다.
③ 조리작품 만드는 순서는 틀리지 않게 하여야 한다.
④ 숙련된 기능으로 맛을 내야하므로 조리작업시 음식의 맛을 보지 않는다.
⑤ 지정된 수험자지참준비물 이외의 조리기구나 재료를 시험장내에 지참할 수 없다.
⑥ 지급재료는 시험 전 확인하여 이상이 있을 경우 시험위원으로부터 조치를 받고 시험도중에는 재료의 교환 및 추가지급은 하지 않는다.

 참 고 사 항

① 표고버섯은 물에 충분히 불려 기둥을 떼고 물기를 잘 닦아서 양념해야 전을 부칠 때 물기가 생기지 않는다.
② 가운데 두꺼운 부분은 속을 너무 많이 넣지말고 가장자리를 잘 다듬어 모양 잡아 지진다.
③ 표고 표면은 깨끗하게 한다.

17 생선전

시험시간 **25분**

요구사항

① 전의 크기는 균일하게 하시오. (약 5cm x 0.4cm x 0.5cm 이상)
② 달걀은 흰자, 노른자를 혼합하여 사용하시오.
③ 생선전은 8개 제출하시오.

생선전

조리법

01 동태는 깨끗이 손질하여 물기를 닦고 세 장 뜨기를 한 다음 껍질을 벗긴다.

02 껍질 벗긴 생선을 가로 4cm, 세로 5cm로 포를 떠서 소금과 후추를 뿌려둔다

03 생선의 물기를 닦고 밀가루를 묻혀 여분의 가루를 털어낸다

04 그 다음 달걀 물을 묻혀 기름을 두른 팬에 양면 을 노릇노릇하게 지져낸다

05 초간장을 곁들여 낸다.

 │ 재 료 │

동태 ....1마리(400g정도)
밀가루.............30g
달걀 1개
소금 10g
흰 후춧가루.....2g
식용유.............50ml

 수검자유의사항

① 생선이 부서지지 않게 한다.
② 달걀 옷이 떨어지지 않도록 한다.
③ 조리작품 만드는 순서는 틀리지 않게 하여야 한다.
④ 숙련된 기능으로 맛을 내야하므로 조리작업시 음식의 맛을 보지 않는다.
⑤ 지정된 수험자지참준비물 이외의 조리기구나 재료를 시험장내에 지참할 수 없다.
⑥ 지급재료는 시험 전 확인하여 이상이 있을 경우 시험위원으로부터 조치를 받고 시험도중에는 재료의 교환 및 추가지급은 하지 않는다.

 참고사항

① 생선을 깨끗이 손질한후, 생선의 물기를 닦고 생선살이 부서지지 않도록 포를 뜬다.
② 전의 표면을 매끄럽게 하고 노른자를 많이 넣으면 색깔이 곱다.

시험시간 **20분**

  요구사항

① 전의 크기는 직경이 4cm, 두께 0.7cm 이상이 되도록 하시오.

② 달걀은 흰자, 노른자를 혼합하여 사용하시오.

③ 육원전 6개를 제출하시오.

조리법

01 소고기는 곱게 다지고 두부도 물기를 짜고 칼등으로 곱게 으깬다.

02 소고기, 두부, 다진 파, 마늘, 소금, 후추, 참기름으로 양념하여 끈기가 나도록 주물러 직경 3cm 정도로 둥글납작한 완자를 빚는다.

03 완자에 밀가루를 묻히고 달걀을 씌워 기름을 두른 팬에 노릇노릇하게 지진다.

04 초간장을 곁들여 낸다.

| 재 료 |

소고기	70g	검은 후춧가루	2g
두부	30g	참기름	5ml
밀가루	20g	소금	5g
달걀	1개	식용유	30ml
대파(흰 부분4cm정도)	1토막	깨소금	5g
깐 마늘	1쪽	백설탕	5g

수검자유의사항

① 고기와 두부의 배합이 맞아야 한다.
② 전의 속까지 잘 익도록 한다.
③ 모양이 흐트러지지 않아야 한다.
④ 조리작품 만드는 순서는 틀리지 않게 하여야 한다.
⑤ 숙련된 기능으로 맛을 내야하므로 조리작업시 음식의 맛을 보지 않는다.
⑥ 지정된 수험자지참준비물 이외의 조리기구나 재료를 시험장내에 지참할 수 없다.
⑦ 지급재료는 시험 전 확인하여 이상이 있을 경우 시험위원으로부터 조치를 받고 시험도중에는 재료의 교환 및 추가지급은 하지 않는다.

참고사항

① 소고기, 두부를 곱게 다져서 끈기가 나도록 잘 치대 둥글게 빚어야 가장자리가 갈라지지 않는다.
② 밀가루를 무칠 때 골고루 무쳐 여분의 밀가루는 털어낸 후 달걀물을 적셔서 기름량과 불조절을 하여 색을 곱게 지져낸다.
③ 전의 색을 곱게하기 위해 노른자를 많이 사용한다.

part **05**

한식조리기능사 실기

part 5
조림 · 초류

- 두부조림
- 홍합초

19 두부조림

시험시간 **25분**

 요구사항

① 조려진 두부의 크기는 균일하게 하시오(0.8cm x 3cm x 4.5cm).
② 8쪽을 제출하고, 촉촉하게 보이도록 국물을 약간 끼얹어 내시오.
③ 실고추와 파채를 고명으로 사용하시오.

조리법

01 두부는 가로 3cm, 세로 4.5cm 두께 0.8cm의 크기로 썰어 소금을 뿌려둔다.

02 파, 마늘은 곱게 다지고 실파는 어슷썬다. 양념장을 만든다.

03 냄비에 두부를 놓고 양념장을 두부의 중앙에 얹고 물을 양념이 뜨지 않을 정도 붓고 조린 다음 실고추, 어슷 썬 파를 얹고 잠시 뜸을 들여 보기좋게 담아낸다. 맞붙인다.

 | **재 료**

두부	200g	소금	5g
대파(흰 부분4cm정도)	1토막	식용유	30ml
깐 마늘	1쪽	진간장	15ml
실고추	1g	깨소금	5g
검은 후춧가루	1g	백설탕	5g
참기름	5ml		

수검자유의사항

① 두부가 부서지지 않고 질기지 않게 한다.
② 조림은 색깔이 좋고 윤기가 나도록 한다.
③ 조리작품 만드는 순서는 틀리지 않게 하여야 한다.
④ 숙련된 기능으로 맛을 내야하므로 조리작업시 음식의 맛을 보지 않는다.
⑤ 지정된 수험자지참준비물 이외의 조리기구나 재료를 시험장내에 지참할 수 없다.
⑥ 지급재료는 시험 전 확인하여 이상이 있을 경우 시험위원으로부터 조치를 받고 시험도중에는 재료의 교환 및 추가지급은 하지 않는다.

참고사항

① 두부는 부서지지 않게 주의 하고 앞뒤를 노릇노릇하게 고운 색깔이 나게 지지진다.
② 조릴 때 너무 오래 약한불에서 조리면 물이 생기므로 주의 한다. 촉촉하게 국물을 끼얹어 낸다.

20 홍합초

시험시간 **20분**

 요구사항

① 마늘과 생강은 편으로, 파는 2cm 길이로 잘라 사용하시오.
② 홍합은 전량 사용하고, 촉촉하게 보이도록 국물을 끼얹어 제출하시오.
③ 잣가루를 고명으로 뿌리시오.

조리법

01 생홍합은 큰 것으로 깨끗이 씻어 끓는 물에 데쳐낸다.

02 파는 2cm 길이로 썰고 마늘 생강은 편으로 썰어둔다.

03 냄비에 간장, 설탕, 물을 넣어 끓으면 데친 홍합, 파, 마늘, 생강을 넣고 중불에서 서서히 졸인다.

04 국물이 거의 조려지면 후춧가루를 넣고 참기름을 넣는다.

05 그릇에 담고 위에 조린국물을 약간 끼얹고 잣가루를 뿌려낸다.

 | 재 료 |

생 홍합	100g	진간장	40ml
대파(흰 부분4cm정도)	1토막	백설탕	10g
깐 마늘	2쪽	검은 후춧가루	2g
생강	15g	A4용지	1장
잣	5알		
참기름	5ml		

수검자유의사항

① 홍합을 깨끗이 손질하도록 한다.
② 조려진 홍합이 너무 질기지 않아야 한다.
③ 조리작품 만드는 순서는 틀리지 않게 하여야 한다.
④ 숙련된 기능으로 맛을 내야하므로 조리작업시 음식의 맛을 보지 않는다.
⑤ 지정된 수험자지참준비물 이외의 조리기구나 재료를 시험장내에 지참할 수 없다.
⑥ 지급재료는 시험 전 확인하여 이상이 있을 경우 시험위원으로부터 조치를 받고 시험도중에는 재료의 교환 및 추가지급은 하지 않는다.

참고사항

① 껍질 붙은 홍합은 씻어서 끓는 물에 데쳐서 속만 빼내어서 사용한다.
② 파, 마늘, 생강은 너무 무르지않게 하고 홍합은 딱딱하지 않게 약한불에서 은근히 조려야 색깔이 곱고 윤기가 나게 조려진다.

part **06**

한식조리기능사 실기

part 6
생채 · 숙채류류 · 무침류 · 회류

21 겨자채

시험시간 **35분**

요구사항

① 채소, 편육, 황·백지단, 배는 폭 0.3cm x 1cm x 4cm 로 일정하게 써시오.
   (단, 지급된 재료의 크기에 따라 가감한다.)
② 밤은 재료의 모양대로 납작하게 저며 써시오.
③ 겨자를 개서 간을 맞춘 후 준비한 재료들을 무쳐서 담고, 잣은 고명으로 올리시오.

조리법

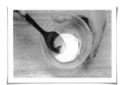

01 양배추, 오이, 당근은 폭 1cm, 길이 4cm, 두께 0.3cm크기로 썰어 각각 물에 담가 싱싱하게 한 뒤 물기 거둔다.

02 소고기는 덩어리째 삶아 냉수에 헹궈 야채처럼 썬다. (삶을 때 물을 적게 잡고 간장, 소금, 후추, 파, 마늘 등 넣음)

03 배는 껍질과 속을 도려내고 야채와 비슷한 크기로 썰어 설탕물에 담궜다가 건진다.

04 계란은 황백지단을 부쳐 같은 크기로 썬다.

05 밤도 제 모양대로 납작하게 썬다.

06 겨자는 물에 되직하게 개어 더운곳에 엎어두어 매운 맛이 나면 식초, 설탕, 소금, 간장으로 간을 맞춘다.

07 준비한 재로에 겨자즙을 넣어 가볍게 버무려 그릇에 담고 잣을 고명으로 올린다.

 | 재 료 |

양배추	50g	잣	5알
오이	1/3개	소금	5g
당근	50g	식초	10ml
소고기	50g	진간장	5ml
밤	2개	겨자가루	6g
달걀	1개	식용유	10ml
배	50g1/8		

수검자유의사항

① 채소는 싱싱하게 아삭거릴 수 있도록 준비한다.
② 겨자는 매운 맛이 나도록 준비 한다.
③ 조리작품 만드는 순서는 틀리지 않게 하여야 한다.
④ 숙련된 기능으로 맛을 내야하므로 조리작업시 음식의 맛을 보지 않는다.
⑤ 지정된 수험자지참준비물 이외의 조리기구나 재료를 시험장내에 지참할 수 없다.
⑥ 지급재료는 시험 전 확인하여 이상이 있을 경우 시험위원으로부터 조치를 받고 시험도중에는 재료의 교환 및 추가지급은 하지 않는다.

참고사항

① 편육은 식은 후에 썰어야 부스러지지않고 반듯하게 썰수 있다.
② 모든 야채는 싱싱하게 하기 위해 썰어 물에 담근다.
③ 겨자는 40℃의 따뜻한 물에 개어 발효시켜야 매콤한 맛이 빨리 난다.
④ 버무려낸 상태가 물기가 생기지 않게 한다.

시험시간 **15분**

요구사항

① 도라지의 크기는 0.3cm x 0.3cm x 6cm 로 썰어 사용하시오.

② 생채는 고추장과 고춧가루 양념으로 무치시오.

조리법

01 도라지 0.3cm×0.3cm×6cm의 크기로 찢어 준다.

02 소금에 주물러 쓴맛을 빼고 물에 헹구어 꼭 짠다.

03 파, 마늘을 곱게 다져 고추장, 설탕, 식초를 합하여 초고추장을 만든다

04 식성에 따라 고추가루를 더 넣기도 한다.

05 준비한 초고추장으로 도라지를 무치면서 깨소금을 넣는다.

| 재 료 |

통도라지 3개	고추장............. 20g
(껍질 있는 것)	백설탕............. 10g
대파(흰 부분4cm정도) ... 1토막	식초 15ml
깐 마늘...................... 1쪽	깨소금............. 5g
소금 5g	고춧가루 10g

수검자유의사항

① 도라지는 굵기와 길이를 일정하게 하도록 한다.

② 양념이 거칠지 않고 색이 고와야 한다.

③ 조리작품 만드는 순서는 틀리지 않게 하여야 한다.

④ 숙련된 기능으로 맛을 내야하므로 조리작업시 음식의 맛을 보지 않는다.

⑤ 지정된 수험자지참준비물 이외의 조리기구나 재료를 시험장내에 지참할 수 없다.

⑥ 지급재료는 시험 전 확인하여 이상이 있을 경우 시험위원으로부터 조치를 받고 시험도중에는 재료의 교환 및 추가지급은 하지 않는다.

참고사항

① 도라지는 일정하게 채 썰어 소금으로 주물러 쓴맛을 뺀 후 물기를 꼭짜서 무쳐야 물기가 덜 생긴다.

② 고추장 양념으로 물이 생기지 않게 내기직전에 무쳐낸다.

23 무생채

시험시간 **15분**

요구사항

① 무는 0.2cm x 0.2cm x 6cm 크기로 채 써시오.
② 생채는 고춧가루를 사용하시오.
③ 70g 이상의 무생채를 제출하시오.

무생채

 조리법

01 무 껍질을 벗기고 6cm로 토막낸 뒤 0.2cm두께로 채 썬다.

02 무에 먼저 일부 고추가루를 넣어 무쳐 빨갛게 물을 들인다.

03 이때 소금도 넣어 살짝 절여지면 수분을 빼준다.

04 파, 마늘, 생강은 곱게 다져 식초, 설탕, 소금, 고추 가루등과 섞어 양념을 만든다.

05 준비한 무채를 양념장에 무치면서 통깨도 넣는다. 참 기름은 개운한 맛이 적으므로 약간만 넣거나 식성에 따라 넣지 않는다.

| 재 료 |

무	100g	백설탕	10g
(길이7cm정도)		식초	5ml
대파(흰 부분4cm정도)	1토막	깨소금	5g
깐 마늘	1쪽	소금	5g
고춧가루	10g	생강	5g

 수 검 자 유 의 사 항

① 무채는 길이와 굵기를 일정하게 썰고 무채의 색에 유의한다.
② 무쳐 놓은 생채는 싱싱하고 깨끗하게 한다.
③ 식초와 설탕의 간을 맞추는데 유의한다.
④ 조리작품 만드는 순서는 틀리지 않게 하여야 한다.
⑤ 숙련된 기능으로 맛을 내야하므로 조리작업시 음식 의 맛을 보지 않는다.
⑥ 지정된 수험자지참준비물 이외의 조리기구나 재료를 시험장내에 지참할 수 없다.
⑦ 지급재료는 시험 전 확인하여 이상이 있을 경우 시험 위원으로부터 조치를 받고 시험도중에는 재료의 교환 및 추가지급은 하지 않는다.

 참 고 사 항

① 무는 길이방향으로 채 썰어 무쳐야 색이 고와진다.
② 고추가루로 약하게 색깔을 내고 양념은 물이 생기지 않게 내기 직전에 무친다.
③ 양념할 때 손끝으로 가볍게 살살 무쳐야 싱싱하다.

시험시간 **20분**

요구사항

① 더덕은 5cm 이상의 길이로 썰어 두들겨 편 후 찢으시오.
② 양념은 고춧가루로 양념하고, 전량 제출하시오.

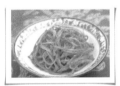

조리법

01 더덕 껍질을 돌려가며 벗기고 반으로 갈라 방망이로 자근 자근 두드린다. 물에 담가 쓴맛을 뺀다.

02 더덕을 가늘게 찢어 물기를 짜준다.

03 고추가루, 소금, 식초, 설탕, 파, 마늘로 양념장을 만들어 꼭 꼭 주물러 양념이 잘 배이게 무친다.

04 그릇에 담아 낼때는 다시 부풀려 담아 낸다.

 | 재 료 |

통 더덕............................ 3개
(껍질 있는 것 길이 10~15cm정도)
대파(흰 부분4cm정도) 1토막
깐 마늘............................. 1쪽
깨소금.............................. 5g
백설탕.............................. 5g
식초 5ml
소금 5g
고춧가루 20g

수검자유의사항

① 더덕을 두드릴 때 부스러지지 않도록 한다.
② 무치기 전에 쓴맛을 빼도록 한다.
③ 무쳐진 상태가 깨끗하고 빛이 고와야 한다.
④ 조리작품 만드는 순서는 틀리지 않게 하여야 한다.
⑤ 숙련된 기능으로 맛을 내야하므로 조리작업시 음식의 맛을 보지 않는다.
⑥ 지정된 수험자지참준비물 이외의 조리기구나 재료를 시험장내에 지참할 수 없다.
⑦ 지급재료는 시험 전 확인하여 이상이 있을 경우 시험위원으로부터 조치를 받고 시험도중에는 재료의 교환 및 추가지급은 하지 않는다.

참고사항

① 더덕은 쓴맛을 빼고 두들겨서 손으로 길게 찢는다.
② 고추가루가 뭉치지않게 양념장을 잘 섞어 살살 무쳐낸다.
③ 더덕을 무칠 때는 꼭꼭 주물러 양념이 잘 배도록 무치고 담을 때는 다시 부풀려서 담는다.

시험시간 **20분**

요구사항

① 소고기는 폭 0.3cm x 0.3cm x 6cm로 곱게 채썰고 소금 양념으로 하시오.

② 마늘은 편으로 썰어 장식하고 잣가루를 고명으로 사용하시오.

③ 70g 이상의 완성된 육회를 제출하시오.

육회

조리법

01 소고기는 살코기를 결대로 곱게 채 썬다.
02 배는 채 썬 후 소금물이나 설탕물에 잠깐 담가 건진다.
03 잣은 종이를 깔고 칼로 곱게 다져 가루로 만든다.
04 마늘은 편으로 썰고 남는 자투리를 곱게 다진다.
05 소고기에 소금, 간장, 다진 파, 마늘 약간, 참기름을 넉넉히 넣어 양념한다.
06 배를 돌려 담고 육회를 담아 낸다
07 편으로 썬 마늘을 기대어 담고 잣가루를 뿌려 낸다.

 | 재 료 |

소고기	90g	검은 후춧가루	2g
배	1/4개	참기름	10ml
잣	5알	백설탕	30g
대파(흰 부분4cm정도)	2토막	깨소금	5g
깐 마늘	3쪽		
소금	5g		

수 검 자 유 의 사 항

① 소고기의 채를 고르게 썬다.
② 배와 양념한 소고기의 변색에 유의한다.
③ 조리작품 만드는 순서는 틀리지 않게 하여야 한다.
④ 숙련된 기능으로 맛을 내야하므로 조리작업시 음식의 맛을 보지 않는다.
⑤ 지정된 수험자지참준비물 이외의 조리기구나 재료를 시험장내에 지참할 수 없다.
⑥ 지급재료는 시험 전 확인하여 이상이 있을 경우 시험위원으로부터 조치를 받고 시험도중에는 재료의 교환 및 추가지급은 하지 않는다.

참 고 사 항

① 육회의 소고기는 우둔살 부위의 기름기가 없는 것으로 날것으로 먹기 때문에 결 반대방향으로 채 썰어 설탕, 참기름을 넉넉히 넣고 무친다.
② 고기의 핏물은 닦고 간장을조금적게 사용해야 고기의 색깔이 산다.
③ 배는 갈변 방지를 위해 소금물이나 설탕물에 담가 사용한다.
④ 육회 조리시는 조리 도구를 더욱 청결히 한다.

26 미나리강회

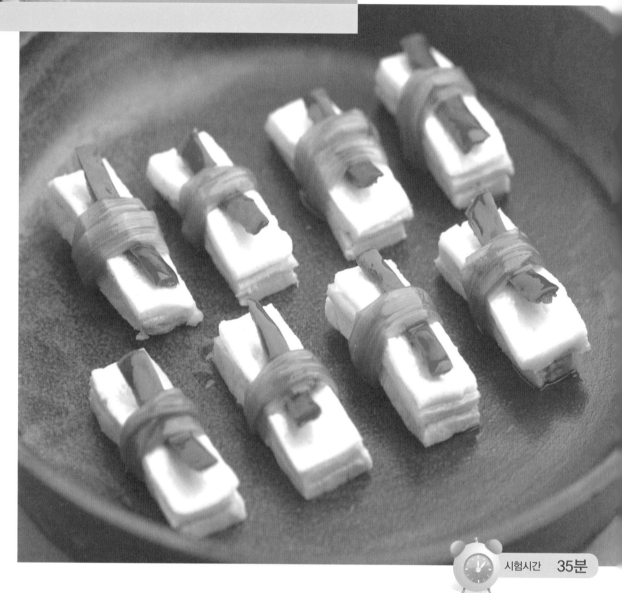

시험시간 **35분**

 요구사항

① 강회의 폭은 1.5cm, 길이는 5cm 정도로 하시오.
② 붉은 고추의 폭은 0.5cm, 길이는 4cm 로 하시오.
③ 강회는 8개 제출하고 초고추장을 곁들이시오.

조리법

01 소고기는 끓는 물에 삶아 편육을 만들어 길이 4cm, 폭 0.6cm로 납작하게 썬다.

02 미나리는 잎을 떼고 줄기만 끓는 물에 소금을 넣고 살짝 데쳐 찬물에 헹구어 물기를 꼭 짜둔다.

03 계란은 황.백으로 갈라 조금 도톰하게 지단을 부쳐 편육과 같은 크기로 썬다.

04 홍고추는 길이 3cm, 폭 0.3cm 크기로 썬다.

05 준비한 편육, 지단, 홍고추를 가지런히 잡아 미나리로 감아 끝을 빠지지 않게 집어 넣는다.

06 고추장에 설탕, 식초, 물을 섞어 초고추장을 만들어 곁들여낸다

｜재 료｜

소고기..............80g	고추장.............15g
(살코기길이7cm)	식초................5ml
미나리줄기부분30g	백설탕.............5g
달걀................2개	소금...............5g
홍고추.............1개(생)	식용유.............10ml

수검자유의사항

① 각 재료 크기를 같게 한다(붉은고추의 폭은 제외).
② 색깔은 조화있게 만든다.
③ 조리작품 만드는 순서는 틀리지 않게 하여야 한다.
④ 숙련된 기능으로 맛을 내야하므로 조리작업시 음식의 맛을 보지 않는다.
⑤ 지정된 수험자지참준비물 이외의 조리기구나 재료를 시험장내에 지참할 수 없다.
⑥ 지급재료는 시험 전 확인하여 이상이 있을 경우 시험위원으로부터 조치를 받고 시험도중에는 재료의 교환 및 추가지급은 하지 않는다.

참고사항

① 미나리는 끓는물에 소금을 조금 넣고 대쳐서 찬물에 행궈 굵기가 일정하도록 준비한다.
② 편육도 삶아서 식은 후에 썰어야 부서지지 않는다.

27 탕평채

요구사항

① 청포묵의 크기는 0.4cm x 0.4cm x 6cm로 하시오.
② 모든 부재료의 길이는 4~5cm 로 하시오.
  (단, 지급된 재료의 크기에 따라 가감한다.)
③ 소고기, 미나리, 숙주와 청포묵은 초간장으로 무쳐서 담으시오.
④ 황 · 백지단은 4cm 길이로 채썰고, 김은 구워 부셔서 고명으로 얹어 내시오.

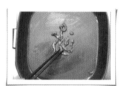

조리법

01 청포묵을 0.4 x 0.4 x 7cm 정도로 채썰어 굳은 것이면 끓는 물에 데쳐 찬물에 헹구어 물기 걷우고 소금, 참기름에 무친다.

02 소고기는 4~5cm로 곱게 채 썰어 갖은 양념하여 볶는다.

03 숙주는 거두절미하고, 미나리는 줄기만 끓는 물에 소금을 넣고 각각 데쳐 식힌다. 미나리는 4~5cm 로 썬다.

04 계란은 황백지단을 부쳐 채썬다

05 김은 살짝 구워 부순다.

06 간장, 설탕, 식초를 섞어 초간장을 만든다.

07 준비한 청포묵, 소고기, 숙주, 미나리를 합하여 초간장으로 무친 후 김을 더 넣어 살짝 버무려 그릇에 담는다.

08 계란지단을 고명으로 얹어 낸다

재 료			
청포묵	150g	깐 마늘	2쪽
(길이6cm)		진간장	20ml
소고기	20g	검은 후춧가루	1g
(길이5cm)		참기름	5ml
숙주	20g	백설탕	5g
미나리	10g	깨소금	5g
김	1/4장	소금	5g
달걀	1개	식초	5ml
대파(흰 부분4cm정도)	1토막	식용유	10ml

수검자유의사항

① 청포묵의 굵기와 길이는 일정하게 한다.
② 숙주는 거두 절미하고 미나리는 다듬어 데친다.
③ 조리작품 만드는 순서는 틀리지 않게 하여야 한다.
④ 숙련된 기능으로 맛을 내야하므로 조리작업시 음식의 맛을 보지 않는다.
⑤ 지정된 수험자지참준비물 이외의 조리기구나 재료를 시험장내에 지참할 수 없다.
⑥ 지급재료는 시험 전 확인하여 이상이 있을 경우 시험위원으로부터 조치를 받고 시험도중에는 재료의 교환 및 추가지급은 하지 않는다.

참고사항

① 청포묵이 굳은 것은 끓는 물에 데쳐서 물기를 닦고 부드러운 상태로 해서 참기름, 소금으로 밑간을 한다.
② 청포묵의 크기는 일정하게 자르고 미나리, 숙주는 데쳐 물기를 제거한다.
③ 내기 직전에 버무려야 미나리 색깔이 변하지 않는다.

시험시간 **35분**

요구사항

① 소고기, 양파, 오이, 당근, 도라지, 표고버섯은 0.3cm x 0.3cm x 6cm 크기로 만드시오.
(단, 지급된 재료의 크기에 따라 가감한다.)
② 숙주는 데치고 목이버섯은 찢어서 사용하시오.
③ 황 · 백지단은 0.2cm x 0.2cm x 4cm 크기로 채썰어 고명으로 얹으시오.

잡채

 조리법

01 오이는 6cm 길이로 잘라 돌려 깎아 씨를 빼고 채 썰어 소금에 살짝 절였다가 물기 거둔다.

02 양파도 채 썰고 도라지는 가늘게 찢어 소금에 주물러 쓴맛을 빼고 씻어 놓는다.

03 당근은 채 썰고 숙주는 거두절미하여 끓는 물에 데쳐 낸다.

04 소고기와 불린 표고는 채 썰고 목이도 불려서 대 충 뜯어 각각 갖은 양념에 무친다.

05 계란은 황백지단을 부쳐 0.2cm x 0.2cm x 6cm로 채썬다.

06 당면을 삶아 헹군 뒤 대강 잘라 간장, 설탕, 참기름에 무쳐 팬에서 살짝 볶아내어 붙지 않게 한다.

07 준비한 오이, 숙주, 도라지, 양파, 당근 등을 볶아내고 고기, 표고, 목이도 볶아낸다

08 볶은채소와 당면을 합하여 간장, 설탕, 후추, 참기름, 깨소금 등으로 무쳐 담는다.

09 황백지단을 고명으로 얹는다.

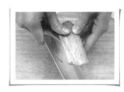

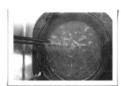

 │재 료│

당면	20g	숙주	20g
소고기30g		깐 마늘	2쪽
건 표고버섯	1개	달걀	1개
(물에 불린 것)		백설탕	10g
건 목이버섯	2개	진간장	20ml
(물에 불린 것)		식용유	50ml
양파	1/3	깨소금	5g
오이	1/3	검은 후춧가루	1g
당근	50g	참기름	5ml
통도라지	1개	소금	15g
(껍질 있는 것)			
대파(흰 부분4cm정도) ... 1토막			

 수검자유의사항

① 주어진 재료는 굵기와 길이가 일정하게 한다.
② 당면은 알맞게 삶아서 간한다.
③ 모든 재료는 양과 색깔의 배합에 유의한다.
④ 조리작품 만드는 순서는 틀리지 않게 하여야 한다.
⑤ 숙련된 기능으로 맛을 내야하므로 조리작업시 음식의 맛을 보지 않는다.
⑥ 지정된 수험자지참준비물 이외의 조리기구나 재료를 시험장내에 지참할 수 없다.
⑦ 지급재료는 시험 전 확인하여 이상이 있을 경우 시험 위원으로부터 조치를 받고 시험도중에는 재료의 교환 및 추가지급은 하지 않는다.

 참고사항

① 각재료의 굵기를 일정하게 하고 야채의 색깔이 깨끗한 것부터 각각 볶아낸다.
② 당면이 덜 삶기거나 퍼지지않게 잘 삶아 간장, 설탕, 참기름으로 밑간을 한다.

29 칠절판

요구사항

① 밀전병은 직경 8cm 되도록 6개를 만드시오.

② 채소와 황·백지단, 소고기의 크기는 0.2cm x 0.2cm x 5cm 이상으로 채를 써시오.

③ 석이버섯은 곱게 채를 써시오.

조리법

01 소고기는 살로 가늘게 채 썰어 갖은 양념해 둔다.

02 석이버섯은 물에 불려 비벼 씻은 뒤 돌돌말아 채썰어 소금, 참기름에 무친다.

03 오이는 5cm로 토막내어 놀려 깎아 채 썰어 소금에 절였다가 물기를 거둔다.

04 당근도 5cm 길이로 곱게 채 썬다.

05 계란은 황백지단을 부쳐 5cm 로 채 썬다.

06 밀가루에 소금을 조금 넣고 동량의 물을 넣어 묽게 풀어 체에 걸러 놓는다.

07 기름을 약간 두르고 묽게 푼 밀가루를 한 숟가락씩 넣어 직경 6cm로 둥글게 밀전병을 부친다.

08 다시 기름을 두르고 오이, 당근, 소고기, 석이등을 볶아 낸다.

09 준비한 접시에 재료를 보기 좋게 돌려담고 밀전병을 가운데에 놓는다.

| 재 료 |

소고기	50g	밀가루	50g
(길이6cm)		진간장	20ml
오이	1/2개	검은 후춧가루	1g
당근	50g	참기름	10ml
달걀	1개	백설탕	10g
석이버섯	5g	깨소금	5g
대파(흰 부분4cm정도)	1토막	식용유	30ml
깐 마늘	2쪽	소금	10g

수검자 유 의 사 항

① 밀전병의 반죽상태에 유의한다.
② 완성된 채소 색깔에 유의한다.
③ 조리작품 만드는 순서는 틀리지 않게 하여야 한다.
④ 숙련된 기능으로 맛을 내야하므로 조리작업시 음식의 맛을 보지 않는다.
⑤ 지정된 수험자지참준비물 이외의 조리기구나 재료를 시험장내에 지참할 수 없다.
⑥ 지급재료는 시험 전 확인하여 이상이 있을 경우 시험위원으로부터 조치를 받고 시험도중에는 재료의 교환 및 추가지급은 하지 않는다.

참 고 사 항

① 밀전병 1장은 반죽물 1/2큰술 정도이다. 두꺼워지지 않도록 농도를 조절한다.
② 밀전병은 부칠 때 기름을 적게 잡고 약불에서 지져야 매끄럽다.

한식조리기능사 실기

Tomatoes Braised in
olive Oil (serves 6)

½-¾ cup extra-virgin
oil. 6 peeled cloves garlic,
a handful of basil leaves and a
few sprigs of thyme in a heavy,
ovenproof casserole over low heat
the garlic begins to soften,
6 peeled medium, ripe but
tomatoes, stem-side down, and
kle with sea salt and freshly
ground pepper to taste and
pinch of caster sugar. Cover
cook very gently for 10 minutes.
turn carefully, sprinkle with extra
pepper and sugar and cook,
when pierced with a
for a further 20 minutes,
occasionally with the
temperature, on
slices of fresh
fresh

part 7
볶음류 · 재료썰기

- 오징어볶음
- 재료썰기

30 오징어볶음

시험시간 **30분**

요구사항

① 오징어는 0.3cm 폭으로 어슷하게 칼집을 넣고, 크기는 4cm × 1.5cm 이상으로 써시오.
　(단, 오징어 다리는 4cm 길이로 자른다.)
② 고추, 파는 일정하게 어슷썰기, 양파는 폭 1cm 이상으로 일정하게 굵게 채 써시오.

조리법

01 오징어는 껍질을 벗기고 깨끗이 씻어 안쪽에 가로, 세로로 0.3cm 간격으로 칼집을 넣어 5cm길이 1.5cm 폭으로 썬다.

02 고추장에 고춧가루, 간장, 설탕, 다진 마늘, 깨소금, 생강즙, 참기름을 섞어 양념을 만든다.

03 번철에 기름을 두르고 다진마늘, 생강을 살짝 볶아 양파, 대파 풋고추, 붉은고추를 넣고 볶은 후 오징어를 넣어 볶다가 양념을 넣어 살짝 볶는다.

 | 재 료 |

오징어	1마리 250g	진간장	10ml
풋고추	1개	백설탕	20g
생 홍고추	1개	참기름	10ml
양파	1/3개	깨소금	5g
대파(흰 부분4cm정도)	1토막	고춧가루	15g
깐 마늘	2쪽	고추장	50g
생강	5g	검은 후춧가루	2g
소금	5g	식용유	30ml

 수검자유의사항

① 오징어 손질시 먹물이 터지지 않도록 유의한다.
② 완성품 양념상태는 고춧가루 색이 배도록 한다.
③ 조리작품 만드는 순서는 틀리지 않게 하여야 한다.
④ 숙련된 기능으로 맛을 내야하므로 조리작업시 음식의 맛을 보지 않는다.
⑤ 지정된 수험자지참준비물 이외의 조리기구나 재료를 시험장내에 지참할 수 없다.
⑥ 지급재료는 시험 전 확인하여 이상이 있을 경우 시험위원으로부터 조치를 받고 시험도중에는 재료의 교환 및 추가지급은 하지 않는다.

 참고사항

① 오징어는 칼집을 잘 넣어야 한다.
② 양념장을 만들어 끓인 다음 각 재료를 넣어야 잘 스며서 먹음직하다.

31 재료썰기

시험시간 **25분**

요구사항

① 무, 오이, 당근, 달걀지단을 썰기 하여 전량 제출하시오.(단, 재료별 써는 방법이 틀렸을 경우 실격)

② 무는 채썰기, 오이는 돌려 깎기 하여 채썰기, 당근은 골패 썰기를 하시오.

③ 달걀은 흰자와 노른자를 분리하여 알끈과 거품을 제거하고 지단을 부쳐 완자(마름모꼴) 모양으로 각 10개를 썰고, 나머지는 채썰기를 하시오.

조리법

01 달걀 3개를 흰자, 노른자로 나누고 풀어 체에 내린다.

02 각각 두번씩 나눠 황, 백 지단을 부친 후 식힌다.

03 무는 0.2cm × 0.2cm × 5cm로 채썬다.

04 당근은 0.2cm × 1.5cm × 5cm로 골패썬다.

05 오이는 돌려깎기 후 0.2cm × 0.2cm × 5cm로 채썬다.

06 황백지단은 마름모꼴 1.5cm 각각 10개 나머지는 0.2cm × 0.2cm × 5cm 로 채썬다.

| 재 료 |

무	100g
오이	1/2개
당근	1토막
달걀	3개
식용유	20ml
소금	10g

수검자유의사항

① 은근히 까다로운 건 재료 썰기입니다. 재료 썰기의 중요한 요소는 정확한 심사 기준에 맞게 써는 것도 중요하지만 양이 많이 나와야 합니다.

② 재료 썰기는 칼질의 자세, 칼질된 재료들의 모양과 양이 중요하며 충분한 연습과 노력이 필요합니다.

③ 기본이 되는 이 재료썰기 과정을 열심히 연습해 두셔야 실기 합격도 할 수 있고 다른 과정을 더욱 쉽게 해낼 수가 있으니 연습을 많이 해줄수록 좋습니다.

참고사항

① 채썰기 – 0.2cm x 0.2cm x 5cm

② 골패 썰기 – 0.2cm x 1.5cm x 5cm

③ 마름모형 썰기 – 한 면의 길이가 1.5cm

100% 합격을 위한
양식 조리기능사 필기&실기

저자 : (사)세계음식문화연구원장 양향자
가격 : 27,000원

100% 합격을 위한
일식 복어 조리기능사 필기&실기

저자 : (사)세계음식문화연구원장 양향자
가격 : 27,000원

100% 합격을 위한
중식 조리기능사 필기&실기

저자 : (사)세계음식문화연구원장 양향자
가격 : 27,000원

100% 합격을 위한
한식 조리기능사 실기

펴낸이	곽지술
펴낸곳	크로바출판사
인쇄한곳	보성인쇄
등록번호	제315-2005-00044
문의 이메일	clv1982@naver.com
팩스번호	02) 6008-2699